U0158448

更上长安

又见西子

黄山顶上吃石鸡

从城隍庙吃到夫子庙

全鱼宴

"霸王别姬"

真北平

京老字号

葛香亭

点心世界

徐记烧饼

小小松鹤楼

清真馆

吴抄手

红烧牛肉面

再走一趟中华路

烤番薯

寒夜客来

中国饮食文化散记（二）

逯耀东 著

GUANGXI NORMAL UNIVERSITY PRESS
广西师范大学出版社
·桂林·

寒夜客来
HANYE KE LAI

出版统筹：罗财勇
编辑总监：余慧敏
策划编辑：唐俊轩
责任编辑：唐　娟
营销编辑：花　昀　方俪颖
责任技编：余吐艳
封面设计：智悦文化

图书在版编目（CIP）数据

寒夜客来：中国饮食文化散记. 二 / 逯耀东著. --
桂林：广西师范大学出版社，2023.10
　　ISBN 978-7-5598-6217-4

　　Ⅰ. ①寒… Ⅱ. ①逯… Ⅲ. ①饮食－文化－中国－
Ⅳ. ①TS971.2

　　中国国家版本馆 CIP 数据核字（2023）第 131993 号

广西师范大学出版社出版发行

（广西桂林市五里店路 9 号　邮政编码：541004）
（网址：http://www.bbtpress.com）
出版人：黄轩庄
全国新华书店经销
广西广大印务有限责任公司印刷
（桂林市临桂区秧塘工业园西城大道北侧广西师范大学出版社
集团有限公司创意产业园内　邮政编码：541199）
开本：880 mm × 1 230 mm　1/32
印张：11　插页：8　字数：220 千
2023 年 10 月第 1 版　　2023 年 10 月第 1 次印刷
定价：60.00 元

如发现印装质量问题，影响阅读，请与出版社发行部门联系调换。

代　序

厝边灶下

　　如今，人居高楼之上，电梯直上直下，很少遇到厝边。即使偶尔梯间相左，也不过作露齿微笑状，齿间生硬地进出个早或好，再多就说句真热或下班放学了，都是些没有油盐的无谓话。简单冷漠，早已没有厝边的情意了。

　　厝边，左邻右舍的意思。过去的厝边，比屋而居，门庭相对。闲来无事，倚门话个家常，谈得兴起，不觉日移，往往会忘了灶下的焀肉，没有关火。平常所谈，非关紧要，只是些身旁细事，如刚刚从市场买了些什么，准备如何调理之类。的确，当年的厝边灶下相连，往往是一家煮菜儿家香，门首的会谈，成了饮食经验的交流。有时缺盐少酱，互通有无，吃忙当紧，相助相携。

　　当初选定在此落户，图的是个闹中取静。小区不大，百来户人家，四合院的建筑，中庭宽广，花草树木有专人料理，修剪得很齐整。前后门有人守望，前临马路，后有巷道，入得院来而无车马喧嚣，临晨的庭院竟有雀鸟攀树枝啾啾。庭院不深，但厝边近而不亲。不得已只好出门另觅厝边。

出门数步，有个公园，公园不大，树木森森，非常清幽，成了我晨夕漫步的场所。园中有池，池上架有拱桥，池旁植柳，不知何时多了两只白鹅浮游其间，尤其斜风细雨，柳丝飘拂含烟，景物似是四月江南。池塘外的林荫里，有步道环绕，人在道上或跑或行。林荫间散着练拳舞刀的，随音乐节拍起舞的，还有练功或养气的……人多不杂，却有小犬奔跑往来吠叫。

公园外只要警察不来，嘈杂得像个集市，豆腐青菜，水果干货，馒头包子，厨具衣物皆有。偶尔还有个山东老乡卖牛筋的，他卖的牛筋是牛面颊和牛眼，是当年大千所嗜红烧牛头的原料。这时环绕着公园的各家吃食店也开门了。这些吃食店就是我厝边外的厝边了。

环绕这一带的吃食店种类不少，屈指算来，有豆浆、素食与地瓜粥、蚵仔面线、广东粥、米粉汤与猪肠、肉丸、凉面、意面、米糕、油饭、福州干拌面与福州鱼丸，还有三家"美而美"的汉堡和三明治……这是早市，也都是我的好厝边，每天在公园里行走，心里就盘算着去哪家，轮流拜访，才不冷落厝边。

不过，我常去光顾的还是家豆浆店。当初搬来的时候，为了这家豆浆店高兴了一阵子。在外漂流多年，想的就是碗热腾腾的豆浆和一套刚出炉的烧饼夹油条。开店的兄弟二人，其中一个是哑巴，和我交情很好，每次去都比手画脚一番，然后再为我燃上一支烟。和哑巴交朋友有个好处，没有语言的是非。后来知道他们是客家人，他们的母亲告诉我，她四女三子在台北开了七家豆浆店。只有忍劳耐苦的客家人，才能从山东人手里接下这种起早睡晚的行业，从永和扩展到台湾各地，再发展到海外并且回流到大陆去，这是台湾饮食本土化转变中很重要的过程。半年前马路对面，新开了一家二十四小时营业的永和豆浆店，老板娘也是客家人，巴拉圭的归侨，他们在那里就是经营永和豆浆的。

不过，照顾了厝边，却冷落了灶下。

灶下，厨房之谓。旧时有家就有灶下，灶下必有灶。灶下供应全家的饮食，是家的心脏，生活的依赖。

记得儿时天寒下学归来，一头就钻进灶下，因为母亲准在那里。然后窝在灶旁，一面向灶内添火，一面取暖。母在灶上准备晚餐，忙着蒸包子或馒头，切菜炒菜。蒸笼冒着馒头已熟的香气，飘洒满屋，锅里的菜咕噜噜滚着。腹中饥饿，心里却充满温暖的等待，只等母亲一声传唤拿筷子拿碗，我一跃而起，请父到厨下开饭。一家人围灶而坐吃晚饭，此情此景，真想唱出："我的家庭真可爱。"

家有灶下，有灶下就有灶王爷，旧俗腊月二十三更尽时，灶王爷上天言事，家家祭灶。唐段成式《酉阳杂俎》说灶爷"常以月晦日上天白人罪状，大者夺纪，纪三百日，小者夺算，算一百日"。按家人罪状，大小不同，夺阳寿若干。灶王爷是玉帝遣派常驻各家的督使，这个时辰上天汇报，所以家家户户祭灶祈福，是为小年夜。宋范成大《祭灶词》说："古传腊月二十四，灶君朝天欲言事。云车风马小流连，家有杯盘丰典祀。猪头烂熟双鱼鲜，豆沙甘松粉饵圆。男儿酌献女儿避，酹酒烧钱灶君喜。婢子斗争君莫闻，猫犬触秽君莫嗔。送君醉饱登天门，杓长杓短勿复云，乞取利市归来分。"对祭灶情景描叙甚详。

灶王爷是家的守护神，对家人的喜怒善恶，观察皆有考纪，准备上天禀报。但灶王爷并非铁面无私，是颇有人情味的。所以，祭灶那天将糖饴抹在灶王爷神像口中，使他上天口不能多言，或将酒糟涂于灶口，使他酒醉不能说长道短，只能"上天言好事，下地保平安"。

不过，自从大同电饭锅上市，天然气普遍使用后，灶下的情况改变。使用大同电饭锅，家庭主妇无须晨起引火，煲粥煮饭，只要将米淘妥，置于内锅之中，然后外锅添水覆盖，最后，像弹钢琴似的将键向下一按，即可。不必再担心饭夹生或焦煳，是中国主食体系粒食文化的重大的超越与突破。中国人不可一日无饭，当年留学生出国，都抱了个大同电饭锅漂洋过海，表示虽漂泊异域也不忘本。

天然气的使用，更彻底改变传统灶下的形态。从此灶下煮饭用电饭锅，煮菜则有瓦斯炉，无须另外设灶。接着又有快锅慢锅，微波炉的出现，灶下无烟无火也有饭吃，这是台湾半世纪来饮食文化重大的转变。灶下无灶，灶王爷失去居住之所，我们从此失去家庭的守护神。

灶下从传统迈向现代之后，容积缩小，仅能容一身周旋其间，两人已嫌太挤，不再是家庭聚会之所，缺少了往日的温馨和谐。许多细事的争端被挤了出来，家庭成员生了外心，其名曰外食。灶下没有灶，我们不仅失去了家庭的守护神，黄昏的田野也失去了诗意，因为再也看不到袅袅上升的炊烟了。没有炊烟，只剩冷灶，我们的生活也变得单调了。

前些时，有两位朋友出书，索序于我。我自知非名家巨擘，分量有限，从不为人写序，也不向人请序。不过，他们不同，因为他们写的是饮食，而且这两年和他们每月有一两次的聚会，有时甚至远去花莲、台中，为的是觅食，相处颇得。因为我们全是好吃的人，忝为同好，他们出书要我写序，欣然应允。

而且，对于吃，在社会迅速转变的今日，我的确有些感慨。因为吃虽是小道，但源远流长，体系自成，别具一格。过去吃都在家里，但如今饮食一道，也随社会转变而转变。家中虽有灶下，却常不起炊，往往两肩担一口，踏遍市井处处吃了。

处处无家处处吃，现代的名词称为外食。据调查，现在外食的人口，越来越多了。但外食也有其社会缘由的，是社会现代化的结果。社会现代化的特质是方便快捷，人随着方便快捷的节奏活动，相对地变懒了。不知为什么，现在大家都忙，偶有闲暇，就不愿将时间浪费在灶下，洗菜、切菜、配菜，然后下锅煎炒或煮炖。忙前顾后，等菜上桌，就累于下箸了。最好的方法是外食。外食既无须准备，又不要善后，吃罢，抹嘴就走，然后携手漫步街头，状至潇洒。

外食还有另一个因由，中国自来妇女主中馈，也就负责家庭的饮食起居。不过，时至近代倡导女权解放，"五四"时所喊的一句口号，就是妇女走出家庭，也就是从厨房解放出来。现在我们家里的巧妇，已变成了社会的女强人，女强人下班归来，已累得喘不过气，哪还顾得灶下。不过，男人也不争气，放不下大男人的优越，又不能巧妇不为拙夫做，拙夫自己做。最后，两性平权最好的妥协，就是外食。

外出觅食，虽然方便，但出得家门，踯躅街头，食肆林立，市招满眼，品目繁多，而且店名又奇特，真的是四顾茫然，不知何去何从。因为这年头只要会五六个菜，而且又能把菜炒得半生不熟，就可以竖招牌立字号。至于价是否廉，物是否美，主人是否亲切可喜，都是次要。反正现代人吃的不是滋味，为的只是疗饥，疗饥是不讲滋味的。

受到现代的感染，我也变懒了。过去也欢喜在灶下摸摸弄弄，但现在的灶下，局促难以转身，虽储有鲍参翅肚，黄耳红菇，野竹参，裙边与哈士蟆，皆束之高阁，任其落尘，却无兴趣料理，不如外食方便。我不是美食者，只要合情趣的都吃，近在厝边，远处也有些常常思念的饮食料理的朋友，所以，两肩担一口，台北通街走。但每次出门访问，就多一次感慨，过去的古早味越来越少了。尤其这几年在大学历史系开了门"中国饮食史"，选课的人不少。所以，特别留心身边的饮食变迁，常有吹皱一池春水的闲愁，老是担心有一天，我们下一代吃饭不用筷子了。

一九九八年五月七日序于台北糊涂斋

目　录

第二辑　出门访古早

第三辑　港人食乜嘢

第四辑　谁解其中味

第一辑　更上长安

何处觅豆汁

去年暑天，到京北草原去吃烤全羊和手把羊肉，住蒙古包，看塞上月色，来回两过北京。我到大陆行走多次，但始终对去北京兴趣缺缺。因为到北京不是看帝王活着住的宫殿，就是参观他们死后躺的坟墓。而对于爬长城，我失去上城楼的雅兴，买了瓶可乐坐在城下闲啜，回到城里，满眼又是红旗招展，实在单调得紧。

不过，既来到北京，总得喝碗豆汁。豆汁儿，是过去北京人特有的早点。雪印轩主人《燕京小食品杂咏》有《豆汁粥》一首：

> 糟粕居然可作粥，老浆风味论稀稠。
>
> 无分男女齐来坐，适口酸盐各一瓯。

诗后有主人自注："豆汁，即绿豆粉浆也。其色灰绿，其味苦酸，分生熟二种，熟者担挑沿街叫卖，佐咸菜食之。"对豆汁的色味与食法说得很清楚。

所以，北京的豆汁，与以黄豆制成的豆浆、豆花不同。

豆汁是制绿豆粉丝的副产品，制造粉丝时将绿豆磨成粉浆，取出其淀粉制粉丝，剩余的浆汁，经过发酵，熬煮而成。据邓云乡《燕京乡土记》说，豆汁有种特殊的酸味。配辣咸菜而食。辣咸菜的制法，是将咸菜切得细如发丝，干辣椒入油炸焦，随即倾入咸菜丝中即成。在天寒地冻的早晨，围蹲在豆汁挑子旁。来碗热腾腾的豆汁，一碟辣乎乎的咸菜，喝得鼻尖直冒汗，如果再配上两三个炸焦圈，人生之乐不过如此，真的是美得冒泡赛王侯了。

豆汁不仅担挑摆摊沿街叫卖，北京人也在家熬煮，据《今古奇观·金玉奴棒打薄情郎》改编的《鸿鸾禧》，又名《金玉奴》，唱的是饥寒交迫的秀才莫稽，在大风雨中晕倒在金玉奴家门前。金玉奴见了不忍，将莫稽唤醒，带回家给他碗热豆汁喝，救了莫稽一命。就在这个时候玉奴的父亲金松回来，于是一幕悲喜剧随着展开了。这个戏因金玉奴端豆汁给莫稽喝，又叫《豆汁记》。

豆汁有种特别的酸味，乍喝难以下咽，但喝惯了就上瘾，一如吃油炸臭豆腐。当年"冰肌玉骨英雄胆，红粉青衫侠士心"的侯榕生，第一次回到她二十多年魂牵梦萦的北京，想喝的竟是豆汁。这次返乡使她非常失望，未曾久留即匆匆离去，到美国后写了篇《北京归来与自我检讨》，然后悄然回到台北。

那时，我正在主编一份杂志，亲自到她永和家中，对她做一次访问。想和她谈谈当时大陆上流行的样板戏，如《红灯记》《芦荡火种》《杜鹃山》，等等。侯榕生后期作品有老舍味道，但自小迷戏，也曾下海票戏，唱青衣花旦，并反串《群英会》的周瑜，誉满菊坛，梨园尊其为"侯爷"不名。我们谈北京，谈戏，谈吃，尤其是北京的小吃……她特别提到豆汁：

"……本来我还想去找豆汁，他们告诉我西交民巷有个地方卖豆汁，后来我也兴趣缺缺。我说算了吧，别出洋相了，这不是出洋相吗！（大笑）就甭喝了。"（《故国梨园笙歌歇——侯榕生女士访谈录》）

这次侯榕生回北京，没有喝到豆汁。那时正是"文革"狂扬时期，哪还有闲心熬豆汁。这十来年，人民的日子的确好过许多。最初开放之时，有人问我何时到大陆走走，我笑着说等大陆有了小吃摊子之后。我说这话并非因为我好吃。因为人民有闲情卖小吃，又有闲钱吃小吃，生活才算真正可以凑合。我的确是那里有小吃后，才进去行走的。每到一地就吃当地风味，这些特殊的地方风味，只有在小摊和小店才能吃到，那才是人民真正的生活层面。所以，这次来到北京，就想喝碗豆汁，尝尝真正北京的味道。

在北京住金鱼胡同的宾馆，离王府井大街咫尺，黎明即起，沿王府井大街转了几个胡同，见到卖早点的摊子，就凑过去瞧瞧，不是豆浆油条，就是馃子——煎饼裹油条，就是没有豆汁，颇为失望。最后从协和医院学院那胡同，又转到另一条街上。远远看见一群人正排队买早点，心中一喜，心想大概是豆汁。走近一看，原来是卖炒肝的。我对身旁的太太说："炒肝也是北京传统的早点，你在那边等我，我过去来一碗。"

于是，我走过去跟着排队，轮到我时，我要了一碗炒肝，外加三个包子，买包子没有粮票，得另外多付几毛。我一手端着碗炒肝，一手握着包子，四下打量，但店里不设座，就跟着走出店来，像其他乡亲一样，倚着墙蹲了下来。就着包子依着碗沿喝起来。抬头看站在远处树下的太太直摇头。这时的北京才随着爬上屋脊的阳光醒了过来。公交车的笛声，脚踏车的铃声，不断从我耳旁闪过，还有我喝炒肝呼噜呼噜的响声。

所谓"稠浓汁里煮肥肠，交易公平论块尝。谚语流传猪八戒，一声过市炒肝香"的炒肝，也是北京传统的早点。主要的材料是猪肠和猪肝，以生熟大蒜、黄酱、大料、高汤、淀粉勾芡而成。但名为炒肝却不是炒，而且肝少肠多，实际只是烩肥肠，不知为何称为炒肝。过去北京街头巷尾常见卖炒肝的，一声"炒肝香烂哪！"引来不少食客。一如此间沿街叫卖蚵仔面线的。蚵仔面线如果没有肥肠和蒜蓉也不好吃。

除了小贩沿街叫卖，也有专营炒肝的铺子，过去前门外鲜鱼口的"会仙居"，开业于道光年间，是售炒肝的百年老字号。后来在三〇年代，鲜鱼口又多了家"天兴居"，也专卖炒肝。和"天兴居"有关的沙苍来了台湾，多年前在忠孝东路恢复"天兴居"的字号，专售炒肝、爆肚、白卤等，我常去吃沙苍的炒肝和过油肉，和他成了朋友。他还说想将北京的小吃在台北恢复起来，其中包括豆汁。不过，沙苍不善经营，"天兴居"迁到中山北路扩大营业，但不久就歇业。当年我由台北去香港教书，沙苍提了两盒他亲手制的酱肉烧饼，赶到松山机场为我送行，那两盒烧饼要我上路吃，后来我们就失去了联络。这次回来后，许多过去因吃交的朋友都星散了。想吃也不知到何处去吃。

在北京住了几天，喊同志，叫师傅，问大嫂，穿大街过小巷，就是没有找到豆汁。从京北草原回来，一位好心的北京朋友告诉我，东四隆福寺有家卖豆汁的。于是一大早麻烦太太拿了地图，沿着王府井大街，迎着太阳欣然前往，最后找到隆福寺，却没有寻到卖豆汁的。难道现在北京人的口味也变了？愿意花大钱吃美国玩意的"某当奴"，再不愿喝那种自己的酸东西了，就像《金玉奴》里的莫稽，喝完豆汁把碗给砸了。

更上长安

去年五六月间，是段令人"痛心疾首"的日子，情况一日百变，尽是些使人悲愤流泪的消息。我们早已买妥香港到西安来回的票，并订下钟楼附近的旅馆，准备到西安闲散几天。行期是五月二十三日，二十二日深夜理妥行囊后，打电话给西安的朋友，朋友说如果没有什么急事，可缓些来。他说可缓些来，但我们的机票和订妥的旅馆都牺牲了。

不过，西安还是要去的。因为那是太太儿时住的地方，抗战前后在那里住了十年，这些年她常提起那个地方。她曾在碑林捉迷藏，出东门到灞桥远足，早上吃的甑糕，还有她最初上学的玫瑰教堂……西安对她，正像苏州对我一样，这两个城市都留着我们童年的梦。她已陪我去过苏州两次，我当然要陪她到西安走一趟。再说我也想尝尝那里真正的泡馍。所以，在那场悲剧发生一年后，我们又更上长安。

当飞机缓缓下降，太太指着窗外说："看，这西安城！"我顺着她的手望下去，整个西安城，在正午的阳光照射下，仿佛已融在灰蒙蒙的蒸气里。渐渐看清城墙上的垛口，和城楼飞檐下的窗子，这是一座完美的城。对于城，我有太浓厚的历史感情。这几年到大陆行走，总希望到那里看看城，但每次都失望了。城已经被现代化浪涛吞没了，离我们越来越遥远模糊了。

我们的宿处还是订在钟楼旁，钟楼是西安的中心。每次到大陆都在闹区歇脚，方便自由行走。钟楼距南院门不远。太太在西安住了多年，先后也搬了几次家，却都在小南门和南院门一带。所以，我们在宿处放下行李，我就跟她到南院门寻觅她儿时的脚印了。

南院门是清朝陕甘总督行辕所在地。庚子之乱，慈禧避祸仓皇出京，由风陵渡过河，继续西逃，在九月初四微雨飘洒里来到西安。最初就进驻南院门的总督行辕，后来又搬到北院门督抚府。辛亥革命后，南院门一带是政府机关所在地，商业区也在这里，还有许多著名的饭庄酒楼。当年以秦菜著名的"明德楼"，曾承包过慈禧的伙食。慈禧在西安住了一年，留下不少饮食的逸闻趣事。其中最著名的就是西大街广济街口老童家的腊羊肉了。

老童家创于光绪年间。掌柜童立明是回族人，自幼家境清寒，以卖小吃营生。后来制出这味名驰西北的腊羊肉来。腊羊肉以带骨的羊肉为原料。用芒硝、桂皮、八角、花椒、草果、小茴香和青海盐腌制，经过煮和焖两个阶段而成。色泽红润，肉质酥烂，膘肉分明，香而不腻。当年老童家的腊羊肉，用的羊专从甘肃庆阳府西峰镇、萧金镇运来。

以凤凰亭为商标，沿用迄今。

相传慈禧在西安时，御辇经过广济街口。当年广济街口有个很陡的坡，车辇至此，恰巧老童家烹肉，香味溢出，慈禧喝令停车，要尝尝这民间的美味。品尝之后大加赞赏，传谕引为贡品，日日贡奉。新任军机大臣鹿传霖与李莲英为了讨好慈禧，认为老童家的腊羊肉使老佛爷闻香止辇，而称为"辇止坡"，慈禧称善。于是由兵部尚书赵福桥的老师邢庭维手书，制成金字门匾一幅，赐给老童家。于是"辇止坡"老童家的腊羊肉就名闻遐迩了。但那块金字招牌在"文革"时被砸了。

腊羊肉虽没吃过，但腊牛肉是吃过的。在台北陕西馆吃牛羊肉泡馍时，总来一盘佐酒。不过，对老童家的腊羊肉却是垂涎已久。当我们乘车进城经过西大街，看到老童家腊羊肉的市招。招牌黄底红字，不甚起眼，但我望之倍觉亲切。所以，那天黄昏在南院门的"春发生"吃了葫芦头，就直奔老童家，但已关门了。太太指指店前的玻璃橱窗说："也许转业了。"我看橱窗挂的竟是妇女的服装，并且堆着些凉席。只有怅然而去。

但当我们走回宿处时，在对街另一个街口老白家饺子馆旁的一个小门面，挂的竟是老童家的招牌。我兴冲冲地凑了过去。店里没有人，门前的案子上摆着几大块红彤彤的肉。当我站在那里慢慢端详，一位坐在街上纳凉的老妇缓缓走过来。"买吗？师傅。"她问。我点点头，问道："腊羊肉？""牛肉。"她答道，我切了半斤，用纸包妥，匆匆回到宿处，打开纸包一尝，肉很"柴"，颇为失望，真的是见面不如闻名了。

其实腊牛羊肉是西安的大众食品，大街小巷都有得卖。第二天一大早，我们穿过鼓楼，到北门附近找卖甑糕的。发现城隍庙后面的一条街，两旁有许多卖腊牛肉的摊子。也有推车子卖的，红红的大块大块堆在车子上，还有腊的牛肚与牛肝。北院门与西大街一带是回民聚居的地方。西安的回民不少。虽然唐代的长安已有不少西域人，但回族人大量移入西安是在元代。他们的生活习惯自成体系，腊牛羊肉与甑糕都是回民食品。

甑糕是太太在西安上小学时，吃的一味早点。她对吃一向不在意，平时跟着我到处吃，吃完就算了，很少记得吃些什么。唯独对她小时候吃的甑糕，这些年来一直念念不忘，也许甑糕真是好吃的东西。导演李行在西安住了很多年，如今他们兄弟还用陕西话交谈，有次我们见面，他所怀念的西安吃食，竟也是甑糕。

甑糕是一种中国古老的食品，由蒸制用的甑而得名。甑由来已久，谯周《古史考》说："黄帝始作釜甑。火食之道始成。"火食也就是熟食。人类由茹毛饮血到熟食，经历了很长的发展与演变的阶段，熟食始于对火的使用。最初是炙，也就是将食物直接在火上烧烤，然后透过水的媒介将食物煮或煨炖，最后则是利用水的蒸气将食物蒸炊，蒸是饮食技术高度的发展，而且也是中国饮食独特的烹饪技巧，是其他民族没有的。甑是最早的蒸食工具，在新石器时代已经使用。我参观西安近郊的半坡遗址时，在出土文物陈列室，就看过先民使用的陶甑。商周时代甑用青铜制造。战国时铁普遍应用，则有铁甑。铁甑长久使用，世代相传，流传至今。铁甑形似圆筒，底部有许多小孔。置于鬲或镀上蒸食。现在西安的甑糕，用的还是这种铁甑。

中国人的主食可分为粉食与粒食两类，粉食为面，粒食为米。粉食加工称饼，粒食加工则为糕，甑糕为糕的一种。《周礼·天官》有"羞笾之食，糗饵粉糍"。郑玄注粉糍，即糕也。甑糕即由粉糍演变来的。不过，粉糍不加枣，甑糕却以糯米与红枣蒸制而成。即枣米四六之比。一层米一层枣，如是者数层，经长时间蒸制而成。这种枣米合蒸成甑糕，或由唐代韦巨源《食单》中的"水晶龙凤糕"演变而来。按"水晶龙凤糕"的制法："枣米蒸破见花乃起。"

第二天一大早，我们就离开宿处，沿着西大街转向鼓楼，到北院门去找卖甑糕的。古城似乎还没有醒来。只有几个年老的妇人清扫街树的落叶，她们一面扫着，一面向街面泼水，防止尘土飞扬。还有几家卖早点的店开了门，卖的是豆浆和油条。有些人挽着个小竹篮子，围着炸油条的锅，等待新起锅的油条。太太走向扫街的老妇，用陕西话问她哪里有卖甑糕的。她停下工作，和善地说出鼓楼直走，再往西拐就到了。到了那巷子口，我突然眼一亮，怎么有这么多卖早点的，有丸子胡辣汤、煎凉粉、油糕、油酥饼、油茶泡麻花、水盆羊肉、牛舌头饼……我在大陆走过不少城市，从没有见过这么多种类的早点小吃。再往里走，十字街口人声喧哗，两旁都是卖腊牛羊的摊子，有老白家、老铁家、老马家，都是回族人的姓氏。

十字街口就有个卖甑糕的。父子两人照顾一个摊子，父亲近七十岁，瘦小的个子，颔下有一把花白的胡子。他知道我们是外来的，却能说本地话，分外亲切。听说我们又是专来吃甑糕的，于是在盛妥甑糕的小碟子里，又添上一些枣子。我们站在甑边就当街吃起来。甑糕的味道的确不错，枣香扑鼻，绵软黏甜，真的非常好吃。往后在西安的这段日子，我们常到甑边来吃甑糕。有时还多买一斤，带回宿处吃。

我一面扒着甑糕，一面四下观望。对面肉摊子上红艳艳的腊牛肉，实在令人垂涎欲滴，于是过去买了个饦饦馍夹腊牛肉，往嘴里一咬，腊牛肉不腻不柴，酥烂不膻，油香满口，和老童家的腊牛肉不可同日而语。这才想起老童家现在改为国营了。于是我又称了一斤带回宿处。后来我们临走时又到这里，买了腊牛肉、腊羊肉各三斤，二十个饦饦馍带回香港。

我一面咬着饦饦馍夹腊牛肉，一面对太太说："这条巷子可爱，真可爱！这么多的吃食。"然后在一家油茶店里坐下来，来一碗油茶泡麻花，然后又喝了丸子胡辣汤。最后还买了个油酥饼，边走边吃。太太在后面说："肚子，注意你的肚子，细水长流啊！""尝尝，只是尝尝，每样都尝尝。"我回头笑着说。这些都是著名的回族风味小吃，尤其是被誉为"西秦第一点"的千层油酥饼，色泽金黄，层次分明，脆而不碎、油而不腻，当年唐三藏都吃过的，我怎能不吃一口。

这个地方的确很可爱，而且卖的吃食早午晚各有不同。往后几天就常来这一带流连了。这一带地方不仅有回民的风味小吃，还有几家回民饭馆。其中有家饭馆，竟和我当年在台大的研究室同名，也叫"望月楼"。我们去的时候正是夕阳西下，热得像个蒸笼，还没有坐定就已汗流浃背了。如果在月满西楼时，榆影随徐风浮动，临窗开襟举杯或是雅事。

这些饭馆主要是卖牛肉泡馍，同时也有些炒菜。到西安不吃牛肉泡馍，那是白来了。牛羊肉泡馍不仅是西安特有的风味小吃，也是西北人民所嗜食的，俗称"羊肉糊饽饽"，更是我喜欢的。羊肉泡馍由来已久，苏轼有"秦烹惟羊羹，陇馔有熊腊"的诗句。羊羹是泡馍的汤。贾思勰的《齐民要术》，有"胡羹"一味。其制法：用羊胁六斤、又肉四斤、水四升，煮；出胁切之，葱头一斤，胡荽一两，安石榴汁数合，口调其味。这味胡羹或者由北魏毛修之的羊羹而来。毛修之善烹调，入魏后由崔浩推荐给太武帝，所进的就是羊羹一味，深得太武帝的欢心，后官至太官令，负责宫中的饮食。不过，羊羹在当时北方是非常流行的，史书常见。宋元以后，随着回民向西安移居。将羊羹和烙馍结合起来，逐渐形成今日西安的牛羊肉泡馍。

牛羊肉泡馍的主料是牛羊肉和汤，还有馍。泡馍煮肉的功夫特别讲究，一般先将一副牛羊骨头置于锅中，加入调味袋，大火煮两小时，撇去浮沫。再将肉块入锅，以旺火烧沸后，将肉板压实加盖。小火炖八小时。至汤浓肉烂，将肉捞出置于肉板上，依顾客选择的部位而切配。至于馍，则是饦饦馍。饦饦馍用九成面粉、一成发酵的面粉，混合揉匀后制成馍坯，入炉烘烤而成。用这种方法制作成的馍，不仅酥脆甘香，而且入汤不散。后来我在黄陵县吃早点，就看着一个体户的老者，当街揉制入炉烘烤，我顺便买了两个带在车上吃。

不过，现在吃泡馍只有"单做"，肉也没有选择，而吃的人也没有耐心掰馍，掰成大块大块的，这种掰法只可充饥，无法享受泡馍的情趣。有的泡馍店竟设有掰馍机，一个馍放进去吱的一声就碎了，我看之索然。我们吃泡馍总是慢慢掰，轻轻吃。站堂的女师傅笑着说："你们倒吃得在行。"

于是到厨房端了碗高汤给我们。吃罢泡馍再喝口高汤，真是齿颊留芳。仅吃泡馍稍嫌单调，同时也叫两三样菜，如扒口条、芝麻里脊、悠悠肉，尚可一吃，悠悠是烤羊肉串用的香料，从新疆运来的。

虽然说的是羊肉泡馍，吃的却是牛肉。而腊牛羊肉也是牛肉为主，不知为什么不用羊肉，心中颇为纳闷。不过这个季节却有"水盆羊肉"可吃。水盆羊肉是西安夏季的小吃，多在农历六月上市，又称为"六月鲜"，我来得正是时候，赶上了。慈禧太后在西安也吃过这种羊肉，因为味道鲜美，而赐名"美而美"。不过现在西安人还叫"水盆羊肉"。因为卖这种羊肉的盛汤器皿不是锅，而是用铝制的大水盆。卖水盆羊肉的店，多在门前设灶、明堂售卖，大块的羊肉架在水盆上，肥瘦任择。这些水盆羊肉店，多在路旁树荫下设座，而且只售早市。看着他们捧着大碗，一手拿着个饦饦馍，就碗而食，有些碗里放红红一层辣面子，吃得满头大汗。他们称为"怯暑"，非常有趣。不过，这"水盆羊肉"的确"美而美"，肥而不腻、烂而滑嫩，远胜过牛肉。临走的那个早晨，我又到"老吴家"吃了一碗，并多加三块钱的羊肉。

每天吃了晚饭，我们就不觉地逛到北院门，那里有许多旧货店，我们就在那里找些自己喜爱的东西。这时夜市已经开始，家家都在门前纳凉，他们轻轻话些家常，摇着扇子大声笑，孩子们在躺椅间嬉笑追逐着，他们的生活看来过得很满足、很自在。有时我会凑到烤羊肉串的摊子，吃几串烤羊肉串，或是吃个蜂蜜凉粽子。蜂蜜凉粽子是关中一带的夏令食品。既不包馅，也不夹果，全部用糯米制成，一只重约一市斤，吃时用丝线划成小片，放在碟子里，淋上蜂蜜即可。烤羊肉串与蜂蜜凉粽子，都是西安的回族风味小吃。

和北院门相比，南院门一带住的是汉民。这一带地方也是太太熟悉的，我默默跟在她后面，经过竹笆市去寻找她的旧居。竹笆市附近是个自由市场，有卖蔬菜瓜果西红柿的、杂粮衣物的，还有卖辣面子的。辣面子就是辣椒粉，西安人吃辣椒的本领真大，辣面子一箩筐摆在那里，买的人论斤称，难怪这里有很多四川馆子。我突然发现有个卖梆梆肉的摊子，梆梆肉是由猪内脏熏制而成的。距今已有百多年的历史，最早出现在西安东关和城南柏树林一带。最初卖梆梆肉的，身背椭圆形木箱，手执木鱼状的木梆梆，边敲边喊，沿街叫卖而得名。我切了两块钱的熏大肠，用纸包起来塞进口袋里，走在太太后面，一块块地掏出来慢慢嚼，熏味很浓，肉嫩香醇，的确很好吃。我递了一块给她，她摇摇手继续往前走。

这一带地区现在没落了。但旧日繁华依稀可见，巷子很宽，浓浓的榆荫背后是高高的院墙，院墙间是扇扇黑漆的大门，虽然有些大门已经剥落，顺着敞开的大门向里望，都是好几进院子。不过现在每进院子都住了很多户人家。转过几个巷子，太太停下来对我说，这里原来是个做烧鸡的，天天要杀很多鸡，她常来拔鸡毛做毽子。再转个弯就是当年她家住的地方。她在门前端详了半天，回头对我说，好像是这里了，但门前的过道怎么这么小。我说，可能你当年个子小，觉得过道大。于是我们敲敲门，经过过道走进院内，竹帘掀起，屋内走出一位老者。太太向老者说当年她们家就住在这里，然后又说了些当时的情形。那老者似有所悟地说，后进院子已塞起来了，那边正在盖大楼。然后我们出得门来，再回首，夕阳的余晖正落在那粉墙上。对面是个小学，太太说那是她读的小学。我们走了过去，学校的老校工正在关铁栅门，我们说明来意，他打开一角门让我们进去。太太站在空旷的操场上，四下观望，仿佛在她记忆里寻找些什么，我走了过去，指指腕上的表，悄悄地说："先吃饭，明天再来，我们有的是时间。"

"哪里去吃？"太太从四十多年前的记忆里走回来，然后问道。我想到我们来的时候，经过"春发生"。我说："到'春发生'吃葫芦头。"葫芦头也是泡馍的一种，是西安著名的小吃，其由来已久，一说是由唐代孙思邈的药葫芦里的配料烹制而成。孙思邈是唐代名医，著有《千金要方》《千金翼方》，还有一本重要的食疗书《千金食治》，后被尊为药王，现在耀县的药王庙供奉的就是他。相传他当时在长安吃专卖猪肚、猪肠的"杂羔"时，发现肠子腥味很重，于是将自己的葫芦头留下，嘱店主用葫芦里的香料烹制，即可除却腥味，故名。另一种说法是，葫芦头源于宋代市食中的"煎白肠"。当时长安有两家专售猪内脏的"杂羔摊"。其中何乐义经营的、以猪大肠为主的杂羔摊最驰名长安，因为猪大肠膘脂较厚，形状似葫芦，故名。二者相较，似后者可信。

在西安，葫芦头泡馍远不如牛羊肉泡馍普遍。"春发生"是专营此味的老店。"春发生"烹制的猪大肠的确没有异味。但制作的手续非常繁复。除清洗外，还经过焙烤，小火翻煮四小时后，再晾干水分，更与猪骨猪肉合煮三小时始成，至此，汤浓而白似牛乳，大肠香软可口。葫芦头泡馍，陕西称为渝馍。即将掰妥的馍块置于碗中，将滚开的料汤浇在馍块上，再用手勺扣住馍块，将碗里的汤沥入锅中，如此反复三五次，以馍浸透为度。当地人称此法为渝，与泡同音。我们吃了葫芦头三鲜泡馍，又要了两个菜，一是红烧大肠，一是酸甜酥皮，都和葫芦头有关。酸甜酥皮即以炸酥的肠衣糖醋而成，非常别致而且又很松脆。

南院门距我们的宿处比北院门还近，出门一转就转到那里，太太从每条街巷里，搜集她散落的童年，我四处观望找寻新的吃食。这一带也有很多小馆和吃食摊子。我在一个十字街口的榆荫下停脚，那里有个穰皮子的摊子，掌柜的正坐在个小板凳上，面前架着案板，案板上摊着张穰皮子，他手拿着如穰皮子直径大小而且很厚重的刀，颇似武侠小说里的九连环。在穰皮子上熟练迅速地移动着，一条条的穰皮子就出现了。穰皮子是现在夏天吃的凉面的一种。凉面源于唐代的"冷淘"。杜甫《槐叶冷淘》："青青高槐叶，采掇付中厨。新面来近市，汁滓宛相俱。入鼎资过熟，加餐愁欲无。碧鲜俱照箸，香饭兼苞芦。经齿冷于雪，劝人投此珠。"这是杜甫自制的槐叶凉面。按《唐六典》："太官令夏供槐叶冷淘。"这是在夏天朝会时，由太官令提供的槐叶冷淘。西安的穰皮子就是继承这个传统形成的。其制法是将面粉和成稠糊，摊匀于"穰箩"上，置开水锅上蒸三四分钟即成。"穰箩"是一种光滑平底、四周有浅边的容器，多为金属薄板制成。冷却后切除，随个人口味加调料和而食之。

穰皮子是西安家庭夏日的主食。我看到几个家庭主妇与小姑娘拿着个大瓷碗或小锅，买了端回家吃。穰皮子我在台北吃过的，现在来到西安要尝尝地道的穰皮子到底怎样。我也来了一碗，一面和掌柜夫妇聊着天，一面扒食着。穰皮子虽然薄软，却非常筋韧、凉爽可口，很有嚼头，和台北的不同。太太不太习惯坐在当街小摊子吃东西，尤其是坐在这种矮凳子上。只是站在那里等我，并且和掌柜的太太"谝闲传"。"谝闲传"是陕西话的话家常。不过，她倒想吃碗饸饹，于是找了个比较干净的饸饹店，而且用的是卫生筷子。

饸饹是关中一带城乡人民喜欢吃的。尤其是荞麦面饸饹。所谓"荞面饸饹黑是黑，筋韧爽口能待客"。荞麦面饸饹是荞麦面压制成的一种细长圆柱形的面食。由一种木造专用的饸饹床压制而成。

饸饹古称"河漏"。元王祯《农书》"荞麦"条称："北方山后诸郡多种，治去皮壳，磨而为面……或作汤饼，谓之河漏。"饸饹夏可凉食，冬可热吃。饸饹热吃，即用米拌过油的凉饸饹，浇上臊子与热骨汤即可。西安卖饸饹的小吃摊比比皆是，论其品质，则以教场门孟兆武制的饸饹，条细筋韧，挑不断条、吃不掉渣最著名，而称为"教场门饸饹"。

其实饸饹并不见得怎么好吃，而且现在的配料不齐，只有酸辣而已，但是太太儿时常吃的东西。吃饸饹不过是怀旧罢了。是的，她从上小学到初中，都在这一带地方度过。虽然这里再没有她认识的人，但景物却依旧。当我们走到玫瑰教堂时，那是她最初上学的地方。玫瑰小学没有了，西安最古老的玫瑰教堂还在。那教堂像历经沧桑的老人，外墙被风雨吹打得遍体斑痕，堂外搭着架子说是准备建修，堂内正有一场弥撒，圣诗的歌声断续传出来，太太抬头望去，然后说十字架下面的那个钟怎么没有了！我知道她对那个钟有很多回忆的，那时她年纪还小不会看钟，每天中午妈妈要她看钟的两个针在什么地方，她回去就用手比画。

我又看看腕上的表，两根针刚好重叠在一起，该是吃午饭的时候了，下午还要去碑林。于是，我们从教堂走了出来。太阳正直射在长巷，长巷寂寂，两旁的街树默默，偶尔有断续的蝉咏，四周的景物似乎在燠热里静止住了。

又见西子

去年上黄山，来回两过杭州，正是中秋过后、重阳未至的金风送爽时节。车轮匆匆从西子湖畔驰过，空气中飘荡着秋天的幽香，那是桂子花开的芬芳。桂花是杭州的市花，现在正是怒放时。不过，在亚热带的地方住久了，除了些炎凉，很难再体会到季节的递换了。所以，今年清明前，又去杭州，想看看那里的早春二月，是怎样来的。

虽然人们还没有除下寒衣，湖畔的杨柳已吐了鹅黄，新茁壮的嫩芽，附在垂下的柳枝上，千万条柳丝伴着湖滨的人来人往，飘荡在寒风里。是的，春天来了，只是来得太喧哗，在这人声嘈杂的西湖边上，被挤得了无诗意。

春天已经来了，所谓"若到江南赶上春，千万和春住"。我却没有那么高的雅趣。说实在的，我心里惦记的，还是奎元馆的那碗虾爆鳝面。奎元馆是杭州的老字号，已有一百三十多年的历史了。专营各色汤面，如片儿川、目鱼卷等面。尤其虾爆鳝面远近知名。其制作过程是这样的，先将虾仁氽水，鳝片炸至起小泡并有沙沙声时起锅，然后与配料爆炒，所谓"素油爆，荤油炒，麻油浇"，是虾爆鳝面的传统制法。爆鳝片时要猛火，有时锅中的火苗攒起几尺高，这是奎元馆虾爆鳝面的特色。

所以，过去有朋友去杭州，我总建议他们到奎元馆吃碗虾爆鳝面，但回来问他们味道如何，却都说不出个所以然来。去年上黄山，杭州不在旅游点上，向导游小姐好说歹说，才答应我们在杭州市区停一个小时，下得车来，也没有对杭州市容多看一眼。跟在捧着地图的太太身后，直奔奎元馆而去。左拐右转等找到那里，已费了半个小时。奎元馆刚启市，原来奎元馆有午晚两市，午市是十一点到两点，晚市是下午五点到七点，过时不候。

我们在楼下大厅找了张桌子坐定，环顾四周，已有很多人静静地坐在那里等候了。我向跑堂的女师傅要了碗虾爆鳝面，她向柜台指指，于是我先去买票，然后将票交给她，说我从大老远赶来，就为了吃碗虾爆鳝面。她说灶上的师傅刚在爆鳝，得等！她看我满脸风尘满脸汗，太太坐在对桌老看表，起了恻隐之心，答应第一碗端给我。等面端来热腾腾地放在面前，我拿起筷子扒了两口，还没有尝出什么味道，太太说时间到了，快走。于是放下筷子，跟在后面跟跄出门，心中甚是不乐。

跟旅行团就有这个麻烦，时间和空间都操纵在人家手里，只有追随着引导的旗子走，完全没有自我可言，也许这就是现代文明特色之一。所以，这次再去杭州，决定独来独往。所谓独来独往，就是事先买妥来回的机票，定好宿处，没有固定的行程表，只是闲散游荡。宿处选定了望湖宾馆。望湖宾馆在西湖旁边，临窗外望湖滨公园游人如织，杨柳依依，湖上游船穿梭往来。出得门来，步行十分钟就到闹区，酒楼饭馆集中在那里。

到旅馆放下行李，脸也没有洗一把，转头对太太说："走吧。""哪里去？"她问。"奎元馆。"我说。于是，我们就去了奎元馆。

奎元馆刚启市，客人还是都坐在那里静静等候着。我买了虾爆鳝和目鱼卷的面票，交给那位女师傅。那女师傅收了面票，又看了我一眼，似曾相识，她正是上次端面给我的那位。我又到卤菜柜上，买了一小盘盐水虾和酱鸭，取出腰里那一小瓶白兰地，慢慢酌饮起来，等待虾爆鳝的到来，状至悠闲，不似上次那么急迫。盐水虾小得可以，只有海米那么大，酱鸭虽是杭州名产，却失之偏咸。最后，虾爆鳝和目鱼卷面终于来了。目鱼就是墨鱼，刀工很细致，但味腥，我滴了几滴白兰地，也难以继箸。倒是虾爆鳝还有几许风貌，面软硬适度、面汤鲜里透甜，鳝鱼酥软，只是虾仁太小。这也是没有办法的事，在竭泽而渔的情况下，虾是很难成形的，我数度江南之行，吃了不少次虾仁，都是这个样子。我扒了一口面，笑着对太太说："这碗虾爆鳝面，可值钱了，累我两度千里来奔。"

早春天气逛西湖，是享受不到暖风吹得游人醉的。但湖上春雨潇潇，湖外青山隐隐，很容易使人想起"山外青山楼外楼"来。"楼外楼"在小孤山，离我们宿处不远，穿过白堤就是。"楼外楼"的西湖醋鱼和宋嫂鱼羹，早已闻名遐迩，脍炙人口。当年有个文士吃罢西湖醋鱼，一时兴起，在楼外楼壁上题诗一首："裙屐联翩买醉来，绿杨影里上楼台。门前多少游湖艇，半自三潭印月回。何必归寻张翰鲈，鱼美风味说西湖。亏君有此调和手，识得当年宋嫂无？"西湖的醋鱼也出自宋嫂之手，但与烹调鱼羹的宋五嫂不是一家人。

　　宋五嫂的鱼羹是北味南烹。宋室南渡，在汴京经营饮食营生，以调治鱼羹著名的宋五嫂，也随着南来临安，选了苏堤热闹处，就地取材，用湖里鯚花鱼做羹出售。宋孝宗伴太上皇高宗游西湖，宣召宋五嫂登御舟调羹，有旧都风味，大为赞赏，赐赏颇丰，因而著名。至于另一个宋嫂的西湖醋鱼，或谓源于"叔嫂传珍"。相传宋氏兄弟，饱读诗书，隐居西湖打鱼为生。宋嫂颇有姿色，被恶棍赵某看中，加害其兄长。叔嫂各自逃散，临行，宋嫂将舟中打来的鲜鲩鱼，加糖与酒烹调成味，并告诫其弟毋忘甜中有辛酸。宋嫂的西湖醋鱼，由此而来。

　　宋嫂醋鱼的故事，不知出于何典。不过，宋五嫂精于烹调鱼羹，见于宋人袁褧《枫窗小牍》，宋高宗吃宋嫂鱼羹，则载于周密的《武林旧事》。南宋都临安，留下不少掌故之作，其中最著名的是吴自牧的《梦粱录》。《梦粱录》有市井营生之记，其中保留不少当时临安的饮食材料。现在杭州的八卦楼，专售仿宋菜，其中如酒香螺、两熟鱼、虾元子、抹肉笋签、炒鸡蕈、鱼辣羹等，都取自《梦粱录》。

仿宋菜中有蟹酿橙一味，则出自林洪的《山家清供》。林洪是福建人，在临安住过一段时间。他的《山家清供》混合了两地菜肴编纂而成。林洪引水果入馔，是一个很新鲜的尝试。不过，林洪的蟹酿橙一味，制法虽然简单，但有季节性的，应在橙黄菊放，九月团脐十月尖之时。现在台北有家餐厅亦有此味出售，用的是梭子蟹，除了腥酸，了无危稹所谓"黄中通理，美在其中"的雅趣可言。反正今天台北的暴发户不少，俗吃即可，谁还管它雅不雅。

我们到"楼外楼"，已近满座了。在靠边的一隅坐定，点了西湖醋鱼和宋嫂鱼羹。点菜的女师傅又硬塞了只叫花子鸡。心想叫花子鸡以常熟王四酒家最著名，我们在苏州那家王四吃过，并不见奇。这里的叫花子鸡较苏州王四，又相去甚远。但西湖醋鱼和宋嫂鱼羹的确不错。醋鱼鱼眼明亮，芡薄泽润，且无土腥，伴姜丝食之，略有螃蟹味。鱼羹酸甜适度，鲜滑可口。在大陆能吃到这种水平的菜肴，已经是上上了。昨晚在杭州饭店也点了宋嫂鱼羹，酸得难以继匙，其他如炸响铃绵而不脆，酱爆春笋，笋老似竹，酱鸭生硬，这几个菜都是典型的杭菜，而杭州饭店又是六七十年的老字号，怎么连起码的水平也没有，后来悟到现在的杭州饭店是国营的。于是就心平气和地就着茶，干扒了半碗饭。在街上买了几个茶叶蛋回宿处吃。

其实最初的西湖醋鱼，是来自河南的"瓦块鱼"："用活青鱼，以油灼之，加酱、醋烹之。"瓦块鱼和铁锅蛋是梁实秋先生家的厚德福看家菜。西湖醋鱼二〇年代改油灼为笼蒸，现在则入沸水氽之，然后加薄芡即可。芡汁酸甜。北京厚德福专治豫菜著名，难道西湖醋鱼也像宋嫂鱼羹，同样由旧京而来？饮食之道最易流传，吸收当地菜肴特色之后，变成另一种地方菜色的新品种。西湖醋鱼保存了北地烹鱼用醋的特色，又融入本地菜的甜，出现了新的口味，但这都是经过长时间的尝试与习惯的积累，不是一蹴即成的。

"知味观"的猫耳朵，就是从北方传过来的。"知味观"是杭州出名的点心店，有七十多年的历史了，最初由夫妇经营的小馄饨摊子发展而成。这种小馄饨摊子现在还存在，在华灯初上后摆在街角，一灯荧荧、热气腾腾，很有情趣。我凑着摊子坐在小竹凳上喝过一碗，但皮厚馅少，汤里全是味精，也许杭州的馄饨早就这样。知味观夫妇的馄饨不同，老板贴了张大红纸告白："欲知我味，观料便知"，这是"知味观"点心店的由来。

"知味观"现在除了卖点心，还出售其他的菜肴，离我宿处不远，但也是国营的。早市七点半到九时，去早来晚都不接待。我们去了两次都不合时，只好在旁边一家名为"凤凰楼"的回教馆吃羊肉烧卖，喝牛肉汤。这是一般人民的早点，羊肉烧卖膻，牛肉汤味寡。不过，凤凰楼可能是杭州少有的北方馆，出售手揉的馒头，我们中午路过，见到很多人排队等着馒头出锅，情况甚于台北的"不一样"。

不过，"知味观"的猫耳朵还是要试的。所以，那天中午我们又去了。楼下大厅已坐了不少人，都在等小笼包。我们扶梯上楼，楼上是雅座。现在知道了，要吃，就得上楼，楼上可以点菜。我点了龙井虾仁、东坡肉、烧鳝段、三鲜猴头、莼菜汤、一笼虾肉小笼包，当然还有两碗猫耳朵。其实猫耳朵是北方普通的吃食，将面擀成猫耳朵大小的片儿，在水中汆过，可汤、可拌、可炒，配料悉听尊便。"知味观"的猫耳朵则用汤，配料是火腿、笋丁、青豌豆、小虾仁，汤很清，但味平平，一如早上的通心粉。真是枉我几次奔波了。

这次来杭州，时间从容，希望闲逛着吃点地道的杭州菜和小吃，因为现在是早春，正是春笋上市的季节，吃了不少次的酱爆春笋，但春笋老硬，不知鲜嫩的被谁吃了。苏东坡从黄州归来后，再知杭州，把"慢着火，少着水，火候足时它自美"的东坡肉带到杭州。因此，杭州的东坡肉就闻名于世了。前些年杭菜来香港展览，我吃过东坡肉和龙井虾仁，并不理想。这次来杭州想吃到好些的，但从天香楼吃到个体户开的小馆，都令人失望。所以，从杭州回来，春笋也跟着到了香港。于是我自调了酱爆春笋，并炖了一锅东坡肉。不过，这次在杭州却吃到刚上市不久的鲅鱼。

鲅鱼身呈黑色，略带灰白色斑点，头大眼小，长三四寸。鲅鱼俗称土步鱼，多生于池塘内，春节前后最肥嫩，我来得正是时候，在自由市场看到很多妇人卖鲅鱼。心想不知何处可以吃到鲅鱼。后来终于在居处附近的环城小馆吃到了。环城小馆近我们宿处。早晨沿湖漫步就到这里吃片儿川。所谓片儿川就是雪菜笋片肉片面，是杭州人普通的早点。我们吃早点并无定所，往往在老正兴吃过汤包，又到对面排队买票，吃碗宁波汤团。不过，都是挤在人民中间吃的。因为我的衣着一如本地的老师傅，他们也常这样称呼我，吃起来方便得多。

环城小馆真的是人民食堂了。除了早点的片儿川和包子外，也卖午晚两餐，菜牌就用粉笔写在墙壁的黑板上。菜单上有红烧鲅鱼。晚上我们去了。负责的是三十来岁的青年，把我们让到里屋的雅座。我要了红烧鲅鱼、炒螺蛳、鱼香肉丝、爆鳝片、片儿川汤，还有四两饭。这些菜谈不上什么味道。我从来没有吃过像这样又酸又甜却不辣的鱼香肉丝。不过，烧豆腐的鲅鱼倒很新鲜。虽然我好吃，欢喜吃的倒不是什么珍馐美味，吃的是情趣和气氛。这里菜的味道真不好吃，但情趣和气氛是很浓的。来这里吃喝的倒都是真正的人民了。真正的人民是很容易满足的，一盘螺蛳一杯酒，在那里慢慢吮着浅浅饮着，仿佛已拥有整个世界了，中国人民就是这样可爱。店里的青年领导，见我们是店里难得一见的外来人，端了菜后拖了张凳子坐下来。他说他受了三个月的厨师训练，就承包了这家馆子来经营。我们谈起江浙菜、杭州菜，他兴冲冲地抱了厚厚一本照片簿来，里面的彩色照片，都是菜样子。我想他倒是个有心人。于是我向他说了几本浙江菜谱，他说没有见过。这些菜谱都是大陆出版的，大陆竟见不到。回来后我寄了本浙江小吃的书给他，我想他卖包子和片儿川还凑合，炒菜还差很远的距离。

黄山顶上吃石鸡

重阳前，去了一次黄山，不是为了登高也不是探秋。因为太太画会的画友，组了一个团到黄山看山观云，并且写生，是桩雅事。但组团缺一个人，临时拉了我去，我想也好，他们这一伙虽不是专业画家，却都很清雅，不会像普通的旅行团那么俗。再者，这次上黄山要在徽州一停。徽州的徽菜，由于明清时期新安商人遍天下，徽菜因而名闻遐迩。

少年时在徽州住过一年，吃过一次徽菜里的臭桂花鱼。其味甚美，事隔四十多年，仍萦念不忘。不妨趁这次机会，重尝旧味。

而且从黄山回程，在深渡登船游千岛湖。深渡古渡口，是当年徽州商人，出新安过富春江到浙江启程上路的地方。类似馄饨的"深渡包袱"，是徽州商人登船前吃的小吃，如果这次有机会也吃一碗，那真是"历史之旅"了。这也许是这次他们一拉，我就欣然而往的原因。

皖南多山少耕地，徽州人多出外经商营生，徽商称为"新安大贾"，在东晋时期就很有名了。唐宋时期，商业重心南移，沿江深入山区腹地，徽州成了富商巨贾多来往的地区，当时徽州就创行了"令子"，是中国较早流通的纸币。朱熹的外祖父祝确就是著名的富商，经营的邸肆占了徽州城的一半。明清之后，更是新安商人遍天下，有"无徽不成镇"之说，徽菜随商人的经营外传，重油、重（酱）色、重火功的"三重"徽菜特色，成为中国八大菜系之一。

"重火功"是徽菜的特色之一，所谓"重火功"也就是小火慢炖，因而有"吃徽菜要等"之说，"金银蹄鸡"即是其著名的佳肴之一。由于小火久炖，其汤浓似奶，火腿红似胭脂，鸡色乳黄，蹄髈白似玉，我曾试制，但距标准甚远。有些菜可以易地烹饪，但有些当地的特产，却是其他地方不易寻的。

《徽州府志》载宋高宗问歙味于学士汪藻，藻以梅圣俞诗答之："沙地马蹄鳖，雪天牛尾狸。"马蹄鳖是一种生长在山涧中的甲鱼，腹色青白，无泥腥味，当地民歌中有"水清见沙地，腹白无淤泥，肉厚背隆起，大小似马蹄"，指的就是这种鳖。

但臭桂花鱼与毛豆腐一样，都是当地的特殊风味。桂鱼也就是"桃花流水鳜鱼肥"的鳜鱼。新安江盛产桂鱼，春季尤为肥美，而有桃花桂鱼之称。桂花鱼离水就死，不过，现在香港却可以吃到"游水"的桂花鱼，是坐飞机来的，鱼贩称为淡水老鼠斑。

臭桂鱼又称腌鲜桂鱼，将捕网的鲜桂鱼，以淡盐水腌制，有的放在肉卤中腌制则更美，鱼片腌后烧，肉似臭实香、嫩而鲜美，有一种特殊的味道，世代相传已有两三百年的历史了。

早晨从杭州上车，说是赶到徽州吃午饭。车过昱关以后，进入安徽省界，景色一变。金黄的稻田间，点缀着白墙黑瓦的典型徽式建筑村落，路旁的白杨树叶已落尽，举着挺拔的手臂，直伸向湛蓝的天空。

但车上都是画画的爱好者，逢景必观，车过浙江昌化。昌化是鸡血石的产地，全车喊着要买昌化石，就在这小镇停下来，大街小巷找石头，我竟意外在车站旁一位刻印的老者处，买了两块尚可一看的石头。一路行行复停停，车到徽州已是下午三点，真是午饭已过，晚市未启炉。虽然旅行社已安排好吃的，但掌厨的已过时不候。

好不容易将他请来，他好不情愿地为我们做这餐饭。我溜到厨房里，厨房很大，锅灶也很大。掌厨的师傅拿着锅铲站在灶旁，正在炒青辣椒肉片（青椒的味道甚特别，使我想起当年步行由江西到皖南，在山里吃的那种，用来炒蛋更佳），我凑了过去，问师傅有没有臭桂鱼，他朝我一瞪眼说："没听过！"我没趣地出了厨房，走到餐厅外的阳台，在午后暖洋洋的阳光下，举目四望，有两座石桥通向山边，桥下的水静静地流着，依稀记得我曾在那桥下戏过水。我想那河里是该有桂花鱼的。

到黄山脚下，投宿在云谷山庄，已暮色苍茫了。第二天一早乘缆车上山，在北海的贡阳宾馆住两天。北海是黄山胜景集中的地方。到了这里才领略到黄山的奇和峻，我笑着说中国山水画，画的不是假的，山石松树这里都有。而且山间翠绿中一丛红一丛黄，真的是个秋天了。只是"内游"太多，胸前却挂着"疗养"的牌子，心想既然"疗养"，哪有这么大力气爬黄山。后来才知道"疗养"就是休假。满山都是"疗养人"，再好的美景也被挤掉了。黄山的景奇美，只是人太多，而且伙食更奇坏。

我们住的贡阳宾馆，算来也是领导级住的地方了。一日供应三餐。早餐有稀饭与似若蛋糕的食物一小块，倒也罢了。午晚两餐吃的是米饭。餐餐菜色相同，计韭菜蛋，白菜帮炒肉，炒青菜炒的是白菜叶，端的是一菜两吃了。还有萝卜烧肉，另外是辣油笋丁，用的是现成罐头加热，笋老似竹根。汤是盐水飘蛋花。而且碟子很小，一桌八人，每人一筷子就没有了，菜无残汤无法泡饭。但我是每餐三碗，有次刚捧着饭碗，太太一转头，我就把一碗白饭硬吞下肚了。待她回过头来奇怪我怎么吃得那么快，我说没经牙齿和舌头，干咽！我的胃算好的，但饭很硬，晚上无事，靠在床上看安徽电视台播放台北的《昨夜星辰》时，肚子翻腾得很难受。但在这荒山野店里，不吃饭又怎么办！

我实在顶不住了，就下厨房。厨子师傅正在把炒好的蛋分到碟子里，我真佩服他的耐心和毅力，每天两次都炒同样的菜，竟也不烦厌。我笑着说："师傅，可以添点什么菜吗？"他说："没有菜，只有甲鱼，火腿扣甲鱼，一份一百五十元。"

一只甲鱼竟一百五十块人民币！也不知道甲鱼有多大，再想想山上几个月没下雨，连洗脸水都要自己去提，定量分配。涧溪干涸，哪里还有新鲜的甲鱼。如果花这么多钱，而吃到上次在南京夫子庙的腌甲鱼，那才算冤呢。我笑了笑，只好回到桌上再干吞白饭。

第三天早晨，终于离开贡阳山庄。晚上投宿玉屏山庄，玉屏山庄在玉屏峰下，从这里再往上爬就是天都峰，那是黄山非常高的地方。著名的"迎客松"就长在山庄旁的岩壁上，但远不如画中像中好看，真不知花了大半天的时间，费了这么大劲，爬到这里干什么？但不论怎么说，吃的要比北海好多了。

最后上了一盘炒得黑黑的菜，我下箸一尝精神大振，喊道："石鸡，这是石鸡！"在徽州各县深山峡谷之中，栖息着如牛蛙大小的蛙类，俗称石鸡。这种石鸡散居在溪流或深潭中，喜爱高山清凉的环境，每当盛夏，常避暑于溪畔的岩石下面，色黑褐者最佳。有的因岩石颜色不同，而呈褐黄、褐红色。石鸡壮硕，大的一只有半斤来重，后肢特别发达。石鸡腿是石鸡的精华，石鸡不论清蒸、红烧或爆炒皆佳，石鸡须带皮烹调，风味更美。

"石鸡吗？"我转头问站在旁边的女师傅，她点点头。"还有吗？"我又问。她说不知道，要到厨房看看。我随即跟着走到厨房，看见案上有半脸盆切剁妥的石鸡，不仅新鲜，而且都是褐黑色。也没有问价钱，连忙请掌厨的师傅再来两盘。

石鸡的确鲜美，虽名曰鸡，绝胜于鸡。惜山中无酒，若配以徽州的甜米酒，移席松下，把盏静观脚下云生，那该是陶渊明的境界了。

饭罢，步出山庄，山风冷冽，群山云雾萦绕，真是山在虚无缥缈间了，山和松都好看起来。心想这次黄山没有白来。

从城隍庙吃到夫子庙

前几年常有人问我，何时到大陆走走，我笑说等那里有卖小吃的再说。我说这句话不是开玩笑。因为街上有小吃可吃，并不是简单平常，必须人有三餐饱饭吃之后，才有闲情想到找点其他的东西换换口味。早几年有位朋友回苏州，问我要点什么，我请他代我吃碗虾蟹面。朋友回来歉然，说他跑遍了苏州竟吃不到虾蟹面。

这几年人去人回，说街上有小吃卖了，只是人太挤，地方太脏，他们没有勇气尝试。这次我因学校交换访问，要去上海、苏州、南京，分别在复旦、苏州、南京几个大学座谈和讲演。上海有城隍庙，苏州有玄妙观，南京有夫子庙，都是小吃荟萃之所，我想趁这个机会去吃一圈。所以，学校机票买妥后，就开始准备起来，首先将封尘多年吃的记忆，与书架上的食谱、小吃及著名餐馆的资料结合起来，择其可吃和想吃的，一一做成札记。后来想到这次来去都经过上海。上海刚流行过肝炎，新闻媒体报道，来人传言，真是谈虎色变。所以，要吃也得慎重些，于是备了卫生筷、纸碟纸碗、消毒用的酒精湿纸巾，以及万一吃坏肚子救急用的药物，就慷慨上路了。

到上海的时候已经晚了，一团漆黑什么也没有看见，所以隔天起个早，出门到附近遛个弯，走走看看。我们宿处是学校招待所，落座在学校教职员工和学生宿舍区里。宿舍区和学校隔一条大马路，分成生活和教学两个部分。招待所是专供外来短期讲学或交流者住宿的地方，居住的条件虽然说不上好，但有空调和单独的卫生设备。和他们自己居住环境相比，这里该算"租界"了。

出得门来，向左一望，两旁法国梧桐蔽盖的道路上，人声喧腾，走近一看，原来是个小菜市，后来他们告诉我，这是个自由市场。眷区里另外还有两个公营的消费市场，我也去看过，供应的货物种类不如这里多，也不如这里新鲜。许多家庭主妇挽着篮子来到这里，那些篮子用竹子或藤条编成的，非常别致，她们蹲在地上挑拣菜蔬或肉类，一面和菜贩讨价还价。

在菜市的一端，是些卖早点的摊档。我们在一个卖馄饨的小竹棚前停下来，看着坐在棚外两个戴着白帽子的老太太，正低头包着馄饨。棚内摆着一张破旧的长桌子，两旁置了几条长条凳，我们走了进去，几个人正低头吃馄饨，我们在靠边的长凳挤出两个位子。灶上煮馄饨的老太太走过来，问我们要吃几两？这一问把我问倒了，我随即说您看我们该吃几两，她说我看你们每人先来二两。

后来知道二两是粮票的单位，一碗是二两。如果没有粮票付现钱，照价外加三分。二两馄饨来了，竟然是一大碗。我用筷子挑了一个放在嘴边，坐在旁边的太太用手肘碰了我一下。我知道她的意思，我们的卫生装备竟一件也没带，于是我悄声说，既来且安，况且当别人的面换筷子换碗，是非常不礼貌的。然后我说既然想吃要吃，就管不了那么许多了。吃吧！说着我将馄饨咬了一口，竟然有皮无馅，而且皮也厚得很，我又喝了一口汤，汤是开水加盐，了无油星，只有两三片葱叶飘在汤水中。

于是我起身到隔壁摊子上，买了四两生煎馒头，用手托着回来，生煎馒头也是皮厚馅少，就着汤吃了两个。当我们付钱时，老太太还问怎么没吃完。我说早上，吃不了许多。谢罢出门，门口有个卖粢饭的，我又靠过去买了二两。卖粢饭的一看我们是外来人，笑着说他的粢饭卫生得很，他将掺有红豆的糯米饭，掐在戴着白手套的掌中，然后加了根黑油条——这里普遍吃的面粉都是一箩到底的，颜色灰暗，做出的面点糕饼都是褐黑色的，十分难看，油条炸出就是黑色，麻花也是那样，不是炸煳了。那卖粢饭的用手一挤，挤成个饭团，顺手取了张旧纸要将饭团裹起来，我摆摆手说，免了，我们这就吃。我接过饭团分成两半，我们边走边吃。五月的风夹着前面修马路的尘土，扑面而来，有几分江南初夏早晨的清凉意。住在这个区里的人开始活动起来，许多熟悉的陌生人，与我擦肩而过，或迎面而来，我觉得和他们是那么亲近，却又那么遥远。现在我才真正发觉，自己的脚步正走在阔别了四十年的故土上。

到上海，城隍庙是不能不逛的。过去十里洋场的上海，是个五方杂处的都会，使上海的小吃味兼南北，品类繁多，汇集了全国各地风味的小吃。后来更出现了许多著名的小吃店，如城隍庙的南翔小笼馒头、鸽蛋圆子，"沧浪亭"的苏式糕团，"乔家栅"的生煎馒头、擂沙丸，"王家沙"的鲜肉酥饼、肉丝两面黄，"五芳斋"的糖芋芳、糖藕，"美味斋"的四喜菜饭，"鲜得来"的排骨年糕，"小绍兴"的鸡粥等。虽然这些小吃现在还有，却散在各处。但城隍庙以湖心亭为中心，半径不到百余米，却有小吃店十来家，除了小吃店外，还有许多卖衣物鞋百货的商店，以及土产特产的铺子，如只此一家的五香豆与梨膏糖商店，虽然现在称"豫园商场"，不过大家习惯上还叫它"城隍庙"。上海的城隍庙、苏州的玄妙观、南京的夫子庙，是江南三个可以吃吃逛逛的地方。尤其上海城隍庙街道窄隘，挤在其中行走，左顾右盼两旁的店铺，颇有古意。

城隍庙改称豫园商场，因其地邻豫园。豫园建于明万历年间，是上海保存最完整的古代林园，其中堂馆轩榭、亭台楼阁，布于奇峰异石、池水曲流间，颇有雅趣，只是游人太多太杂，往来拥挤，而且或踞或坐或躺在回廊与亭台间，嬉笑喧哗，一如墙外城隍庙的集市，我们挤了进去，又挤了出来，了无探幽揽胜的心境。后来逛许多名胜都是这样，既无暇思古，更无幽可探了。读李嘉《忆旧还乡日记》，说他中午在豫园点春堂设宴，和他的故旧餐叙，真不知这餐饭是如何吃的。

从豫园挤出来之后，就匆匆登上南翔小笼店的楼上雅座。小笼馒头就是小笼包。南翔是上海近郊的一个小镇，属嘉定县。按《嘉定县续志》称馒头"有紧酵松酵两种。紧酵以清水和面为之，皮薄馅多，南翔制者最著"。七十多年前，南翔有吴姓者，在城隍庙开了一家长兴楼的点心店，专售南翔式小笼，后来改成现在的店名。于是南翔小笼名满中外。我们要了两笼，揭开笼盖一看，观感不佳。馒头色呈褐灰，心想卖相不好味道好，夹了一只送入口中，皮厚黏牙，馅粗有筋皮，但无汁，距原来南翔小笼的体形小巧，折褶条纹清晰，皮薄又滑润，入口不黏牙，馅多卤重而味鲜的标准，相去甚远。我勉强又吃了两个，停箸，说咱们再换一家吧。

下得楼来，转一条巷子，进入"滨湖点心铺"，这里的葱油开洋面是很有名的。以葱熬油拌面，这原来是江北的吃食，后来传到上海，成为城隍庙著名小吃的一品。我们进得店去，店里黑黑的，我抢了一张人家刚离座的桌子，陪同小杨看着没有抹的桌子，还残留着一层油迹，迟疑不坐，我一把拉他坐定，我们各要了一碗，外加卫生筷一双，另加三分，付了面票，自己把面端过来，面是先煮好盛在一只粗碗内，浇上一匙葱油就成了。我扒了几口竟找不到一只开洋。出得店来，站在门外等待的太太问味道如何？我笑不答，心想比我自己做的火腿开洋葱油煨面，是不可相提并论的。于是转过头去对陪同小杨说，别让郑师傅久等，咱们去"老饭店"吃午饭。

"上海老饭店"就在城隍庙外面，郑师傅的车子就停在那里。郑师傅是开车送我们的司机。现在大陆不兴称同志了，师傅成了行当流行的称呼。我们事先就约好在老饭店吃饭。上海老饭店创业于清同治年间，最初叫"荣顺馆"，是一家家庭式的饭馆，后来买卖扩大，人称"老荣顺"，更简称"老饭店"，是上海饭店的老字号。其著名的菜肴有扣三丝、虾子大乌参、炒鸡腰、肉丝拌黄豆、椒盐排骨、鸡骨酱、香糟元宝，是标准的沪菜。这是我来上海准备吃的一家饭店。

我们登楼进了雅座。雅座设置倒也清雅，且有空调。而座上无人，和外面挤拥挥汗进餐相比，是另一境地。坐定后，站在一旁聊天的小女师傅，拿着菜单含笑过来，我接过菜单一看，上述的名菜多不在单上。于是我点了虾子大乌参、清炒虾仁、椒盐排骨、炒刀豆、红烧大桂花鱼、莼菜三丝汤。小女师傅又建议了一味清瓜子虾。子虾，是带子的淡水虾。上海黄啤酒两支，人各饭二两。两样名菜椒盐排骨和虾子大乌参，都不见奇。大桂花久冰后也不鲜。结账却不便宜，计人民币二百一十几元，在这里算是豪吃了。

其实，这里一般吃并不贵。两天后我参加老庄儿子的婚宴。老庄是初中老同学，在大学历史系教书。婚宴摆在一家川扬馆子里，席开十桌，请的都是两家至亲。每席菜除冷盘外，还有清炒虾仁、芙蓉鲜贝、宫保鸡丁、鸽蛋海参、茄汁虾、拖黄鱼、炒鳝糊、鱼香肉丝、松鼠黄鱼、香酥鸭、炒芦菇、清炖鸡、清炖蹄髈。点心一道是烧卖，甜汤是冰果（菜单是我临时记下的）。虽然没有章法，但都非常丰盛。一席十四道菜，我的老同学告诉我，一百五十元人民币左右。只是席间不撤杯盘，菜一道一道上，无处放置，只有堆栈起来，吃到最后真的是杯盘狼藉了。

后来发现如今这里上馆子，是不兴撤盘子的，将吃剩的盘子留在面上，新上来的菜肴叠放在上面。后来我们在苏州的松鹤楼、得月楼，南京夫子庙的六凤居，上海老正兴吃饭，都遇到同样的情形，松鹤楼、得月楼是苏州著名的菜馆，苏州佳馔油而不腻、滑而爽口，鲜美中带有甜味，非常可口，苏州的糕团茶食，更是举世闻名的。前几年陆文夫写了个中篇小说《美食家》，叙述一个饕餮之徒朱自冶在这几十年转变中吃的经历，同时也借此介绍了苏州的美食。如马咏斋的野味、采芝斋的虾子鲞鱼、陆稿荐的酱汁肉、玄妙观的油氽臭豆腐，等等，这些食品都是我熟悉的。读起来令我有秋风莼鲈之兴。后来《美食家》被拍成电影，并制作成电视剧，使苏州美食又喧腾了一阵子。

所以，我们到苏州，风尘未扫，放下行囊连脸也没有洗一把，就出了天赐庄——天赐庄原来是东吴大学的校址，现在是苏州大学——叫了部三轮车直奔观前街而去。观前街是苏州最繁荣的大街，但并不长，可是所有著名的菜馆和传统的吃食店都集中在这里。我们在原来的护龙街现在改为人民路的观前街口，下了三轮车。如今观前街是交通管制的街道，所有的车辆不得驶入，脚踏车也得推着走。近午的阳光射在两旁的法国梧桐树上，撒了满地的树荫，人们在满街树荫下懒洋洋地徜徉着。我转过头说："再走几步就是松鹤楼，趁早吃饭。"

松鹤楼是苏州菜馆的老字号了。相传创业于乾隆年间，最初的松鹤楼是天后宫照墙后的小面饭馆，后来变成雅座高楼的名菜馆，据说乾隆下江南，在苏州曾大闹过松鹤楼。清代沈朝初的《忆江南》，有"明月灯火照街头，雅座列珍馐"，指的就是松鹤楼。其珍馐有松鼠桂鱼、白汁腌菜、三虾豆腐、樱桃肉、蜜汁卤鸭、滑鸡菜脯等，记得当年在松鹤楼吃过一道"一塌糊涂"的菜，即以黄芽白菜和肉片火腿间洋冬菇煨妥后，盛于粗碗再上笼蒸，原碗上桌，菜汁溢出碗外，碗沿碗底皆是，真是"一塌糊涂"。这是一味苏州的家常菜。后来我依法仿制，屡试都达不到标准，而且去其味之鲜糯远甚。

走到松鹤楼门前，金字招牌仍在，楼下不设座，依稀相识，扶梯登楼，也许不到吃饭时候，还没有上座。我们在临窗靠街的桌子坐定，正倚着柜台吸烟的老师傅，拿着菜单走过来，我立即递了根烟过去，他接了往耳朵上一架，我并问师傅贵姓。他吸了口烟笑了笑说姓时，时辰的时，转身为我们沏了两杯碧螺春来。我打开菜单一看，单上列的菜样数不多，顺口要了个清炒虾仁，其余的就交给他了。他又为我们添了响油鳝糊、青椒鸡脯，另外一个莼菜塘鱼片汤。他特别说莼菜是新鲜的，我听了非常高兴。这种陆机所谓"千里莼羹，未下盐豉"的莼菜，我厨下所存的都是瓶装的，那是将莼菜过水后密封于玻璃中，用时启开。但对"柔花嫩叶出水新，小摘轻腌杂生气"的新鲜莼菜，还没有尝试过。

菜来了，我们愣住了。没有想到每一个菜都是这么大盘子，过去苏州人以秀气著称的，人长得秀气，说话吴侬软语，吃东西小碟细碗。没有想到摆在我们面前的清炒虾仁、炒鳝糊、鸡脯都是大件，怎么下箸呢？后来发现这里的人都变得能吃能喝了。我们住在学校的招待所里，早饭供应得丰盛极了。小菜四款、小包子四只（味道比南翔小笼好）、粽子一个、蛋一个、稀饭一大碗，有六两之量。午晚米饭也是这么一大碗，我怕剩下不礼貌，统统吃了。几天吃下来，把胃也撑大了，后来又回到上海，晚上就买两个茶叶蛋准备饿了吃。

当然，主人盛情也是可感的。不过，我在餐厅里，看着大家端着个大洋瓷碗，拿粮票打饭，都是六两八两的。这倒不是没有油水，饭后餐厅的桌子上，丢着整块的红烧肉，或没有啃尽的排骨，菜可称丰盛了。可是还是要吃这么多饭。临离开苏州的那个早晨，到观前街的观振兴面馆吃早点。观振兴和朱鸿兴一样都是苏州著名的面馆。朱鸿兴面馆在怡园对面，我那时早晨上学经过这里，都会吃一碗他家的焖肉面，肉软而汤阔。这次到苏州想再去吃一碗，找到朱鸿兴，但店面已经拆了，只剩下一个屋框子，我在门前站立了许久，颇为怅然。所以只有去观振兴了。

我在观振兴柜上买了二两鳝鱼焖肉双浇面的票，又为太太买了二两的包子，领了包子后，将面票交给站堂的女师傅，面也是事先下妥的，顷刻就端来了。浇头的焖肉和鳝鱼不错，还保存了些昔时的风味，只是面已非往日旧观了。我们低头吃着面和包子，坐在四周吃早点的人，用好奇的目光看着我们，奇怪这两个外来人，怎么也晓得来这里吃。我抬头望望他们，又看到一位白发长髯的老者，正捧着一笼堆尖的包子走过来，在我附近的桌子坐下来，从自己背的小旅行袋里取出一双筷子和一瓶用酱菜罐子盛的茶，掀开盖子自吃自喝起来。那笼堆尖的包子少说也有十五六个，在一斤之量以上，他一个人如何吃得下，或许带回去给家人吃的。但不一会他竟一笼包子食尽，又喝了口茶，盖上茶罐的盖子，摸摸额下的白髯走了。

出得观振兴，我问太太包子的味道如何？她说不如学校招待所的。的确，学校招待所的小笼包子，味道真不错，胜过上海城隍庙的南翔小笼馒头。后来才知道学校招待所是卧虎藏龙之地，往往有特级、一级厨师隐于其间。在南京我就攀上了主厨的穆师傅，他是一级厨师，我们大谈淮扬菜，我建议他将袁枚的《随园食单》里的菜恢复起来。后来他突然提到"霸王别姬"一味，我想他大概是考我了。霸王别姬者，乃鸡煨原只甲鱼，是淮扬菜系的佳肴，或者由徽菜金银蹄鸡演变而来，盖扬菜与徽菜甚有渊源，因为当时许多盐商多徽州人，此菜亦见彭城菜系。我的对答深获他心，第二天我出钱，他亲自下厨做了几味，有芙蓉鱼片、软炸田鸡、清炒刀豆、袖珍鱼丸汤，形味色香俱佳，虽然平淡，却是他处无法吃到的标准淮扬菜。也是我一路行来，吃得最满意的一次。我早车回上海，穆师傅还准备了几件扬州点心，送我上路。

松鹤楼不是没有特级或一级厨师，不过除非有上级领导或特殊外宾，他们已不下厨了。摆在我们面前的几味菜，不过是客饭的水平。只有汤里新鲜莼菜，碧绿清新可喜，我拣着吃尽了。付账时我问时师傅生意为何如此清淡，他说松鹤楼在太监弄起了新厦，有空调，人都到那边去了。我笑着说我还是欢喜这里。

出了松鹤楼，斜对面就是玄妙观了。玄妙观我是熟悉的，当年逃学常在这里流连。玄妙观是苏州的小吃汇集之处。我记得这里的千张包子、油豆腐粉丝、鸡鸭血汤、鸡汤馄饨、阳春拌面、油炸臭豆腐、薄荷绿豆汤、糖糯米饭，还有一种煮没有孵化出小鸡的鸡蛋，大概叫旺蛋吧，都是非常美味可口的。我们在玄妙观转了一圈，在三清殿外的两旁列了许多摊位，一边是售衣物鞋类，一边是小吃摊档，在小吃摊档来回走了两遍，却找不到过去我吃过的那些。只有春卷、包子、豆腐花、糖粥一类的小食，春卷黑黑的，包子灰灰的。无法引起食兴，突然发现一个摊子卖鸭血糯的。鸭血糯这个名字过去没有听过，于是欣然走过去，太太在后面说："你刚丢下筷子，怎么又吃？"我回头笑说："尝尝！"我在摊旁拉了小竹凳子坐下来，来了一碗，原来是黑糯米粥。这种黑米粥不是杜甫吃的青精饭。杜甫有诗谓："岂无青精饭，使我颜色好。"那是用青精树（一名南天烛）叶茎染粳米制成的。这种黑米就是《红楼梦》所谓的"胭脂米"。由于这种米无黏性，所以掺糯米加猪油和糖同煮，其味糯而爽，是《红楼梦》里一味小食，不意在这里吃到，真是昔日王谢堂上燕，飞入平常百姓家了，只是其名不雅。黑米香港也有得售，回去可以试着做。

从松鹤楼出来走在观前街上，我说："如果没有这碗鸭血糯，玄妙观算是白来了。"然后又去了采芝斋、稻香村、黄天源、陆稿荐，这些出售茶食、糕团与卤味的百年老店，都集中在观前街上，旧历年前这些著名的老店，在香港有一次"苏州之名店与名食"展销会。我们去买过几次，至今白糖松子、玫瑰松子软糖、木渎的枣泥麻饼，还有功德林的素火腿都没有吃完，只是那几斤采芝斋的玫瑰瓜子早就嗑光了。于是到采芝斋补充了玫瑰、甘草瓜子各两斤。

上次"苏州之名店与名食"在香港展销，黄天源的糕团是现制现销。去了两次都没赶上时间，最后终于排队买了两盒，每盒四件四色糕团。我虽然不甚爱吃甜食，但寥寥数件也吃不出什么味道来，所以在黄天源本店陈列的各色糕团，各买一件，用自备的塑料袋盛妥，放在背袋里，回到招待所泡了一壶茶。我出来旅行，茶壶茶叶都是随身自携的。于是饮着文山清茶，吃起苏州糕团来。糕团的种类八九样，而且每块都很大很厚，不似香港展销时那么美观小巧，所以每件限吃一口，吃罢就丢，不许多尝，这是阃令。事实上也无法多吃，因为里面掺了很重的猪油，在香港却是素油制的。

黄天源的糕团带回宿处品尝，但那块陆稿荐的酱汁肉却当街吃了。酱汁肉又名酒焖肉，是苏州著名的时令卤，一般都在清明立夏间出售。当然现在随时可以买到，已无分冬夏了。酱汁肉应选上等五花肉为原料，入锅煮一小时后，再加红曲米、绍酒、糖，改由中火焖烧四十分钟起锅。原汁留在锅内，外加白糖，小火熬成薄糊状，浇在肉上。酱汁肉是小方块，色呈桃红，晶莹可喜，鲜甜肥腴，入口即化，宜酒宜饭。我到陆稿荐时，工作的师傅已准备休息了。我匆匆买了一块，出门就往嘴一塞，太太站在店外等我，见我这副吃相就说："你看，你看，哪像个教书的。"我一面吃着酱汁肉一面说："我现在不教书，我是人民。"

从观前街转入宫巷，再转过去就是太监弄了。苏州人有句俗话："白相玄妙观，吃煞太监弄。"太监弄因明太祖在苏州设染织局，太监聚居在这里而名，这条长不过百米、宽不到六七米的街道，是苏州名菜馆及吃食店聚集的地方，可以算是条食街了。松鹤楼菜馆的新店就建在这里，与飞檐翘角、古色古香的得月楼对街相望。得月楼也是正宗的苏帮菜，与得月楼毗连的是悬着一串古意盎然红灯笼的王四酒家。王四酒家是常熟的百年老店分来，这里的"叫花子鸡"非常著名，这味菜最初出于常熟一个乞丐之手，因而得名。

王四酒家隔壁是功德林素菜馆，功德林的素火腿味甚佳，制成小火腿形状，以玻璃纸包裹，用红缎带系之，甚玲珑可爱，那次苏州名店名食展销会买了不少，现在家中冰箱仍有存货。功德林旁边是老正兴菜馆，专供各种卤菜。做的是沪帮菜，但不卖酒。要喝到隔壁的元大昌酒店去买，元大昌供应各地名酒与苏州老酒，我记得过去元大昌也设座的。

一边设桌售酒、一边卖卤菜。元大昌隔壁则是五芳斋点心店。这些菜馆吃食店一字排开，如果我记得不错，这一带地方原来该是吴苑的旧址。

吴苑是苏州著名的茶园，早上售茶与面点，吴苑的香酥蟹壳黄是非常好吃的，而且小巧，刚好一口一个。

这一排吃食店对面除了松鹤楼，还有小有天甜食店、乐口福点心铺，真是丰俭随君、甜咸具备，端的是"吃煞太监弄"了。

晚上饭于得月楼。楼上楼下座皆客满，观其举止与吃相，似无一个外来人，我点了炒虾丝，也就是虾仁炒肉丝。那青年师傅说他们的盐水虾很新鲜。又来了一个乾隆下江南吃过的"天下第一菜"，即锅巴鸡片。汤还是莼菜三丝汤，他说莼菜也是新鲜的。那师傅算了账给我张单子，叫我到柜台先付账，我付了账把收据给他，他将收据夹了四个木夹子，那就是我们点的四样菜了。师傅拿了收据后给我们两杯泡好的茶。我看四座都是喝啤酒，请师傅也给我瓶啤酒，他要我自己到柜上去买。后来我请他给我们添点茶，他指指水瓶要我们自己倒。我买了啤酒回来，啤酒没有冰冻，只有凑合着喝了。菜来了，虾丝炒得不错，锅巴早已放置菜汤里，根本没有"平地一声雷"的情趣。

这次前后去了两个星期，除了和虾有关的菜不算，前后共吃了十三次炒虾仁，但吃不到我记忆中那种鲜美的味道。

所以一直吃下去，临上飞机前的那天中午还在吃。我如此坚持，因为去的这几个地方，不是靠江就是临湖，尤其太湖白虾更是佳品。按《太湖备考》云："太湖白虾甲天下，熟时色仍洁白，大抵江湖出者大而白，溪河出者小而色青。"太湖白虾又名秀丽长臂虾，体色透明，略见棕色斑纹，两眼突出，尾成叉形，这种虾烹成凤尾虾才漂亮。不像我这次的凤尾虾，像个没有剥尽壳的虾米。白虾细嫩，炒出虾仁晶莹似小白玉球。每年五月至七月，白虾产卵，以虾脑、虾子与虾仁制成三虾豆腐，味至美，是苏州的名馔。记得当年随家人游木渎，在石家饭店吃醉虾，揭开盆盖满桌飞跳，就是这种太湖白虾。

这次吃的不仅不是白虾，也不是溪河的青虾，而是谢墉诗所谓"拥盾兜鍪甲胄撍，回塘曲渚藻萍间。嫩青漾水长须直，浅赤浮汤细尾弯"，都是些沟塘小虾。有一次吃的虾仁细小如米粒，那一大盘不知要多少小虾剥成。因此我在上海特地跑到一个自由市场看个究竟，有些挽篮卖虾的老太太，我蹲下来细看，都是些沟塘小虾。不知那些大白虾留给谁吃了！所谓"巧妇难为无米之炊"，没有材料，再好的高手，也做不出佳馔美味来。临行前夕，老庄饯行，宴我于锦江。锦江是旧上海最高级的川扬菜馆，而且席设在招待贵宾的厅房，算是盛宴了。有一道菜用非常精致小瓷盅盛着，我揭盖一看是清汤鱼肚，但入嘴一吃竟是炸猪皮。不过，锦江的粉蒸牛肉与干煸牛肉丝都是佳构。尤其是干煸牛肉丝辣中带甜，并有花椒的余味，是典型的下江川味。站在旁边分菜的年轻女师傅听我赞好，又到厨下为我端来一小碟，我向桌上告了个罪，就一人独享了。

南京是六朝金粉装扮的帝王之都，而且有个夫子庙。所谓"夜泊秦淮近酒家"，那些酒家就集中在秦淮河畔的夫子庙，沈刚伯先生在世的时候，常谈到他在南京中央大学教书时，时时到夫子庙吃小馆，吃罢抹嘴就走，一年三节总结账一次，我非常向往他那种生活情趣。只是他没有提吃的哪家馆子，吃的些什么佳肴。我这次去南京，多少也有探寻沈先生的生活痕迹的意味。所以，我在南京大学历史研究所演讲时，开始就说："我的老师沈刚伯先生过去在这里教书，他常对我说到夫子庙吃小馆，我这次来除了讲演，还有个重要的任务，就是逛夫子庙吃小馆。"听讲的都笑了。

我们这次从苏州去南京，是先从苏州包出租汽车到上海，然后又从上海乘软卧到南京的，的确是非常曲折的行程。我们乘的车是从哈尔滨三棵树开来，再开回三棵树的火车。但误点了，必须在车上午饭，车上虽挂有餐车，我去问过，回答是到时候会播音，你等着听好了。我坐着正在纳闷，突然卖盒饭的来了，一盒两元，买了两盒，还有一瓶啤酒。打开饭盒，里面有一块洋火腿、一块肥肉、一块豆腐干，与我们同室的一位小姐，是陪同两位波兰专家到无锡游览的。看我低头努力扒饭，她问道："这饭你也吃得下？"我笑着说："吃饱是一回事，吃好是另一回事。"

车到无锡，看两个老外和那女的陪同下车，心想这次行程，竟没有无锡这一站，无锡的肉骨头和著名的小笼馒头都吃不成了，颇为怅然。突然听到站台上有肉骨头的叫喊声，伸头窗外看到小贩推车叫卖，于是立即飞奔下车买了两盒，又意外地买了一竹篓子小笼馒头。无锡有句俗话："惠山泥人肉骨头，小笼馒头油面筋。"说的是无锡四大特产，肉骨头和小笼馒头都可以现吃，据说肉骨头是济公吃出来，小笼馒头杨乃武吃了也叫绝，所以这两种传统吃食，由来已久。

肉骨头实际是"酱炙排骨"。无锡流行一句话"好肉出在骨头边"，也就是说肉骨头取三夹精内排，用老汁加香料制成，其特色是骨少肉多，油而不腻，骨酥肉鲜，甜咸适宜，色呈紫红，热吃冷食均可，我买的这两盒真陆稿荐的肉骨头，颇合这个标准。至于小笼馒头的特色是皮薄有韧性，馅多一包卤。我买的这一竹篓小笼馒头，正是五芳斋所制，虽已冷却不见肥油，卤溢于外有淡酱色结晶，味甚鲜美，远超上海的南翔小笼。

这真是意外的收获，现在这房间只剩下我们一家两人，各据一铺，中隔一小茶几，于是将肉骨头、小笼馒头置于茶几上，我踞坐铺位上，一手执啤酒瓶，一手拿肉骨头，颇似济癫当年。窗外是细雨中的葱绿田野，竹林疏树间浮着薄霭，映着灰白相间农舍的飞檐，转瞬即逝，顷刻又来。

　　这是江南，是真正的江南，不必再忆江南了。食罢，清理毕，将行囊中的军用水壶取出，壶中有早晨来时沏妥的文山清茶，又点燃一支烟抽了，于是闭目入睡，真的是梦里不知身是客了。

　　在南京游罢明孝陵，又去中山陵。我对陪同小李说："中山陵你不知来了多少趟，且在车上休息，我们自己逛。"站在陵园大道，遥望山坡上云白的石阶，游人如织。阳光照在陵寝蓝色的琉璃瓦上，似蒙上淡淡的一层尘。我废然而叹："此陵暂不谒也罢！"于是我俩默然坐在路旁林荫的石凳上，一种历史的悲怆窒塞胸间，使我有泫然欲涕的感觉。看看腕上的表，时间差不多了。起身走出陵园，上车对小李说："人真挤。"他说："再去。"我说："免了。"转头对开车的师傅说："咱们到夫子庙吃午饭去。"

　　到夫子庙下车，那师傅说："那年总理来南京，到夫子庙一看，指示这里要做重点保护，所以这些楼都是新建的。"我顺着他的手儿望过去，建筑物虽然古色古香，但多是新的，颇似电影制片厂的布景街。经早上一游，我已无心再逛。经过六凤居门口，正在炸葱油饼，葱香四溢。突然想起六凤居是间老店，过去葱油饼和豆腐脑就很出名，也许是刚伯先生吃过的小馆。于是，我回头说，就在这里吃吧。

　　上楼坐定，我要了一盘咸水鸭、炒鳝糊、炒虾仁。看到厨房墙的黑板写清炖甲鱼，也来一个，后来再看手中的菜单上有"炖生敲"，又添了这个菜。堂倌师傅一听笑了，说这是地道的南京菜。"生敲"即将鳝鱼剥开铺平，过油微炸，切成块状，置于砂锅浑炖，趁热上桌。味酥美而略甘，我自己曾试做不成，没有想到在这里吃到了。又来了几瓶啤酒和一斤葱油饼。咸水鸭是南京的名食，但不如台北李嘉兴的。虾仁当然不要提了，清炖甲鱼上来，下箸一尝，甲鱼竟是腌过的。

这里因为来料不新鲜又无冰柜，因此都是用腌了，我先后吃过清炖鸡、清炖蹄髈、清蒸桂花鱼，都是腌制的，既经腌制，如何清得了。材料难求，烹调就受限制了。南大的穆师傅说他为了做一个冬瓜盅，要开好几十里路的车子，直接到乡下去买。如今这里的菜都偏咸，难怪大家都抱着个水瓶猛喝水。江南菜肴偏咸，就失去原来咸中带甜、甜中藏鲜的韵味了。不过，那个炖生敲却酥美甘鲜，已是非常难得了。

在苏州有几次车过临顿路，那是过去我到拙政园附近的学校上学，每天必经的路，只是记不得旧时的街名了。路上看到一家专做牛肉拉面的兰州清真小馆，店里有个戴回教小帽的师傅在灶上忙着。没有想到塞上风味，竟来到江南水乡。我很想下车试试，却没有机会。在南京大学附近的街边，也有家这样的清真小馆。虽然，鼓楼附近有家百年老店马祥兴清真菜馆，在南京是很出名的。因为到广州开会，我曾试过那里颇具规模的"回族菜馆"，但要什么没什么，最后来了卤牛舌、羊叉烧各一斤，颇似《水浒传》的叫菜方式。不如去吃小馆。

我们到那里去吃午饭，店里已经满座，后来发现隔壁也有家清真小馆，只卖包子和牛肉汤，店里有三四张桌位，靠外面的一张刚好有空，我们立刻进去坐定，然后我去买票，要了两笼包子和两碗牛肉汤，桌上是一层牛油的陈迹，太太从桌上的筷篓子取出两双筷子，心有所思，我忙低声道："回教馆子比较干净。"包子来了，一笼五个，个子不小，够吃的。汤清澈见底，碗底沉着牛肉数片。我用筷子捞了一片，牛肉也是腌过的，如再加点硝，就成了陕西的腊牛肉了。我转头看见对街巷口有个卖咸水鸭的摊子，立即想去买半只，却被太太拉住了，说："你没见墙上写的外菜莫入吗？"只好废然坐下吃包子，包子是葱肉馅的，味道还不错。我们正在吃着，桌旁来了个青年，要了两笼包子，就站在那里风卷残云似的吃光了。

饭罢，出得店来，意犹未尽，想到对面买半只咸水鸭回去啃。后来想到昨天经过前面的大街，有家专卖烧鸡的，不如买只符离集的烧鸡吃。符离集是过去津浦在线的一个小镇。那里的烧鸡是进过贡的。车过符离集都会买一两只在车上吃。台北多卖道口烧鸡，只有推脚踏车的老傅，卖的是符离集的烧鸡。他的摊子摆仁爱路，我这两年回台北却找不到他，问附近的人都摇头说不知道。我过去为他传过家书，难道他已落叶归根回故里终老了吗？去年我在台北，晚上太太从香港打长途电话来，说有位朋友托人专程带了一个符离集的烧鸡来。我在电话里说："你吃，你立即吃，吃了把味道告诉我。"本来这次还要到徐州师范学院做一次讲演，顺便回老家看看，要坐车经过符离集买个烧鸡的，因为时间来不及而作罢。只有在南京吃符离集烧鸡了。我问站柜的师傅，他是符离集人吗。他说符离集离徐州不远，我们算是半个老乡。

我提着烧鸡回来的时候，见到梧桐树荫下，有些卖凉粉的摊子，卖凉粉的老太太手里拿着小铁篦子，朝那白白的凉粉团上一刮，就刮出条条的凉粉来，放在碗里加点酱醋和辣椒酱就成了。我凑过去想来一碗，被太太拉住了。不过，后来还是吃到了。

第二天下午逛玄武湖，堤畔柳荫下有个凉粉摊子，摊旁摆了有几条木条凳，我们各据一凳，来了一碗凉粉吃起来。说实在的，凉粉不甚好吃。但面对玄武湖，熏风徐来，柳绿依依，湖上波光粼粼，颇有雅趣。

从南京又回到上海，事先就给老庄说定，我们这次要住市区，方便自由活动。他为我们订了外滩的和平饭店。临窗下望，外滩旧厦林立，黄浦江上船只往来，路上车拥车，人碰人，真的是四十年如昨日，一点也没有变。只是却更残旧了。

不过，在上海最后两天却是非常愉快的，我们随着街上拥挤的人潮，在上海最繁华的南京路游荡着。从这个吃食店到那个吃食店，在老大房买包鸭肫边走边吃，或在马咏斋买块糟肉，站着吃了抹嘴就走。或者累了就像当地人一样，买根棒冰靠着路的铁栏看人挤公共汽车。再逛逛商店或书画店，买些画册。饿了就找地方吃饭。其中老正兴是我们吃的一个馆子。

在穿街过巷时，我记下不少菜馆的名字，但被"老正兴菜馆"的那块绿底金字招牌吸引住了。那块招牌虽是绿底金字，但也像外滩的许多大楼一样残旧，而且蒙上一层厚厚的灰尘。这个由夏连发在三〇年代开创的正源馆，后来扩大为一楼一底的老正兴。老正兴兴盛的时候，外地不算，单上海就有几十家以"老正兴"为名的菜馆。现在只此一家别无分号，还是在最初的山东中路。过去这里的煎糟、肚裆、下巴、秃肺都是很有名的。

我们在别人还没有上市的时候就去了。没有想到誉满中外的老正兴，店面竟这么小，楼上是整桌酒席的。楼下堂座只有七八张台子，而且桌凳都简陋铁脚的。一似台北小镇的大众食堂。好在里面的空调很足。我们找了张小桌坐下来，太太从背包里拿出纸巾，将桌子揩干净。站堂的女师傅过来，我先点了烧下巴和炒秃肺，她说现在没有鲭鱼，不做这个菜。说着将菜单递给我，我照菜单点了个拖黄鱼，她说没有。我点炒虾腰，她又说没有。她建议我们红烧黄鱼，我摇头。最后她为我们写了炒鲜贝、红烧转弯——平常我是不吃鸡翅膀的——炒绿豆芽三个菜。我又要了四两饭，再添了个汤头尾。

在等菜来的时候，客人也开始上座了。堂里的几张桌子很快坐满了。我们对面来了一对青年男女，衣着入时，站在桌边对我们上下打量，似在考究我们是否可以与他们同桌，然后才坐了下来。这对男女大概二十六岁光景，女的穿着绿底白纱洋装、项上戴着很粗的金链，金链还垂着一块分量不轻的金牌。他们坐定后，太太用肘碰了我一下，我看见那女子右手戴了三只金戒指，左手又戴了两只宝石戒指，一蓝一红。意外地那男子手上也戴了三只金戒指，真的是珠光宝气了。那青年女师傅走了过来，先摸摸那女子项上的金链说："好重呀！"然后将那女子挤了挤，一屁股坐在那女子的凳子上，将菜单打开点菜了。那女师傅终于将红烧黄鱼推销出去。我记得红烧黄鱼的价钱不便宜，二十七八块。又写红烧圈子和鳝糊，另外一个汤。

女师傅算了账，一共六十几块钱。这是个不小的数目了。那个女的打开皮包数了钱，交给那女师傅，"哗！这么多钱都带在身上，小心被扒了。"那女师傅在那女人数钱的时候说，我瞟了一眼，那叠十块一张的人民币，少说也有一千多块。我很难摸清这对青年男女的身份，后来问朋友，朋友说可能是个体户。现在个体户都很有钱，车站有个拉板车的，一个月收入一千四五百块，那是一个大学教授大半年的薪水了。

等了很久我们的菜来了，我向那女师傅做了个手势，请她将四两饭给我们，她也向我做了个手势，又笑着走向别处了。不知道为什么，到最后那四两饭都没有来。还有一味炒豆芽也没有来，虽然我们已经先付了账，但不愿多说，可能炒豆芽也像摆在面前的两个菜一样，可吃的并不太多。所以，我们有更多的时间欣赏对面的两位和周围食客的吃相。

对面的两位，嘴凑着盆子吃得津津有味，我有兴趣的是那碟红烧黄鱼，两条约莫三指宽的小黄鱼，上面浇了些酱汁，的确这种黄鱼是无法做拖黄鱼的。看看四周有蹲在凳子上的，有向地上吐骨头吐菜渣的。没有想到老正兴和老正兴的菜，竟堕落到这个地步。那些食客个个面前摆着包洋烟，有的甚至上衣口袋里还装了两包，但他们的吃相竟那么没有"文明"。最后汤头尾终于来了，我喝了两口就搁下了。那汤腥重，实在难以下咽。我吃东西虽然不拣地方，但这个地方使我食兴缺缺，只有走了。

我们要离开上海的那天，飞机是晚上的，早晨起来，我说上次逛城隍庙太匆匆，人家都说绿波廊的点心好，不如上城隍庙去吃早点，太太取出地图，用手一量，距离比我们逛的南京路来得短，我们可以步行去的。于是太太带了地图，我跟在她后面到城隍庙去。

早晨逛城隍庙的人少，显得空旷些。我们先到满春园喝绿豆汤，因为那里甜品是很有名的。我去买票，又叫太太先去挤个位子，然后端了两碗绿豆汤过去，这是我很想喝的一碗绿豆汤。那是碗里已放妥煮好的绿豆、糯米饭及薏米，再加上几小块红色的山楂糕，吃时浇上清凉的薄荷糖水。当年在苏州是担着担子沿街叫卖的。站在阴凉地里喝一碗，的确是消暑妙品。但这次在苏州没有找到。没有想到这里还有，可是喝了一口失望了，样子还是那个样子，味道却完全不对了。于是拉着太太向外走，在门口，太太指指堆在那里的八宝糯米饭，她说看样子还不错。我买了两个放在背袋里，带回香港蒸了吃。

出得门来看到"乔家栅"的幌子迎风飘展，那是乔家栅临时设的早点摊子，挤了许多人，我也挤了进去，抢到最后两块方糕和红豆糕，还有几粒擂沙丸子。然后又看到那里堆了很多粽子，突然想到我们回到香港的第三天就是端午，于是出来拉着太太再挤进人丛，买了肉的和豆沙的粽子各十个，嘉兴的火腿粽子五个，嘉兴就是湖州，这是标准的湖州粽子。回来一吃竟还不错，至少没有香港、台湾的那么多油。

背着沉重的粽子和糯米饭，去绿波廊点心铺。绿波廊刚开市，我们就扶梯上楼捷足先登了。选了个紧靠窗边的八仙桌坐下，楼上装置得古色古香倒也雅致。站堂的师傅过来递过点谱，我叫了几样，他说不卖，必须吃成套的。我看到单子下面，多了一行歪歪的字，一套十五元，我说那么来一套，我们再来点其他的菜。他说不行，要来就是每人一套，一套二十元。于是，我们来了两套，又点了个清炒虾仁。看看到最后可否吃到好的虾仁。临窗外望，绿波廊倚湖心亭的鱼池而筑，面对豫园。早晨游豫园的人不多，豫园亭台楼阁的飞檐，在阳光下显得那么古朴宁静，池里红色的小锦鲤，群集在微波中游荡着，是那么恬淡悠闲，这倒是我一路吃来，最有雅趣的所在。

不知什么时候座上又多了两个人，一个老外，一个中国人。另外一个师傅去招呼他们，他们也来了两套，但是每一套十五元。太太将那个为我写单子的师傅唤过来说："菜单上明明写着十五块，你硬要二十，这也罢了。为什么他们还是十五，我们却要二十？"那师傅脸一红说："涨了！"他转身叫另一个师傅告诉同桌的客人，他们也是一套二十块。我很抱歉另一桌多花了十块钱。可是这也是没有办法的事。配套的点心来了，其中火腿萝卜丝饼、眉毛酥、枣酥尚可一吃，至于蒸饺、素包、香菇肉丁包子还不如"银翼"过去的杂式小笼。只是这个可爱的早晨，被那年轻师傅搅坏了。

当飞机凌空飞起，依窗下望，过去繁华如白昼的上海，如今只剩下灯火数点，在黑暗里闪烁着，似寒夜的星星。不知周璇当日唱的"夜上海"现在到哪里去了。我将头靠在椅子上，深深呼了一口气，才有时间清理一下这两个星期零乱的思绪。是的，我来，我看，而且我也吃过了。但还是不知道为什么要来，难道只是为了来吃一圈吗？

对于吃，我一直认为是文化的一个重要环节，而且是长久生活习惯积累而成的。我曾看到一位老太太在街边洗菜，她正在清洗一块不小的猪肝，旁边竹篮子里，还有半只洗妥的鸭子和一只猪脚。而且都是新鲜的。想是从自由市场买回来的。我凑过去问道："请客呀！"那老太太抬起头来笑着说："勿是咯！小囝今朝回来吃夜饭。"她笑得那么粲然，一如檐外早晨的阳光。是的，现在大家有得吃了。吃是最现实的，只要现在有得吃，谁还管明天！明天，留给那些大人先生了。

现在，很多人都去过了，却很少人像我这样去吃。事实上，许多问题都存在在吃里。因为从没有吃跳跃到有得吃，中间出现了一个文化的断层，因此，虽然如今有得吃了，却不会吃，而且也没有过去那种味道，更没有以往的雅致和情趣了。

实际上，所有的问题也存在在这里。就像过去妻子称"爱人"，现在不兴称"爱人"了。但不知怎么称呼，只有开口一个"我夫人"，闭口一个"我夫人"。所以，当大家吃饱后摸着肚皮，突然想起一件被遗忘了很久的事。于是又忙着在大街小巷，扯起红色的布条幅来，喊着要大家注意"文明"了。我从上海城隍庙经苏州的玄妙观，到南京的夫子庙一路吃来，总觉得其中缺少些什么。没有想到那缺少的，竟又变成一个口号，被写在那红色的条幅上了。

三醉岳阳楼

昨日扶醉登岳阳楼，已是黄昏，四顾茫茫，不知是醉眼相看，还是真的暮色苍茫了。今天一早重来，凭栏远眺，湖上一层淡淡的薄雾渐渐消散，湖面出现粼粼的波光，那波光在晨曦里，渐渐由淡红转变成金黄，金黄的波光背后，隐隐出现了刘禹锡诗中"白银盘里一青螺"的君山，湖上有几只拖船缓缓驶着，只惜不见白色的帆影。四周寂寂，楼下的岸边，有启航的马达声断续传来。在马达哽咽声里，曾在这楼旁浅酌低吟的李白、杜甫、白居易，真的已离我们远去了，远去了！

一阵凉风袭来，吹散我昨夜的宿酒，突然想起楼下大厅中书写的《岳阳楼记》，范仲淹没有来过岳阳，却写下"洞庭天下水，岳阳天下楼"的千古绝唱。但我想不透范仲淹为什么在文后，要加上那句"先天下之忧而忧，后天下之乐而乐"。中国知识分子也太苦了，在浏览山水之际，也不能悠闲。远不如岳阳楼旁三醉亭里供奉的吕洞宾。吕洞宾曾来过岳阳楼，留下了一句"三醉岳阳人不识，朗吟飞过洞庭湖"，就飘然而去。

不知吕洞宾为什么来岳阳，也不知他为什么在岳阳楼大醉三次，然后朗吟飞去。但我这次来岳阳是非常突然的。一天早起，太太突然说："我们到岳阳看看吧。""到岳阳？"我问。然后转头一想，她家在岳阳附近的云溪，岳阳有她的家人亲戚。于是我说："也好。"就这样我们进城买票，第三天经广州到岳阳。

从广州到岳阳，要坐十七八个小时的火车。因事起突然，这一程我们坐的是硬卧。从广州上车，夹杂在拥挤喧嚣的人群里。穿过地道涌上站台，好不容易挤上自己的车厢，找到自己的铺位安定下来。四周打量，许多好奇疑惑的目光正注视着我们。我有多次到大陆行走的经验，也接触了不少真正的人民。每次总是太匆匆，总觉得和他们那么接近，却又隔得那么遥远，对他们是那么熟悉，却又是那么陌生。这次我们都有较长的时间相对，于是我对他们笑笑寒暄几句，然后互相交换了香烟，一面挥着汗蹲在铺位上攀谈起来。在大陆行走，往往一支香烟，就会把彼此的距离拉近了。所谓拉近了包括许多不同的内涵。

车到韶关，是吃晚饭的时间。餐车只供客饭，菜两味任择，一是红烧武昌鱼，一是红烧猪脚。下箸一尝味浓而辛，知道车即入湖南境，我现在吃的是地道的湖南菜了。湖南菜就是湘菜。虽然湘菜溯源可以上至屈原的楚辞、马王堆的竹简，实际上现在的湘菜是湘江流域、洞庭湖区与湘西三种地方风味组合而成，虽然因地域用料不同，形成不同的风味，但油重色浓，咸香酸辣兼备，却是其共同的特色。这种特色也是中国西南菜系的特色，严格说湘菜不能独树一帜。但这些年因缘际会在台湾与海外盛行起来。

湘菜在海外盛行和台湾的湘菜有关。湘菜在台湾流行，据说是由于谭厨彭长贵。湘菜的谭厨与北京谭瑑青的谭家菜不同。所谓湘菜的谭厨，是谭延闿的家厨。谭延闿是陈履安的外祖父，字组庵，湖南茶陵人，晚清翰林。辛亥革命参加国民党，曾任湖南督军兼省长。后官至国民政府主席、行政院长，湘人皆以谭院长称之。逝世后国葬，并发行了一套谭院长国葬纪念邮票，至今亦受集邮人喜爱。葬于南京中山陵旁。

组庵先生精于食道，曹敬臣是其家厨，也就是后来所谓的谭厨。曹敬臣和萧荣华、柳三和、宋善斋、毕河清等，都是近代三湘名厨。曹敬臣追随组庵先生多年，深知他的饮食习惯与口味。当年南京流行说：若要宴请谭院长，需要先邀曹厨师。所以，曹敬臣的厨艺，再加上组庵先生亲自指点，就成了湘菜中著名的"组庵菜"。前几年发现了组庵菜食单，写在当时长沙合生祥南货土产号用笺的十行纸上，记录了组庵菜的用料与制法二百余种。后来又发现组庵先生宴客的"乳猪鱼翅席"食单一份，计有：

四冷碟：云威火腿、油酥杏仁、软酥鲫鱼、口蘑素丝。四热碟：糖心鲍脯、番茄虾仁、金钱鸡饼、鸡油冬菇。八大菜：组庵鱼翅、羹汤鹿筋、麻仁鸽蛋、鸭淋粉松、清蒸鲫鱼、组庵豆腐、冰糖山药、鸡片芥蓝汤。席面菜：叉烧乳猪（双麻饼、荷叶夹随上）。四随菜：辣椒金钩肉丁、烧菜心、醋熘红菜薹、虾仁蒸蛋。席中上点心一道：鸳鸯酥盒。席尾上水果四色。

席中的组庵鱼翅与组庵豆腐，又是组庵菜的名肴。组庵先生中年以后牙齿不佳，所以组庵菜多以文火煨熇而成。煨熇也是湘菜的特色，煨是可以突出主料的原汁原味，质软汤浓，鲜香醇美，组庵鱼翅的柔滑烂透正表现了这种特色。至于组庵豆腐，则是将水豆腐和烂成泥，过箩筛滤，然后和以鸡茸打匀，上笼蒸至蜂窝状，切成骨牌状，再入鸡汤文火慢煨。这些菜都是配合他的牙口而制的。

组庵先生过世后，曹敬臣由南京回到长沙，在坡子横街开设了健乐园，专以组庵菜为号召。或谓光绪三十年在长沙青石桥开设的玉楼春，于民国十年转由组庵先生另一家厨谭奚庭主理，更名玉楼东。其鸭掌汤泡肚最著名，时有诗人著诗称“麻辣子鸡汤泡肚，令人常忆玉楼东”。长沙是湘菜荟萃之地，民国后长沙的名厨多少都受组庵菜的感染。后来台北有以玉楼东、健乐园为名的湘菜馆，由健乐园出身的小魏，后来经营川菜，即小魏川菜，尚能烹调鱼翅。不过湘菜在台北流行，与以谭厨为号召的彭长贵有关。彭长贵前营华湘，现自立彭园。不过如今的彭园已去湘菜甚远，与莲园同有汇合粤菜的趋向。湘菜在台北除健乐园、玉楼东外，前后有天长楼、曲园、金玉满堂、桃园小馆。至今尚能维持湘菜传统风味的，只有天然台的鱿鱼肉丝与腊味合，还有岳云楼的羊肉火锅与东安鸡。

湘菜能闯出江湖，的确受组庵先生之赐，不过组庵菜尽是山珍海味，皆显宦巨贾之食，不是一般小民百姓可以问津的。但我现时箸下的红烧髈花和红烧武昌鱼，都是地道的乡曲俚味，一般普通人的家常菜。红烧髈花有皮无骨，色浓微辣且韧，甚堪咀嚼。不知是否是长沙火宫殿的制法。火宫殿是长沙小吃集中之地，由来已久。前后著名的小吃有姜二爹的臭豆腐、姜氏女的姊妹圆子、张桂生的馓子、李子泉的神仙钵饭、胡桂英的猪血、邓春香的蹄花、罗三的米粉。尤其"黑如墨、香如醇、嫩如酥、软如绒"的臭豆腐，更是小吃中的一绝。

经毛泽东品题的武昌鱼名满天下。一九五六年，毛泽东乘"永康轮"从长沙到武昌，又在长江里畅游，写下了一首《游泳》："才饮长沙水，又食武昌鱼。"所谓"武昌鱼"，其实是随船厨师杨纯卿为他烹调的一味"清蒸樊口鳊鱼"。鄂城樊口位处湖江交汇处，《湖北通志》卷二十四《地舆志》

"物产"条下称："鳊鱼产樊口者甲天下。"樊口鳊鱼又称圆头鲂，即所谓的武昌鱼。按武昌鱼，《三国志》卷六十一《陆凯传》载凯上孙皓疏谓："武昌土地，实危险而塉确，非王都安国养民之处，船泊则沉漂，陵居则峻危。且童谣言：宁饮建业水，不食武昌鱼。"

武昌鱼最初见于此。后来常常出现在诗人的诗中，南朝望乡诗人庾信，在他的《奉和永丰殿下言志》诗就说："还思建业水，终忆武昌鱼。"唐代边塞诗人岑参《送费子归武昌》，有"秋来倍忆武昌鱼，梦着只在巴陵道"之句。宋朝的范成大途经鄂州，竟为樊口圆头鲂的美味而流连忘返。其《鄂州南楼》诗谓："却笑鲈乡垂钓手，武昌鱼好便淹留。"

武昌鱼之名由来已久，并非毛泽东所创，但经他一题，却忙坏了不少人。有的为《游泳》诗作注，有的费了不少笔墨考证武昌鱼，中外人士游武昌，必一啖武昌鱼为快。一九六五年，武昌领导单位更邀请杨纯卿等十多位名厨，在旧大中华大酒楼的武昌酒楼，示范烹调武昌鱼的技艺，做出不同品味的武昌鱼，如花浪武昌鱼、杨梅武昌鱼，等等，其实毛泽东在永康轮上，除了吃清蒸鳊鱼，还吃了杨纯卿烹制的干烧鲫鱼、瓦块鲭鱼，只是被称为武昌鱼的鳊鱼，可以入诗。既经题诗，虽未跃龙门，却已身价百倍。

李商隐《洞庭鱼》诗"洞庭鱼可拾，不假更垂罾。闹若雨前蚁，多似秋后蝇"，洞庭鱼鲜，俯拾即是，岂仅限于鳊鱼。而鳊鱼虽嫩美却多骨，其制法不外清蒸、红烧两种，不如桂花鱼制法多变化，惜我这次去岳阳不是季节，没有吃到好的桂花鱼。不过却餐餐吃到肥美的武昌鱼。在硬卧铺上躺躺坐坐地翻腾了一夜，到岳阳正是黎明时分。下得车来，天空飘着微雨。太太的堂弟妹们与表弟等十多个人来接，他们的名字经常在太太口里提起，一经介绍，很快就熟悉了。他们先开车送我们到宿处休息，然后再接我们回家吃饭。

中午在家席开三桌，有个堂妹夫是岳阳饭店的主厨，一级厨师菜是他做的，十多二十样堆满一桌，丰盛极了。第二天回到云溪在堂妹表弟家吃饭，也是满满一桌。常说湖南人好客，碗碟都大一号，筷子也特别长。台北湘菜馆的筷子，就比其他餐馆来得长些。幼时曾在湖南住过，没有什么印象。这次真的领教湖南人待客的盛情了。菜肴有甲鱼、田鸡、鳝鱼、金龟、鳊鱼、鲶鱼、刺圆子、肉圆子、豆腐圆子、走油豆豉扣肉，还有我喜欢吃的腊蹄髈，丰盛极了。

湘菜在台北流行，却没有湖南腊肉更为人普遍接受。冬天或过年时节，街上到处卖湖南腊肉，有腊猪头、腊鱼、腊鸡、腊牛肉，等等，偶尔也可以买到腊蹄髈。这种腌妥再用松枝或锯末熏成的腊味，本身就有浓厚的乡土味。和以豆豉或渣辣子，略加甜酒酿汁蒸之，味甚醇美，湘菜中的"腊味和"即此制法。腊蹄髈则需文火慢炖至肉烂绵时食之。食时以筷子挑腊蹄髈一角，皮即离肥膘而起，俗称卷被窝角。功夫好的整张腊蹄髈皮都可以卷起来，皮韧而滑不腴不腻，其味妙不可言。如我年前回台北，遇天好而时间宽裕，就会在南门市场买几只蹄髈，托腊肉铺代为熏制，带回香港过年。现在冰箱尚有存货。如今吃到真正湖南的腊蹄髈，其味绝胜于台北的。临行又带回一只特大号的。

这次吃的都是真正的湖南家乡菜，除了香味外，像其他的湘菜一样，色重味浓。湘菜多红煨，通常采用湘潭的龙牌酱油为调料，经过长时间的煨炖，软糯汁浓，色泽红亮。洞庭湖区虽是湘菜的一支，由于地缘的关系，以烹制河鲜与家禽见长。多用炖、烧、腊调治，其特点是芡大油厚、咸辣香软。冬天炖菜常连锅带火上桌，俗称钵子。如龟、兔、狗、羊肉皆可入钵，边吃边下料，滚煮鲜辣，人人嗜食。所以，当地有句俗话："不愿进朝当驸马，只要蒸钵炉子咕咕嘎。"冬天吃钵子实在是一种享受。我们在冬天常炖白菜钵子，一层白菜、一层肉、一层豆腐。肉切大块铺于白菜之间，如是者数层，煨炖至白菜酥烂，豆腐成蜂窝状，连锅上桌，逐层掀而食之，肉嫩软点剁辣椒食之，其味鲜更美，这是洞庭湖区普通的菜肴。

当然，洞庭湖区的岳阳菜，还是以烹制河鲜最著名，《岳州府志》载："湖湘间宾客燕集供鱼清羹。"河鲜入馔由来已久。所谓"无鱼不成席"，也是洞庭湖旁岳阳菜的特色。临行前一天，游君山，湘妃祠、柳毅井都有了现代的加工，已颇粗俗。倒是我在"洞庭山庄"还席的"全鱼宴"，别有一番风味。计有：

> 凉菜四单碟。热菜：大烩鱼什锦、什锦酥卵、清炖水鱼、怪味瓦块、鱼丸、翠竹粉蒸鲑鱼、君山银鱼鸡丝、扒铁鱼条、干煸鳝背、清豆蛋花。

其中翠竹粉蒸鲑鱼与君山银鱼鸡丝，颇具地方特色。君山产竹，除湘妃斑竹外，还出产其他的竹子，将新鲜的竹子挖空，以米粉蒸鲴鱼，鲴鱼即黄鲟，尤以岳阳一带的洞庭湖产得最多，小者百余斤，重者一二千斤，俗称肥坨鱼。肥坨鱼的鳔可制为肥鱼肚。惜没有肥坨，而以鲶鱼代之，新鲜竹子的清香，渗入粉蒸鱼中，味甚鲜美脱俗。至于君山银鱼鸡丝，君山即君山银针茶，《巴陵县志》称："君山贡茶自清始，每岁贡十八斤，谷雨前知县遣山僧采制一旗一枪，白毛茸然，俗称白毛尖。"巴陵即岳阳旧治，白毛尖即银针茶，这种银针茶冲泡后，茶芽叶柄朝下，毫尖直挺竖立，悬浮于杯中，最后笋立于杯底。以银针茶的叶和汁，炒银鱼鸡丝色味清幽鲜美，银条鱼也是洞庭特产，味美色亮，可汤可菜，我带回一包银鱼，端午节以银鱼煨火瞳，绝佳。君山银鱼鸡丝是道很雅的菜，色香味都甚于杭州的龙井虾仁。

过去我到大陆行走，到处寻找吃食，固然由于自己好吃，另一方面，如果吃也是一种文化，我也想从吃里体验在社会翻天覆地转变后，饮食文化和传统之间的差距，后来我发现不仅有差距，而且过去与现在似乎出现了无法衔接的断层。但是这次匆匆去岳阳，我真正接触到社会的基层与人民，却意外地发现社会的基层变化并不大，不论在饮食和家族的伦理方面，更接近传统，这的确是我过去没有发现与想到的问题。当我从岳阳乘车回来时，车过长沙，天渐渐黑了下来。火车迅速地驶过，我倚窗外望，窗外的山丘田野村舍都没入黑暗里，偶尔有村舍的灯光闪过，我突然想到这就是中国，这就是中国人民沉默生活的中国。虽然遍历风雨，他们仍然坚毅地生活着。

"霸王别姬"与《金瓶梅》

前年暑天，伴大哥还乡。回来，曾写了一篇《大风起兮》，略记此行。不过，我在《大风起兮》里，只记还乡情怀，没有写还乡后的"张饮"。

虽然故乡亲人不多，合起来还不够一桌，但还是要欢聚的。我垂髫离乡，对故园的景物与人事，记忆早已模糊，但对幼年吃过的乡曲俚味，却历数十年不忘。我常想如果我读书有吃的本领，今日成就必定不错。所以，行前就与大哥约定，回家后他和乡亲叙旧，我料理吃的。

我选定了宿处对面的凤仙酒家，作为"张饮"的所在。据说凤仙酒家是丰县最好的饭馆了。但没有门面，也就是没有门市，只包筵席。从残破的土门走进去，里面是两层楼的四合院。楼下是经理室、调配室、储物室等办事单位，厨房在一侧，面积不小。当然这馆子是公营的。楼上有几间隔的房间，竟有空调，可以宴客。房子可能是这几年仓促建成，房子建妥才发现两楼之间无楼梯相通，临时在院中搭建笨拙的水泥楼梯。

我楼上楼下穿梭往来，和经理与厨房的师傅谈谈菜式，最后订下一桌八冷盘、六热炒、六大件的海参席，在这里算是上等的了。不过，我嘱咐热炒里得有过油肉，海参杂拌里得添白丸子。过油肉出自山西，是北方菜馆非常普通的菜。幼时在家乡，四外祖母端过一碗民生馆的过油肉给我吃，肉片嫩软微有醋香。这些年在台湾山西餐厅、会宾楼，以前的糁锅和沙苍的天兴居，都有过油肉，但总不是那个味道。我自己也常调治此味，不是蛋和面粉调得不匀，就是醋下得不对时候，当然关键还是油温度的拿捏，总烹调不出够味的过油肉。那次去西安，然后更上陕北到延安，一路上都吃这道菜，却都不佳。当然凤仙酒家的过油肉，已不复当年民生馆的口味了。倒是去年在北京的泰丰楼，竟吃到尚可的过油肉。

至于白丸子就是鸡肉丸子，当年母亲在世身体还健康时，有时打点白丸子给我们吃。那是以鸡胸肉切丁斩剁再茸，然后加蛋白粉芡搅打而成，其制法一如江浙的斩鱼丸，但比斩鱼丸好吃。母亲逢年过节常做些家乡俚味如绿豆丸子、藕夹、熬萝卜菜、蛋拌蒜等。最使我怀念的还是喝粥就炒豆腐渣。粥是豆汁掺米糊熬成稠如粥状的食品，是我们家乡和鲁南豫西的早点。早晨起来在粥缸子旁一蹲，来一碗粥和一串水煎包子，真是一大享受。母亲过世后，这些家乡俚味，在我们家已成绝响，所以，回家第二天清早，我就赶去喝粥吃水煎包，又吃了个刚出炉的烧饼和一个炸糖糕。

我在楼上楼下往来张罗时候，发现楼梯旁饲养鳝鱼的大水缸里，浮游着一只鳖。这只鳖有三四斤，我在大陆各地行走，还没有见过这么大的鳖，而且是活的。于是指着缸里的鳖对经理说："能来个'霸王别姬'吗？"那经理一听"霸王别姬"，满脸堆笑连连点头道："行，行！"他说行就是可以。当然可以，这道"霸王别姬"外加八十，那桌菜才一百五十块。

八冷盘上来了。绿紫嫣红列在桌上煞是好看。其中有油炸树猴和五香狗肚。褐色的油炸树猴堆得满满一盘。树猴，是未出壳的蝉，其状似猴，我们家乡称蝉为知了猴。我儿时常到树荫下的地下，挖这种没有蜕变的知了，穿成串回家央母亲炸给我吃。有时也会挖出小蛇来。在北方昆虫入馔，通常是油炸或火燎，最普遍的是蝗虫。尤其荒年蝗虫吃尽了庄稼。庄稼人再燎蝗虫吃，可称是自然的循环。蜈蚣炖鸡是美味。油炸蝎子更成了济南筵席上的佳肴。油炸树猴已几十年没吃了，外酥内嫩、香油满口，此间啤酒屋的炸蟋蟀，岂可望其项背。

另一盘五香狗肚，是粉红色的狗肚包裹着金黄色的肉蛋馅，切片排列。我扭头向在旁照顾的经理问："有狗肉吗？"他说店里没有。我突然想起刚刚进店时，店门口有两个卖狗肉的摊子。于是下楼向厨房借了个盆子，到门口摊子上称了一斤回来。我们家乡的狗肉，不仅制法特别，而且渊源悠久，相传出自汉代的樊哙。《史记·樊郦滕灌列传》："舞阳侯樊哙者，沛人也。以屠狗为事。"由来已久。颜色鲜亮、清香扑鼻，食之韧而不挺，烂而不腻，是为彭城狗肉，或沛公狗肉，徐属地区，以此为营生的很多。说实话，这次我陪大哥还乡，想吃的就是这种狗肉。所以，后来在徐州等车回上海，我又买了一斤，蹲在路旁杂在候车的人潮里，吃了。又买了把子肉、烧羊肉吃，这些都是徐州市井的小吃。

最后终于"霸王别姬"上桌了。此菜的确壮观，一鳖、一鸡，原只相对并卧在大海盘中，颇有当年项羽力拔山兮的架势。虽然仅此一味，就花了半桌酒席的价钱，但也物有所值了。"霸王别姬"原名"龙凤烩"，是古城龙凤宴中主要的大件之一。将不去壳的鳖称霸王，有霸王卸甲的寓意。"姬""鸡"谐音，因而援项羽与虞姬的典故取名，成为徐州的名馔。

徐州是古彭城，"霸王别姬"这段历史的悲剧就是在这里上演的。按《史记·项羽本纪》："项王军壁垓下，兵少食尽。汉军及诸侯兵围之数重。夜闻汉军四面皆楚歌，项王乃大惊曰：'汉皆已得楚乎！是何楚人之多也。'项王则夜起饮帐中，有美人名虞，常幸从。骏马名骓，常骑之。于是，项王乃悲歌慷慨，自为诗曰：'力拔山兮气盖世，时不利兮骓不逝。骓不逝兮可奈何？虞兮虞兮奈若何！'歌数阕，美人和之，项王泣数行下。左右皆泣，莫能仰视。"

项羽兵困垓下，在四面楚歌声中，慷慨悲歌，然后泣数行下。刘邦荣耀归故里，召故人父老弟子纵酒欢会，击筑高歌，慷慨伤怀，也"泣数行下"。司马迁以同样的"泣数行下"，描叙两种截然不同的历史场景。也许在司马迁的心目中，成功的寂寞和失败的悲凉，最后同样令人流泪。所以，历史不能以成败或功过一概而论。因此，历史里没有绝对的善恶和是非，只有相对的是或不是。在司马迁看来，真的是是非功过转头空了。不过，这个问题属于史学思想的研究范畴，姑且不论，但司马迁所描绘的两个"泣数行下"，却为后世彭城留下两味佳馔，一是"沛公狗肉"，一是"霸王别姬"。

鳖与鸡同烩，非彭城独有。以鸡入馔，由来已久。《礼记·内则》有"濡鸡，醢酱实蓼"的记载。濡，是周代的一种烹调方法。郑玄注："凡濡，亨（烹）之以汁和也。"孔颖达疏："濡，谓亨煮以其汁调和。"濡是一种保持对象的原汁原味，以水为媒介的烹调方法。至于"醢酱实蓼"，孔疏："言亨濡此鸡，加之以醢及酱，又实之以蓼。"也就是鸡只烹煮之前，先破开其腹，填入蓼实，以醢及酱调味，这是文献所载最早的鸡只烹调方法。鸡是家禽，取材方便。南北朝的《齐民要术》有腊鸡法，或称焦鸡，即煨爆而成，唐宋以后，鸡只入馔，烹调方法繁多，所以清袁枚《随园食单》就说："鸡功最巨，诸菜赖之。"

至于中国人吃鳖，也见于《礼记·内则》："濡鳖，醢酱实蓼。"其制法与濡鸡同。当然，中国人吃鳖的历史可能更早，不然殷商将文字刻在龟板上，那些龟肉又给谁吃了？濡鳖之法流传战国以至西汉。《楚辞·招魂》中有："胹鳖炮羔，有柘浆些。"胹即濡，不过食时却蘸以蔗糖汁。汉《盐铁论》载："今民酒食……胹鳖脍鲤。"濡鳖原是周天子宫廷宴饮的御食，现在已普遍到民间。晋时江南有菹龟之法。周处《风土记》谓江南五月五日："煮肥龟令极熟，去骨加盐豉麻蓼，名曰菹龟……阳内阴外之形。"五月五日即端阳。

　　清李笠翁《闲情偶寄》有"新粟米炊鱼子饭，嫩芦笋煮鳖裙羹"，并谓"林居之人述此以鸣得意，其味之鲜美可知矣"。不过李笠翁个人是不食此味的。鳖又称甲鱼、脚鱼、团鱼，袁枚《随园食单》水族无鳞单中关于甲鱼调治方法有生炒甲鱼、酱炒甲鱼、带骨甲鱼、青盐甲鱼、汤煨甲鱼、全壳甲鱼等，并且说"甲鱼宜小不宜大，俗号童子脚鱼才嫩"。此句亦见于童岳荐的《调鼎集》。《随园食单》许多菜肴制作与《调鼎集》相同，因此怀疑《随园食单》录自《调鼎集》。童岳荐是扬州的盐商，经营盐业致富。《调鼎集》是他府上家厨烹调菜肴的汇编，原系手抄本，原藏北京图书馆，前几年才印行问世。《调鼎集》烹调甲鱼之法就有十五种之多。"鸡鳖同烩"也在其中，即"鸡炖甲鱼"：

大甲鱼一个，取嫩肥鸡一只，各如法宰洗，用大瓷盆铺大葱一层，大料、花椒、姜，将鱼、鸡放下，熏以葱，用甜酒、腌酱，隔火两炷香，熟烂香美。

此法也见于李化楠的《醒园录》。李化楠，四川人，乾隆七年进士，《醒园录》是他游宦江浙时撰集的饮食资料。不知其炖脚鱼之法是否也取自《调鼎集》。

"霸王别姬"一味，也见于"孔府佳肴"，是清代孔府上宴席如"带子上朝""一卵孵双凤""三套鸭子"一类的大件菜。圣门饮食，"食不厌精，脍不厌细"。制作方法也比较考究，不用全鳖，而用水发鳖裙，而且鸡去骨撕成条，置于砂锅之中，加套汤慢煮，扒制而成。

江南制多斩件或拆骨，与苏北鲁南甲鱼全壳不同，袁枚《随园食单》有"全壳甲鱼"一味，其制法："山东杨参将家制甲鱼，去首尾，取肉及裙，加作料煨好，仍以原壳覆之。每宴客，一客之前以小盘献一甲鱼，见者悚然，犹虑其动。惜未传其法。"虽说其法未传，但"霸王别姬"的烹调甲鱼之法，或即其遗韵。

徐州人谈徐州菜，因为那里曾出过汉高祖，颇为自夸。有联云："集四海琼浆高祖金樽于故土；会九州肴馔笾铿膳秘以彭城。"虽然有些浮夸，但自古以来彭城就是四战之地，五省通衢的交通枢纽，彭城菜汇合了苏鲁豫皖边区的风味而成。尤其豫菜商丘、开封一系，鲁菜的曲阜、济宁的特色都融于其中。所以，彭城菜集合了齐鲁的豪放、豫曲的风情、皖北的山野之味，形成黄河以南，淮水以北，彭城的饮食文化圈。这个饮食文化圈正是《金瓶梅》小说人物活动的区域。因此，《金瓶梅》书中的饮食和这个地区有密切的关系。

所以，一九八九年六月，"国际《金瓶梅》学术研讨会"在徐州召开。徐州特级厨师胡德荣，推出了他的"金学菜"，也就是"八珍五鼎"的《金瓶梅》宴席。

据说胡德荣不仅精于易牙之术，而且通晓诗文，擅长书法，对于《金瓶梅》的饮食颇有心得。因书中所描绘的宴席规格、菜点名目与徐州地方风味，颇多相同之处，故倾心研究而制作出一席《金瓶梅》菜肴。

不过，《金瓶梅》的菜点与徐州有颇深的渊源，当然不是自胡德荣始。胡德荣"八珍五鼎"的金瓶宴，完全出自徐州近代美食别号文老饕的文兰若。文兰若有《大彭烹事录》，其中有许多关于《金瓶梅》宴席、菜点制作方法的记载。胡德荣的"八珍五鼎"的金瓶宴，便出自该书。据《大彭烹事录》的记载，"八珍五鼎"宴共分四组，全部取自《金瓶梅》。第一组为八珍凉盘：凤脯、王瓜拌金虾、糟鹅掌、木樨银鱼鲊、火熏肉、豆芽拌海蜇、糟笋、酥鸭。第二组为五鼎热菜：柳蒸糟鲥鱼、烧鹿花猪、炖鸽子雏儿、油炸骨、滤蒸烧鸭。第三组为坐菜：一品锅鸾羹，外加四小菜：

甜酱瓜茄、豆豉、香菌、糖蒜。第四组为八点心：酥油松饼、蜜润绦环、黄米面枣糕、桃花烧卖、芝麻象眼、油酥泡螺、艾窝窝、白糖万寿糕。

胡德荣的《金瓶梅》宴席，菜点制作完全据文兰若的《大彭烹事录》。《大彭烹事录》的内容包括徐州"历代名厨师""历代名店""历代名宴席""历代名人与彭城的轶闻雅话"等。其中关于《金瓶梅》宴席、菜肴的制作方法，得自张府家厨所留下的烹调资料。所谓张府是张竹坡的后裔。

张竹坡是徐州人，是康熙乙亥本《第一奇书金瓶梅》的评刻人。关于张竹坡的资料不多。康熙乙亥本谢颐序说《金瓶梅》一书，"今经张子竹坡一批，不特照出作者金针之细……无不洞鉴原形"。又康熙中任江西按察使的刘廷玑，在他的《在园杂志》卷二说彭城张竹坡评《金瓶梅》"先总大纲，次则逐卷逐段分注批点，可以继武圣叹。是惩是劝，一目了然"。

张竹坡在康熙乙亥本总评之一《第一奇书非淫书论》中，阐述评刻意图时说："况小子年始二十有六，素与人全无恩怨，本非借不律以泄愤懑，又非囊有余钱，借梨枣以博虚名。"以此张竹坡二十六岁开始评《金瓶梅》，刘廷玑说他"其年不永"，可能死于中年。不过，张竹坡评点《金瓶梅》，反驳了当时所流行的"淫书"论，认为是一部泄愤世情书，"断然龙门再世"，与司马迁的《史记》相提并论。

由于彭城张竹坡的评点，《金瓶梅》和徐州结下了不解缘。张竹坡说《金瓶梅》是一部《史记》。吴晗在讨论"《金瓶梅》的著作时代及其社会背景"时，认为《金瓶梅》是一部写实小说，写的是万历中期，市民社会阶级的生活情形。不过，值得注意的，在这个时期前后，除了《金瓶梅》，还出现了其他如《玉蒲团》《绣榻野史》等，这一系列的艳情小说在同一个时期前后出现。关于这个问题就不是以单纯的封建社会进入末期，资本主义萌芽而出现的市民社会，所能解释的了。

不过，李贽、袁宏道以"童心""性灵""真超""自然"论《金瓶梅》，透露了其中一些消息。也就是宋明理学的陆王之学，发展至泰州学派之后，流于空疏虚无。学术思想领域里，弥漫着由反道学而反儒反孔的情绪，李贽就是主要的一员。

因此，在文学领域里也出现了《金瓶梅》一系列的艳情小说。《金瓶梅》就是以孔子的"食色性也"为基点，对饮食男女人生之大欲的阐释。这是超越道学的束缚，对儒家思想返璞归真的讽刺性的解释。所以，李贽等以"童心""真超"评之。因此，《金瓶梅》包括饮食和男女两个环节。但自来讨论《金瓶梅》只专注于煽情的男女之欲，却忽略了其中的饮食之道了。

当然，《金瓶梅》的饮食和《红楼梦》的饮食不同，《红楼梦》是官宦世家的饮食，一味茄鲞制作的过程就非常繁复。《金瓶梅》的饮食却是城市富豪与市井小民之食，实际反映当时社会的饮食风貌。如第二十三回有"烧猪头"的制法：

> 金莲道："咱每人三盘，赌五钱银子东道。三钱买金华酒儿，那二钱买个猪头来，教来旺媳妇子烧猪头咱们吃。只说他会烧的好猪头，只用一根柴禾儿，烧的稀烂。"……不一时，来兴儿买了酒和猪首送到厨下。……蕙莲笑道："五娘怎么就知我会烧猪头，巴巴的裁派与我替他烧。"于是起身走到大厨灶里，舀了一锅水，把那猪首、蹄子剔刷干净。只用的一根长柴安在灶内，用一大碗油酱，并茴香大料拌着停当，上下锡古子扣定。那消一个时辰，把个猪头烧的皮脱肉化，香喷五味俱全。将大冰盘盛了，连姜蒜碟儿，教小厮用方盒拿到前边李瓶儿房里……

蕙莲烹调猪头，是《金瓶梅》中唯一有烹制方法的记载。猪头是普通人家的菜肴。北魏《齐民要术》有"蒸猪头"一味："取生猪头，去其骨，煮一沸，刀细切，水中治之。以清酒、盐、肉蒸，皆口调和。熟，以干姜、椒著上，食之。"元倪瓒《云林堂饮食制度集》有川猪头，清童岳荐

《调鼎集》有锅烧猪头，袁枚《随园食单》有煨猪头。自古烹治猪头的方法很多，宋蕙莲精于烹治猪头，因为曾嫁给厨役蒋聪为妻，习得这般手艺。蒋聪常在西门庆家答应。

由此可知，西门庆除了灶上的媳妇，宴客常用外厨。《金瓶梅》所记宴客的场面很多，归纳起其宴席的规格约分四种：一是十样小菜儿，四盘四碗的普通家宴；一是传统的"五菜平头"席；一是以四十碟铺底，外加至少四大件的高档宴席；一是宴请达官贵人的"八珍五鼎"席。《金瓶梅》二十二回载道：

> 两个小厮放桌儿，拿粥来吃，就是四个咸食，十样小菜儿；四碗顿烂：一碗蹄子，一碗鸽子雏儿，一碗春不老蒸乳饼，一碗馄饨鸡儿，银厢瓯儿粳米投着各样榛松栗子果仁梅桂白糖粥儿。

这是普通家宴的规格。三十四回记西门庆陪应伯爵吃酒，对所吃的菜肴有生动的描绘：

> 说未了，酒菜齐至。先放了四样菜果，然后又放了四碟案鲜：红邓邓的泰州鸭蛋，曲湾湾王瓜拌辽东金虾，香喷喷油炸的烧骨，秃肥肥干蒸的劈酒脌鸡。第二道，又是四碗嗄饭：一瓯儿滤蒸的烧鸭，一瓯儿水晶膀

蹄，一瓯儿白炸猪肉，一瓯儿炮炒的腰子。落后才是里外青花白地磁盘，盛着一盘红馥馥柳蒸糟鲥鱼，馨香美味，入口而化，骨刺皆香。西门庆将小金菊花杯斟荷花酒，陪伯爵吃。

作者将这一席酒宴菜肴的色味香，描绘得突跃纸上，通常对下酒菜称"案酒"，此处却用"案鲜"，是说这些下酒菜鲜美非寻常。"嗄饭"也就是下饭菜。最后的"坐菜"是柳蒸鲥鱼。鲥鱼是江南的时鲜，在当地是珍味。所以，应伯爵道："昨日蒙哥送了那两尾好鲥鱼与我。送了一尾与家兄去。剩下一尾，对房下说，拿刀儿劈开，送了一段给小女；余者打成窄窄的块儿，拿他原旧红糟儿培着，再搅些香油，安放在一个磁罐内，留着我一早一晚吃饭儿，或遇有个人客儿来，蒸恁一碟儿上去，也不枉辜负了哥的盛情。"

从对鲥鱼一味的珍爱，也说明《金瓶梅》故事发生的地理环境。《金瓶梅》所记载不仅是西门庆的宴饮，同时更描绘市井小民的饮食。第十二回：

> 那桂卿将银钱都付与保儿买了一钱螃蟹，打了一钱银子猪肉，宰了一只鸡，自家又赔出些小菜儿来。厨下安排停当，大盘小碗拿上来，众人坐下，说了一声动箸

吃时，说时迟，那时快，但见：

人人动嘴，个个低头。遮天映日，犹如蝗蜢一齐来；挤眼掇肩，好似饿牢才打出。这个抢风膀臂，如经年未见酒和肴；那个连二快子，成岁不逢筵与席。一个汗流满面，恰似与鸡骨朵有冤仇；一个油抹唇边，把猪毛皮连唾咽。吃片时，杯盘狼藉；啖良久，箸子纵横，似打磨之干净。这个称为食王元帅，那个号作净盘将军。酒壶番晒又重斟，盘馔已无还去探。正是：珍馐百味片时休，果然都送入五脏庙。

的确写得淋漓尽致。当时的市井吃食如黄米面枣糕、菜卷儿、葱花羊肉扁食、玫瑰糖糕、蒸饼、卷饼、烫面蒸饼等，如今仍是徐州大众日常的食品。不仅饮食吃喝，其中许多生活习俗与俚味，如今仍在徐州一带流行。如三十四回："卖了儿子招女婿，彼此腾倒着做。""腾倒"是替换的意思。又三十七回："明日房子也替你寻得一所，强如在这僻格剌子里。""僻格剌子"，是偏僻的地方或角落。这些话是其他地方少用的。

从丰县再到徐州，准备转车去上海，午饭吃了烧鸭子。后来蹲在车站外的广场候车，人潮汹涌，声音喧杂，甚是不耐。于是我冲出人群，到附近摊子买了烧羊肉和把子肉来吃。烧羊肉见于《金瓶梅》。把子肉状似此间腔肉，以一根细草绳系着，也许由苏东坡的"回赠肉"演变而来，如今徐州筵席上"烤牌子"或缘于此。烈日炎炎，汗流满脸，心情似逃难，也没有吃出什么味道来。

第二辑 出门访古早

再走一趟中华路

那位"壁上的米勒的晚钟被我的沉默敲醒了，骑驴到耶路撒冷去的圣者还没有回来"的诗人杨唤，赶着去西门町看星期天劳军的电影，急迫地穿越中华路的平交道，被南下列车辗死，"诗的喷泉"就此干涸。那位天才诗人也在人们记忆里淡出了。现在已经没有人再谈杨唤，一如现在没有人再记起辗死杨唤那一带的"窝棚"。

杨唤被辗死的地方，据说就在现在拆除的中华商场附近。那时中华商场还没有建，这一带还是"窝棚"时期。所谓窝棚是用简单的材料和铁皮搭建的临时房子，晴天下雨门前撑起布棚遮阳避雨，很像大陆小城镇的集市。在这些麇集的窝棚下，卖的多是小吃。一九四九年仓皇渡台，惊魂甫定，就有人想到生计的问题，做些营生糊口。这里地近西门町，是当时台北繁华地区，所有的电影院都集中在这里，原来就有些卖料理吃食和四果冰一类的摊档。

我曾在那些小摊档吃过咖喱饭和烤文蛤。饭上浇淡黄的咖喱烩马铃薯，盘边加两片黄萝卜，颇有"和风"，黄萝卜片是最难吃的东西。当年我因思想问题被捉，从嘉义解到台北来坐牢，大概也称白色的恐怖吧。一日两餐的囚饭，都是一碗糙米饭和一块黄萝卜。所以直到现在都不吃那种东西。许多临时的小吃摊子，以原有的摊档为轴心凑了过来，到后来就成行成市，合成一幅杂乱的流民图。

当年我初从南部到台北读书，宿舍的工友老崔文质彬彬，在大陆官拜少校参谋，最初就和几个难友在这里开了间小面铺，白天做买卖，收了买卖搭铺睡觉，吃住的问题都解决了。老崔说过去没做过生意，也不知生意啥做法。一次他捧着一碗打卤面，恭恭敬敬奉到客人面前，他肃立在旁说了句："客人，你看像不像敬神？"敬神是北方话献给鬼神的祭品。客人是山东人，一听火了，把碗砸了，桌子也翻了。最后老崔和他朋友凑的二十几两金子都蚀了，店盘给别人，就各自东西了。

这里的吃食南北都有，大陆和本土杂陈。如果从现代饮食史的角度观察，这是大陆和本土饮食最初大规模的接触和汇合的起点。虽然台湾的饮食来自漳、泉二州，但由于地理环境和五十年日本统治，饮食的发展已具有自身的性格，不过，经过这次的接触与汇合之后，台湾饮食习惯的范围和胸襟都扩大了。所以，从中华路一带吃食店的发展和转变，也可以发现这几十年台湾社会变迁的痕迹。

当初这一带的小吃店开开关关，旧的歇业不几天，新的又在原地开张。店也不需要重新装潢，几张旧的桌凳换个人经营就是了。不过这里也有几家像样的馆子,如大同川菜、致美楼、厚德福、恩德元、清真馆和专售小吃的点心世界。大同川菜的西红柿牛尾汤甚佳,我初到台北读书,一位长辈带我吃过一次,汤浓泛着金红色的油花,不仅色美味,也香郁。致美楼和厚德福都是北京的老字号,和火车站对面的同庆楼,是台北最初几家著名的北方馆子。致美楼的烤鸭和涮羊肉出名,店门前檐下每天亮着一排吹妥的白白肥肥的鸭子,就是招牌。那时还没有真北平,致美楼的烤鸭一枝独秀,而且多年来一直保持水平,皮脆肉嫩汤多。真北平后来居上,那是促销的功夫,一鸭三或四吃,价又甚廉,大家吃烤鸭都上真北平。不过,真北平对烤鸭的推广却发生了影响,如今台北街头的烤鸭专卖店,多少或有真北平的余韵。致美楼的涮羊肉,当年还不兴机器切肉,师傅在檐下设案片肉,一小盘一小盘地砌得高高的,案下几只旺火烧的紫铜火锅,火苗外冒、火星四溅,冬天从那里经过,虽然吃不起,心里也是暖暖的。

北京厚德福是梁家的生意,少东家就是梁实秋先生。厚德福是河南菜,瓦块鱼、铁锅蛋誉满京师。全国各地的厚德福都和梁家有关,不过,台北开的厚德福却不是梁家的。据说有一次梁先生逛西门町,走进厚德福问掌柜认不认得他。掌柜摇头说不识。梁先生说:"不认识我,你怎么开起厚德福来?"说明原委,掌柜的忙着赔不是,并且说请梁先生随时来，吃多吃少都不算账。不过，厚德福开了没多久就收炉了。

每当华灯初上，电影还没有开场的时候，这里人声和火车声交杂，馆子的油烟和火车过后的煤烟相混，凝聚在空气里。火车来了，腋下夹着红绿旗的守闸的老人，从铁道旁的小水泥屋缓缓走出来，慢慢将栅闸放下；没有铃响，没有红绿灯的讯号，全凭看闸老人的累积经验。火车交会而过，往往要等上七八分钟，铁路两旁拥挤着许多人，有些耐不住性子的，趁着火车没来冲了过去，铁道旁常有用草席盖着被辗死的人，这是当年台北的街景。当时我也常挤在其中，那时正是看电影的年纪，而且除了到西门町看电影，似乎没有什么可以消遣了。

看电影附带的就是吃。致美楼一类馆子吃不起，常光顾的是点心世界和隔壁的清真馆。点心世界卖的是豆腐花和油豆腐粉丝，夏天还有凉粉。点心是生煎馒头和锅贴，当然还有其他的小菜，一碗咸豆腐脑、一客锅贴也就凑合了。不过常光顾的还是那家清真馆。这家清真馆价廉物美，所谓物美，是蒸饺的油水大。两个人两笼蒸饺、一碗开洋萝卜丝汤已经是打牙祭了；如果口袋富裕，改喝羊杂汤就更美了。清真馆也有酱牛肉、扒口条、炸小丸子等菜肴，就不是我所能问津的。这是家很清的清真馆，自从这馆子歇业后，台北市再找不到真正的清真馆了。吃罢之后，如果还有余钱，再踱到成都路的白熊，来块三色冰砖，就美上加美，美得冒泡了。因为白熊是唯一有冷气的冰店，坐在店里舔着冰砖，看着窗外街上往来行人挥汗，小人得志之心便油然而生。

后来中华路的窝棚随着中华商场落成渐渐衰退，中华商场忠孝仁爱信义和平，从北门到小南门一字排开，的确非常壮观。现代台北都会又有了新的城墙，而且是一道发光的城墙。入夜之后，灯火辉煌，和对街新生戏院巨幅电影广告的霓虹灯相映，映出台北灿烂的夜空，台北自此就不寂寞了。窝棚时期能撑得住的馆子，如点心世界、清真馆都上升迁进中华商场。新的馆子如真北平、小小松鹤楼、吴抄手、好味道，后来葛香亭的糁锅相继在这里开业，许多馆子如山西馆、湖南的曲园、江浙的三合楼、云南的昆华园也迁到这附近，桃源街兴起的四川红烧牛肉面，独树一帜。端的是要逛，逛西门町；要吃，上中华路。

小小松鹤楼的姑苏面点、酱肉酱鸭也有陆稿荐的风味，吴抄手的红油水饺和粉蒸小笼，好味道的温州大馄饨，糁锅的鸡肉糁和绿豆丸子，陕西馆的牛肉泡馍和穰皮子，山西馆的刀削面和猫耳朵，昆华园的过桥米线和破酥包子，曲园哨子米粉，隆记的菜饭和黄豆汤，胜利的海鲜米粉和红糟羊肉面，都一处的褡裢火烧和芝麻酱烧饼……地不分南北、人不分西东，大陆各地不同风味的小吃都集中在这里，任君品尝。

这时青春结伴还乡之梦难圆，翘首乡关，云天渺渺。于是秋风起而兴莼鲈之思。亲不亲，故园情。人离乡已久，最怀念的还是故乡的吃食。一如当年从唐山过台湾，不仅带来妈祖的神像，同时将鼎边趖、大鼎肉羹一并带来。这样的情怀是很容易了解的。南宋渡江、迁都临安，所谓"暖风吹得游人醉，直把杭州作汴州"。所以如此，汴京吃食也随着过江，灌圃耐得翁的《都城纪胜》就说"都城食店，多是旧京师人开张"。吴自牧《梦粱录》记载临安市面所售的菜肴饭点也多是汴京旧味。同样地，中华商场初建和繁盛时期，出现的各地小吃，都保持各自特殊的地方风味，其中隐含着载不动的沉重乡愁。这是近几十年台湾饮食发展，非常重要的转折。经过这次百味杂陈，各自表现自身不同的独特的风味之后，互相吸收与模仿，然后更进一步与本土风味汇合，逐渐形成新的口味。饮食是一种生活习惯，最容易随着生活的环境换变。吴自牧《梦粱录》"面食店"条下说："向者汴京开南食面店，川饭分茶，以备江南往来士夫，谓其不便北食故耳。南渡以来，几二百余年，则水土既惯，饮食混淆，无南北之分矣。"经过这次的饮食汇合，不仅消除彼此饮食的差异，同时也消除地域的藩篱。因此，我敢说不论你如何坚持自己的口味，却一定吃过一碗红烧牛肉面。红烧牛肉面虽冠以川味，但成都市面没有以红烧牛肉面著名的。红烧牛肉面是在此地兴起的新口味，如今已成大众食品了。

日前，在课堂讲"中国饮食史"，谈到宁波的臭冬瓜，过去靠永康街口的上海小食府有售。后来小食府歇业，原地改营电玩，此味似已无处寻了。下课后一位旁听的小姐告诉我，中华路的三友饭店，有麻油咸冬瓜出售，使我想起中华路天理教总会墙外的那几家小饭馆。于是，晚上和内人欣然前往。这些小馆子从窝棚时期就存在，几十年来也没有改变，三友饭店还保持着多年的旧貌，窄小的铺面，几张油腻的桌子挤坐满了人客，地下潮湿，门前的条柜摆满治妥的菜肴，虽不精美，却是地道的浙江家常口味。我们挤出个座位坐定，点了些菜和砂锅小黄鱼，举箸四顾，座上客人的饮酒欢笑、跑堂伙计的吆喊，仿佛时光倒流了数十年，店外车辆往来如梭，灯火灿烂，店内却像壁上停摆的时钟，永远静止住了。

　　我怀着难抑的悲凉，出得店来，抬头望去，对面中华商场今夜灯火黯暗，在四周灯光衬托下，像一艘停靠码头年久失修的船，这才想起这里明天就要拆除了，于是，我说："咱们再走一趟吧！"

　　九月的秋风，迎面吹来，有些微凉意。

南阳街的口味

这些年在香港，常抽空回台北闲散数日。到台北就下榻"家外之家"的青年会。青年会除了价廉清静，附近还有家尚可一吃的豆浆油条店。

像我们这样年纪的人，离开台湾，所想的是这里的人和事，不过最思念的，还是烧饼油条和豆浆。烧饼油条和豆浆这行当，当初是山东老乡的专利，由青岛漂洋过海而来，渐渐成了台北大众日常的早点。当年在台大读书的时候，傅园外面有排违建，博士书店是第一家，然后是三义包子铺，还有补鞋、补车胎的，以及卖零烟的杂货店，以及租武侠小说的。不过，我常光顾的还是那家山东豆浆店，尤其在冬天，一碗热豆浆和一套刚出炉的烧饼油条，真是温暖在人间。后来这排违建拆了，豆浆店也随着消逝，店里的几位山东老哥们也不知去了何处。每次从那红砖路上走过，就想起那位端豆浆送烧饼的老乡，他喊的"放糖的""放酱油的""放辣油的"，声音高亢，抑扬顿挫有致，令人非常怀念。

现在吃早点的习惯改变了，喝碗像样的豆浆，吃套可口的烧饼油条已非易事。如今满街的豆浆店，都自称来自"永和"，出自"四海"。但台北的豆浆店发展至"永和""四海"后，已经开始转变，除了为方便打麻将的彻夜经营，更在烧饼油条外，增添了其他点心。不过，青年会附近的这家，只卖烧饼油条，而且烧饼不是电烤，而是贴炉的。但现在都已歇业，改营自助餐了。这次迁家台北，各处找房子，看到这里，和屋主谈了不到五分钟，太太就决定买下了。因为这个小区环境不错。闹中有静，自成格局。日常所需，出门就是，而且旁边有个公园，可供晨昏漫步。我对这房子没有意见，因为附近有家差强人意的豆浆店，烧饼油条尚可一吃。

过去每条街转角的违章建筑中，都可以找到家豆浆店，现在随着都市的发展，违建拆除改建大楼，豆浆店也随着渐渐消逝了。想找个像样可口的豆浆店，的确很难了。每次从香港回来，在那豆浆店吃罢烧饼油条后，我都会踱到老傅的馅饼店，和正在准备午市的老傅聊上几句。老傅是我多年吃出来的朋友，他的馅饼店，原先在信义路水晶大厦对面巷子里，他制的馅饼皮薄馅嫩汤多，但不腻。我常常光顾，日久成了朋友。过年的时候会卤些牛肉和自制的山楂酪给我。有时我从香港来，过了午赶不上顿饭，就到他那里来碗炸酱面，不过，老傅的馅饼却没有从前好吃了。他说得赶时间，大批做出来，就没有办法讲求口味了。

的确，这里地处南阳街，是台湾未来精英荟萃之地，补习班林立，自初中升高中，高中升大学，大学毕业后报考研究所，或托福出国，一贯作业，每年大专联考发榜，这里补习班门首，也张出大红榜，上列他们班上考取学生名录，似说若想挤进那扇窄门，唯此一途。莘莘学子往来其间，如过江之鲫，企图经此一跃龙门。

南阳街不长，却拥挤着过千上万的青年男女。这条街除了提供他们"大学之道"外，还得为他们解决吃的问题。因此吃食店和小吃摊档相连，除了补习班和小吃店这两种营生外，似乎没有其他买卖了。

这些青年学子来此虽目的一致，但口味各有不同。所以，这里的吃喝八方汇集，中外杂陈，传统与现代共处、内地与本土同炉。物虽不美却价廉。台湾时下的各种吃食仿佛都集中在这里了，当然不包括朱门酒肉的那种在内。这里的吃喝也不似百货公司底层的小吃，整齐而有组织，而是一种自然的凑合。但在这种自然的凑合中，往往反映了社会变迁的色调。

来到这里吃东西的都是为了充饥。像牛吃草是没有办法再谈味道了。不讲求味道，要快，拿了就吃，吃了就跑，也许就是南阳街吃喝的特色了。当然这种特色不仅限于南阳街，也是我们这个社会饮食转变的趋势，所以，我们这个时代的人，越来越没有味道了。

除了快与没有味道外，就是口味的混杂。在蚵仔面线的摊子上，同时也售炸臭豆腐和水煎包。蚵仔面线是本地传统小吃，炸臭豆腐是江南风味，水煎包是北方吃食，共处一摊，任君选择。最有趣的还是那部卖早点的面包车，车上一桶桶现成的吃食并列，有广东的皮蛋瘦肉粥、有闽南的米粉炒和油饭，还有小笼包、蒸饺等，同时也有煎蛋三明治与牛奶咖啡，真可谓南北混同，中外一体了。

目前，台湾也正处于口味混同的转变阶段。现在出现了一些小馆子，既售香酥鸭，又有豆瓣鱼，还有三杯鸡，也说不出是哪里的口味了。而是本土与内地菜肴共处一桌，不分彼此，大家吃得其乐融融。现在我们已超越专吃担仔面的"度小月"阶段了。不可能再坚持自己的口味，而忽略其他的吃食。因为社会与文化的转变，往往先反映在饮食方面，最先是对不同口味认同和接纳，然后经过一个混同的转变阶段，最后融合成一种新的口味。

出门访古早

前些日子，送别一位香港来访的朋友，朋友住在许昌街的青年会。过去我在香港，往来台北，常住在那里，对附近的环境很熟。所以临出门，就想到和朋友挥手道别以后，时已近午，何处午饭？心想盘算去赵大有，吃豆腐羹打卤、爆咸黄鱼；去隆记来盘清炒虾仁配菜饭，外加一碗黄豆汤；去桃源街，吃碗红烧牛肉面，再来一份蹄花；或去沅陵街的添财，吃寿司和关东煮……不过后来还是去了附近的大鼎肉羹店，来一碗卤肉饭、一块焢肉、一个卤蛋、两碟白菜卤，还有一碗大鼎肉羹。

出门前，我常这样，方位既定，跟着就想附近有什么可吃的，然后欣然前往。生活在现代，和过去农业社会不同，很少能不出门。《颜氏家训》说："能守其业者，闭门而为生之具以足，但家无盐井耳。"意思是说只要坚持农业生产，开门七件事，除了食盐，其他日常生活所需，无须外求，可以关起门来过日子，没有出门的必要。现在我们脱离土地日久，身似漂萍，无根可依，为了糊口，终日奔波，晨起就得惶惶出门，不知何至。以前我的一位老师，深通命理之学，每日出门，必占一卦。顺，则终日笑口；逆，则阴霾满面。随侍弟子观其面，就知今日阴晴圆缺了。的确，这年头出门难，出门必有所求，有所求则负荷必重。但到后来，常是不如意者有八九。于是，怨出门运不顺，路不坦，心遂不平。因此，举世滔滔，在个乱字里打转。

我也出门，但年逾知命，似已无所求了。即有所求，也很卑微。不过出门之时，顺便吃几样可口的而已。如吃不如意，心亦不平，但无伤大雅，至多生个闷气，闭口回家。其实人只有一张口，想吃也吃不了许多。那天一碗卤肉饭，一碗大鼎肉羹，已心满意足。大鼎肉羹是地道的古早乡土小吃。既名大鼎，即用巨大的锅，煮沸已调味的汤，将赤肉与鱼浆糅合，下入锅中，再配以小切的菜头块，上桌时加芫荽数朵提味，味至清鲜，不似一般羹类的浓稠。每次过此，都来一碗。这种古早的乡土小吃，像基隆庙口的豆签羹一样，已渐渐被人遗忘了。不过，对于那些逐渐被遗忘的人事和事物，我都怀有深切的思念。并非自己学的是历史又靠此营生糊口。只是在现代迅速转变的社会环境中，自己步履蹒跚，老是跟不上别人的步子，配不上别人吹的调。心想这样也好，可以坚持自己的原则和理念，始终如一。所以，被一位治思想史的朋友，称为无可救药的快乐保守主义者。作为一位快乐的保守主义者，不是对着镜子看项上萧萧白发，心里却怀着一个十八岁少女的梦。因为旧梦不堪记，已消逝的，再无法挽回。任何一个政治时代，即使万岁，终归还是个历史过渡的符号。这几年，青眼观世。只见许多人顶着正午日头，挥汗如雨地在那里推挤喧嚣。也许那些人出门以后，真的无事可做，才在那里饶舌啁啁，这又何苦！

在这种嘈杂之中，"退藏于密"，不失是个心静自然凉的好方法。这几年置身市井，退藏于吃中，倒也落得个清闲。吃虽是小道，但人只要活着，就得吃，这是天经地义的事。而且，吃无地域南北之分，古早现代之别，党派政治之殊。所以，吃是一个普遍的观念，超越一切狭窄人为的区划而存在，吃或不吃，悉听君便。但人不是牛，牛只会吃草。人再蠢，也不能独孤一味。饮食虽有古早，然其源流与演变，涓涓似流水，自有脉络可循。但有人欢喜喝贡丸汤，即使出国坐飞机，也坚持此味，不知想突出些什么！

贡丸一味虽是新竹名产，然其源远流长，出自周代八珍之一的"捣珍"。其制法取牛、羊或麋鹿的肉，"捶，反侧之。去其饵，孰出之，去其皽，柔其肉"，即将作为材料的肉类，反复捶打，去其筋膜，挤成丸状，是其特色。北魏崔浩《崔氏食经》有"跳丸炙法"，即承其遗绪。"跳丸炙"制作过程："羊肉十斤、猪肉十斤，缕切之。生姜三升、橘皮五叶、藏瓜（瓜菹也）二升、葱白五升，合捣，令如弹丸。"《北堂书钞》引《崔氏食经》，"跳丸炙"作"交趾跳丸"。隋唐统一，南北混同，"跳丸炙"传到岭南，而称

"交趾跳弹"。所以，段公路《北户录》，已不知其源流，认为"跳丸炙"是南朝食品。这种黄河流域的北方食品，经中原南移的客家人，辗转传到珠江流域。目前东江客家、潮汕地区的牛肉丸，即源于此。贡丸是杠丸的省称，制法与牛肉丸同，即以杠捣肉而成，且具有弹性。当年客家先民渡海而来，牛肉丸制法也随着由唐山过台湾。只是当时耕牛是拓垦的主要劳动力，非常珍惜，不忍宰杀食用，而以猪肉代替，然后有贡丸。如另一味客家菜酿豆腐，或由客家人对故乡水饺的怀念而来。当年客家人初到岭南，在地尚无面粉生产。于是，将肉剁馅，酿于豆腐之中，聊慰乡情。

一粥一饭，一肴一菜，都自有来处。所以，过去一段日子，我常出门访古早。数度行脚南台湾，在台南吃虱目鱼粥、切毛肚、鸭肉羹；去潮州访牛杂，到万峦啃猪脚，美浓尝粄条和菜包。在六龟吃红烧田鼠和山猪肉之余，竟吃到一味蜂窝虾仁。蜂窝虾仁以蛋和虾仁，入油炸酥，状似蜂窝。若以此与白菜冬粉同烩，即为蛋酥冬粉。蛋酥冬粉是一味非常古早的乡土美味，惜早已被遗忘了。饮食一道，往往累积数代经验而成，却一朝即被摒弃。过去杨云萍师每年春节，都找我去他府上吃春酒，杨师母亲自下厨，必有红烧鱼翅羹一味。杨氏士林望族，红烧鱼翅羹是家传之秘，他处所无。我向杨师母习得其方，常于大白菜丰收时一试，已得三分神韵。台湾巨室大家，都有家传私房菜。所以，我的同事阿三哥写雾峰林家时，我见面就问他看档案时，林家是否有食单传世。

去年暑天，曾福建一游，先福州，然后泉州、厦门。其目的在探访古早，因为台湾的乡土小吃，多源于福建。

福州是旧游之地，也是我离开大陆最后的落脚点，一九四九年初，在此居停了近半年，但在离乱仓皇之中，并没有留下什么印象。此次重来，想再尝尝此地的鱼丸和鼎边趖。这两味小吃皆源于福州，后来流传到台湾，成为此地民间普遍的乡土小吃。鼎边趖者，摊旁必置大锅一口。所谓趖，即慢行之意。将调妥的米浆，沿烧热的锅边轻轻浇下，任其在锅中慢慢流下而凝固，成形后铲起成卷状，盛于已调妥的汤料中。汤以虾米熬制而成，下香菇丝、蚵干、鱿鱼丝等料，并加虾油调味，盛于置于热水中的陶罐内保温，现制现吃，吃时撒韭菜末一撮提味。鼎边趖已成为台湾民间风味小吃，不过现在已非现制，摊旁多不置锅，基隆庙口虽有，也是备而不用。

晨起，独自出得宾馆，穿街过巷觅趖，这个城市还没醒，只有几个背着行李赶早班汽车的乘客，默默走着。还有三两个带着工具去上工的个体户，谈笑着擦肩而过。最后，终于在条狭巷内找到一家卖趖的摊子，坐下来了一碗，鼎边趖盛在一个大铝锅内，也不称趖，名之为糊，没有任何配料，灰白的一碗，真的是名副其实为糊了。我又要了个韭菜酥配食，韭菜酥以韭菜和米浆，入油炸透，状似手镯，也是福州著名的小吃。不过我这只韭菜酥，也不是现炸的，既不酥，咬起来似吃牛皮。没有想到福州民间小吃，竟堕落到如此地步。

　　然后，上街访鱼丸。鱼丸即我们习称的肉心福州鱼丸。对于福州鱼丸，我似情有独钟。过去，宁波西街横巷中，一家福州面摊的鱼丸和干拌面甚佳。鱼丸以新鲜海鳗打制而成，软硬适度，馅和汤均鲜美。我前后在这个小摊吃了二十多年，后来老板故去，摊子也收了。从东门市场找到南门市场，都没找到可口的福州鱼丸。现在既来福州，鱼丸当然要吃的。但吃了两三家，真的已非旧时味了。后来坐出租车，和司机谈得投机。于是我问哪里能吃到可口的鱼丸。他非常热心载我们去一家专卖鱼丸的小店，停车，然后说："这是最好的。"于是匆匆下车，到店里吃了一碗，馅尚可，只是皮掺粉过多，软软的没有咬劲。小吃既然如此，然后去了百年老店聚春园。点了淡糟螺片、白炒瓜片（黄鱼），皆无，只好退而求其次，要了红糟鸡和荔子肉，亦不见奇。下箸便思念起过去的南昌街宝来轩的方老板，两相比较，才知道方老板的福州菜地道得多，可惜他们全家已经移民了。

　　三天后，去厦门，路经泉州，这的确是个难得的机会。闽菜以福州、闽西、闽南这三个支系组合而成，中国八大菜系之一。这次行程原本是到武夷一游，顺便也可品尝闽西风味，因天雨路泞作罢，临时改赴闽南，正合我意。武夷虽未成行，但在福州的"农庄"餐厅，品尝到闽西焖龟、炖蛇、炸大蚂蚁与蝎子。不过，我心里想的还是闽南，闽南菜是构成闽菜重要的一支，由晋江、泉州、厦门、漳州沿海的城市组合而成。其中泉州是古刺桐港，海上丝路的起点。先民多自泉州渡海而来，台湾的饮食也源自泉州。所以，泉州是我探访古早，最想去的地方。

　　和福州相比，泉州是个古朴的城市，黄昏时分，从泉州的旧街经过，街道不宽，店铺隔街相望，店内灯火灿然。这情景仿佛见过的，像是台湾乡镇的旧街。路旁植树，家家店铺门前树下，置小儿矮凳，店主与友人相对而坐，泡茶言欢，状至悠闲。所说尽是"乡音"，听来倍觉亲切。泉州自古商贾云集，菜肴自成一格，现在著名的菜馆是中山路的满堂饭店，此外，过去还有德意楼、乐天台、四海春等，不过，我们晚饭却在宿处附近的一家旧馆子。门面残旧，楼上有桌面数张，盖有年矣。但菜肴保持了古早味，并丝毫没有受到时代的浸染。是日菜肴有土笋冻、莲子煨猪肚、红焖通心河鳗、桂花蟹肉、清蒸加力鱼，其中土笋冻以海中的土蚯制成。土蚯学名星虫，含丰富胶质，煮熟冷却后，即凝结成水晶块状，晶莹通透，柔糯清爽，且富有弹性，以佐料配食，味至鲜美，是闽南特有的佳品。至于莲子煨猪肚，将猪肚过水洗净，与鸡块分别列于大碗中，上铺白莲，加作料上笼蒸两小时，反扣于盘中。此味传至台湾，以菜头代白莲。红焖通心河鳗，晋江下游，所产乌鳗肥美，鳍耳呈黑色，称为乌鳗。此味先将鳗鱼切段，过油炸至金黄色，与五花肉片、香菇、笋片同焖，然后将鳗鱼段取出，以竹签去其骨，塞以笋丝与火腿丝，与先前的焖料上笼蒸透，反扣盘中即成。桂花蟹肉即将梭子蟹拆其膏肉，与笋、荸荠、碎肉及蛋搅拌成糊状，入油锅翻炒，此菜关键在火候，蛋松而肉不碎。加力鱼即鲷鱼，其蒸法与现流行的港式蒸鱼不同，加葱白、冬菜、肥猪肉，与肉汁，蒸约半小时即成。这些菜都是当地家宴酒席的佳肴，也是过去台湾拜拜办桌常见的菜色，只是现在渐渐成古早了。

除主菜外，并配以刈包、五香鸡卷、炒面线、虾丸汤，这些当地的小吃，除了炒面线，都是台湾常见的街边小吃，吃来甚合味口。这是在此次旅途中，最丰盛且慰乡情的一餐。饭后，步行返宿处，路旁的小吃摊已经摆开了。荧荧的灯光伴着中，升起的水汽，和匆忙从摊旁走过的脚步，泉州的夜色变得闹热了。我在一档珍珠鱼丸摊子前停下，小锅小灶，矮桌矮凳，锅里的鱼丸，鱼丸的颗粒也很小，非常有趣。于是，我坐下来要了一碗。站在旁边的太太说："不是刚丢下筷子吗！"我抬头笑着说："尝尝，只是尝尝。"

然后，将太太送回宿处，又独自弯回街上，先后吃了扁食、肉粥、炒米粉、干面、蚵仔煎、切毛肚、肉粽、面线糊等，七八样当地的小吃。前后不到一小时，真的是名副其实地尝尝了。我选的都是台湾街边常见的小吃，虽然没法细细品味，但发现二者的味道确有相似，这也说明台湾的饮食与泉州脉络相承。当然，任何一种饮食经过传播后，由于地理环境与饮食习惯的影响，其味道或制法也有所改变。其中面线糊即台湾的大肠蚵仔面线制法，不过，面线糊的蚵仔与大肠，或肉片、下水等料于吃时选妥后始放入，如广东粥的制法。面线糊是泉州人的消夜或早点，并配以油条。复兴南路有泉州肴馔店，专售面线糊，味道近似。

在泉州夜市吃小吃，虽然匆匆草草，却是历次大陆行走，最亲切的一次。不仅味道，摊档陈设，店主言谈，都非常熟悉。最后在一家肉粽和面线糊的小铺坐定，店主是位微胖的中年妇人，正忙着冲洗店面，准备打烊了。她将面线糊与肉粽端来，就坐在对面聊起来。她端详我的衣着举止，不似外来客，说很少见我来吃。我一面拨弄着肉粽，一面笑着说，刚从北面回来。她"哦"了一声，然后静静地看我扒着面线。店内相对寂寂，店外夜已深沉，隔街刚吃过的扁食摊子，一灯荧然，锅中蒸气飘散，蒙蒙一片，这情景仿佛在哪里见过的，也许是三四十年前，台湾南部乡间的露店。不过，那已是很古早的事了。

烤番薯

居处附近有座小公园，面积虽不甚大，但花木扶疏，整理得很干净。园中有一池塘，塘中游鱼往来，塘上架一拱形小桥，环池植柳，月夜临池，柳影依依，似是江南。池外有条绕园的水泥道，供人晨跑或散步。清晨或午后，附近的人聚在这里遛鸟走狗，下棋阅报，或散坐林间池傍闲话家常，真的是世上多少无谓事，都付谈笑中了。

人在公园里晨昏两聚。公园外一角的道旁，很自然汇集成早晚两市。尤其是黄昏时分，放学下班的归来，显得格外热闹。卖的都是些吃食，热包子、山东大馒头、葱油饼、香酥鸡、臭豆腐、锅贴、蚵仔面线、甘蔗鸡、各色卤菜等。

在这些小吃摊子中，有档卖烤番薯的车子，我欢喜的倒不是他的烤番薯，而是小货车前玻璃窗，挂的那幅彩色的大招贴，上印着"戏说童年的神话，传统美食再现——烤番薯"，衬着一片秋收后蓝色的天空，金黄的田地，一群孩子聚在田地里，围着一个用泥巴堆砌成的灶，灶里吐着熊熊的火苗，红色的火苗映在孩子们兴奋期待的脸上……这幅图画仿佛在哪里见过的，又使我回忆金色的童年。于是，凑过去也买了一只。

卖烤番薯的约莫四十岁，笑着说番薯是从台中贩来的，包甜。我捧着炙手的番薯，在公园的石篱上坐了下来。剥开紫色的皮，露出软滑红心，一股焦香的气味扑鼻，但那香味也是非常熟悉的。

番薯又名地瓜、山芋，又因外皮色泽不同，称白薯或红薯、红苕等名。《北京风俗杂咏续编》中，有《煮白薯》诗，诗云："白薯传来自远番，无虞凶旱遍中原。应知味美唯锅底，饱啖残余未算冤。"诗后有作者的自注："因煮时过久，所谓锅底者，其甜如蜜，其烂如泥。"食者特别喜好。所谓"白薯传来自远番"，则是白薯传自远方，非中国产。番薯原产于中美洲，辗转自东南亚传入中国。传来的途径或有两条：一或经印度、缅甸传入云南。据李焜《蒙自县志》记载，番薯是由倘甸人王琼携回种植的，并且说"不论地之肥硗，无往不宜，合邑遍植"。倘甸距蒙自县城七十里，明代中叶才开辟并筑建土城。王琼大概在这个时候自境外携回的。李焜的《蒙自县志》修于乾隆五十六年。

另外一途是由吕宋，现在的菲律宾传入福建。据明《万历实录》记载，长邑生员陈经纶上禀，说他父亲陈振龙"历年贸易吕宋……目睹彼地土产，朱薯被野，生熟可茹……功同五谷"。陈振龙习得番薯传种的法则，带归故乡就地种植成功。所以陈经纶上禀朝廷，希望推广栽培。这是番薯传入中国的最早的文献记载。徐光启《农政全书》对番薯的栽培、贮藏等方法记载得非常详细。而且徐光启也是番薯最初的推广者。他在万历三十六年所草的《甘薯疏序》说："有言闽越之利甘薯者，客莆田徐生为余三致其种。种之，生且蕃，略无异彼土……欲遍布之，恐不可户说，辄以是疏先焉。"徐光启自莆田徐生处，得到番薯，亲自试种成功，上疏朝廷推广。当时李时珍的《本草纲目》，对新传入的番薯性质有详细的记载，并且说番薯可以"补虚乏、益气力、健脾胃、强肾阴，功同薯蓣"。薯蓣即山药。所以，番薯在万历中，自吕宋传到福建，是可以肯定的，距今已有四百多年了。

徐光启上疏请积极推广番薯的种植。因为番薯抗旱耐瘠，平原、丘陵、山区或沙地皆宜种植，而且单位面积收成很高，是救荒的最佳食品。事实上，番薯传入后一直扮演防荒救饥的角色。俗称"一年红薯半年粮"，不仅荒年，平时也可以番薯作主食。番薯经徐光启积极推广，自此之后，南自海南，北至辽东，沿海各省，西抵内地，普遍种植番薯。

清黄逢昶《台湾竹枝词》有诗云："昨夜闻声卖地瓜，隔墙疑是故侯家。平明去问瓜何在？笑指红薯绕屋华。"诗后有注："台人呼红薯为地瓜。地瓜最多，大者十余斤重，家家和米煮粥以佐饔餐。内地人不合水土，食地瓜最宜。"所以烤番薯与青菜消夜的地瓜粥，由来已久。番薯入台，也有两途：一或于万历以后，先民由唐山过台湾，渡海而来。郑成功来台时，番薯已是澎湖的重要作物。据杨英《先王实录校注》载永历十五年二月，郑成功收回澎湖，预计数日可到台湾。但因受风阻留滞，大军乏粮，于是命各澳长搜索接给，但澎湖各屿"并无田园可种禾粟，惟番薯、大麦、黍稷。升斗凑解，合有百余石，不足当大师一餐之用"，由是可知当时番薯已是澎湖的主食。又据林豪《澎湖厅志》："澎地斥卤不宜稻，仅种杂粮，而地瓜、花生为盛。"由于澎湖风沙过大，这种情形到现在仍未改变。澎湖地瓜源于漳、泉二州，然后经此过渡到本岛。另一传来途径，则自文莱。陈淑均《噶玛兰厅志》卷六"物产"条下则说，番薯"明万历中，闽人得之外国……或云有金姓者，自文莱国携回。此另一种，皮白而带黑点，乃地瓜中之最甜者……又名金薯"。

所以，番薯传来台湾的途径有两条，一是万历以后，传自漳、泉，一是金姓者由文莱携回的金薯。还有一说是来自日本，如果能获得材料证明，就今日而言，真是皆大欢喜了。山地番社种番薯，则较平地晚。或在清雍正乾隆之际，《番社采风图考》载孙元衡《种芋》诗云："自有蛮儿能汉语，谁言冠冕不相宜？叱牛带雨晚来急，解得沙田种芋时。"诗后也有注："内山生番不知稼穑，惟于山间石罅刳土种芋。苗熟则刨地为坑，架柴于下，铺以生芋，上覆土为窍。火燃即掩其窍，数日取出芋，半焦熟，以为常食，行则挈以为粮。"对于种植地瓜与食用方法，叙之甚详。只是作者不知为何许人，诗也没有载明写作时间。不过，《番社采风图考》收有《社师》《完饷》等诗。诗后都有注："南北诸社熟番于雍正十二年始立社师，择汉人之通文理者，给以馆谷，教诸番童。"又说："向例凤山八社番妇，每口征米一石，雍正四年蠲豁。"孙元衡的《种芋》诗，或写于此时前后不久。那么，当地人开始种番薯或在这段时期前后，由平地传到山地。

所以，番薯称番，因其来外洋。一般而言，隋唐以前，称长城以外的边疆民族为胡人，凡域外传入的事物，都冠以胡字，如胡床、胡琴、胡椒、胡麻饼等。近代则对由海上入侵的高鼻深目、碧眼黄发的欧美人，一概视为洋人。所传来的事物皆冠以洋字，如石油称洋油、火柴称洋火、彩色图片为洋画、香烟为洋烟。闽粤地区则称洋人为番人或番鬼，至今香港市井仍称啤酒为番鬼佬凉茶。台湾则称火柴为番仔火，即是一例。因此，此番非彼番，与当地人的本土文化，似无甚关联。当然，一种外来事物传入之后，经过一段时日即被融于我们自身的文化体系之中，不再探究这种事物的源流了。尤其在饮食习惯方面更明显，番薯就是一例。番薯传入后，即被视为一种救荒的食物，明清食谱少以番薯入馔，虽然北京人喜将番薯切丝爆炒，喷醋，爽脆可口，但不普遍。四川味的粉蒸排骨或肥肠，往往以番薯垫底，但只是陪衬，并非主馔。清王士雄《随息居饮食谱》有"甘薯"一条，说甘薯一名番薯，"硗瘠之地，种亦蕃滋，不劳培壅。大可救饥，切而蒸晒，久藏不坏。切碎同米煮粥食，味美益人"。将番薯"切而蒸晒"，即为番薯签，和米而煮可成粥饭。先民来台拓垦，因土地肥沃稻产丰富，但所产的稻米，多运往漳、泉贩卖。姚莹《东溟文后集》说："台人皆食地瓜，大米之产，全为贩运，以资财用。"周玺《彰化县志》卷九《风俗志》"饮食"条下也说："每日三餐，富者米饭，贫者食粥及地瓜，虽歉岁不闻饥啼声。"

所以，以番薯为粮的传统由来已久。太平洋战争中，日人搜榨物资充为军用，更有盟军飞机轰炸，百事萧条，人民全赖番薯充饥。战后复员，这种情况并未改变。一九四九年冬，我那时十六岁，因思想问题在嘉义入狱，还吃过一个时期的番薯签饭，饭以糙米混番薯签同煮，配以小鱼干数尾，如今忆之，味甚甘美，现在来说，应该是健康食品了。后来日子过好了，大家都有白米吃，番薯只有留着喂猪了。

现在又有人怀念那种吃番薯签的日子，但番薯签已经不易寻找，只有到青叶喝碗地瓜粥配佛跳墙了。君不见，入夜之后，半条复兴南路，灯火辉煌，人声喧哗，那里不仅有番薯粥可喝，还有胡麻油炒地瓜叶可吃。端的是"传统美食再现"了。

只剩下蛋炒饭

　　有次在香港与朋友聚会，座上有位刚从美国来的青年朋友，经介绍后，寒暄了几句，我就问："府上还吃蛋炒饭吗？"他闻之大惊道："你怎么知道？怎么知道的！"这位青年朋友祖上在清朝世代官宦，祖父于清末做过不小的地方官。当年他们府上请厨师，试大师傅的手艺，都以蛋炒饭与青椒炒牛肉丝验之，合则用。那青年闻言大笑说："我吃了这么多年的蛋炒饭，竟不知还有这个典故。"我更问："府上还有其他菜肴吗？"他说："没了，只剩下蛋炒饭。"我闻之默然，只有废箸而叹了。

　　蛋炒饭与青椒炒牛肉丝，是最普通的饭菜，几乎每一个家庭都会做。我常听些远庖厨的君子说，他们最拿手的是蛋炒饭。当太太离家或罢工时，他们自己做蛋炒饭吃。那还不简单，将饭和蛋炒在一起，外加葱花与盐即可。他们甚至还说，这是最稀松平常的事。其实越稀松平常的事越难做。顾仲的《养小录·佳肴篇》总论说："竹垞朱先生曰：凡试庖人手段，不须珍异也。一肉、一菜、一腐，庖人抱蕴立见矣。盖三者极平易，极难出色也。"竹垞，是朱彝尊的字。

朱竹垞是乾嘉大家，著有《经义考》。他也是清词名家，同时又是个知味人，留下了一本食谱，称为《食宪鸿秘》。顾仲是清浙江嘉兴人，特别偏爱庄子，曾著庄子千万言，剖解前人滋味，人称顾庄子。他的《养小录》共三卷，载饮料、调料、菜肴、糕点的制法一百九十多种，以江浙味为主。他们都认为极平易极难出色。如青椒炒牛肉，能将牛肉炒得滑嫩而不腻，青椒恰脱生而爽脆。蛋炒饭能炒得粒粒晶莹，蛋散而不碎，就非易事。

由生米煮成的饭是我们的主食，也是我们生活习惯的特色。汉民族的农业文化，就是由种植、吃米、穿丝、居屋与筑城等不同的生活习惯累积而成的。但吃饭是个重要的环节。许慎《说文》解释：饭，食也。又说：食，米也。古人所谓食是饭或吃饭的意思。这种饭是由米蒸或煮而成。《诗经·大雅·生民》载："释之叟叟，烝之浮浮。"释是淘米，叟叟是淘米的声音。烝即蒸，浮浮是蒸气上升的意思。《诗经》这两句描写蒸饭的情形，非常传神。中国人用米蒸饭的方法由来已久，最初我们祖先吃的饭，是炙或煮出来的。大概六千年前新石器的末期，就开始蒸饭了。半坡文化遗址发现的陶甑，就是蒸食的工具。甑的底部有许多小孔，可以使水蒸气透过那些小孔将食物蒸熟。蒸饭所用的米并非全是稻米。

古代所谓的"五谷"，《周礼》郑注有说是稻、黍、稷、麦、菽。饭就是用这些不同种类谷物的米煮或蒸成的。

饭是主食，需要配合另外的菜肴进食。《周礼·天官》属下有膳夫的官职，负责天子的"食、饮、膳羞（馐）"。膳羞，郑玄注说膳是牲肉，羞是有滋味的东西。膳羞是指配饭而食的菜肴而言。《周礼》所谓"膳用六牲……羞用百有二十品，珍用八物"，是周天子吃饭配用的菜肴。其中八珍最名贵。这八种珍贵的食物，由食医调治后，交膳夫烹饪成菜肴。八珍到底是什么，《周礼》并没有明确说明。郑玄注八珍说是淳熬、淳母、炮豚、炮牂、捣珍、渍、熬、肝膋。《礼记·内则》有较细的制作方法。这八种珍食不但是周天子的御食，也是养老的食品。所谓八珍，现在看来也不是什么珍品异食，炮豚、炮牂，是烤猪、烤羊，只是制作的过程比较繁复。捣珍则取牛羊或麋鹿的里脊肉，反复捶捣制成丸状，颇像今日东江菜牛肉丸，或新竹贡丸的制法。熬是腌制的咸肉。渍是将牛肉放入酒中浸泡而成，朝渍暮食，是脍食之法。肝膋是指狗肝的制作方法。至于淳熬与淳母之珍，淳熬则是"煎醢加于陆稻上，沃之以膏"。淳母"煎醢加于黍食上，沃之以膏"。醢是肉酱，也就是将肉酱加在稻米或黍米饭上，颇似今日街边买的卤肉饭。

淳熬或淳母都是将菜肴加在饭上，主食和副食混合食用的方法，现代的烩饭渊源于此，蛋炒饭也是由此发展而成的。将蛋和饭混在一起，或出现在汉朝。马王堆出土的竹简中，有"卵稚"一味，又可释为糒或糤，也就是黏米饭加蛋。蛋炒饭相传出自杨素。杨素吃的蛋炒饭称为"碎金饭"。后来隋炀帝下扬州，将"碎金饭"传到那里。据说碎金饭，饭要颗粒分明，颗颗包有蛋黄，色似炸金，油光闪亮，如碎金闪烁，故名。唐韦巨源《食单》，有献给唐中宗吃的"御黄王母饭"，"御黄王母饭"是"遍镂卵脂盖饭面，装杂味"。这是什锦蛋烩饭，与蛋炒饭无关。杨素嗜食的"碎金饭"，就是现在扬州"菜根香"的"金镶银"，其制法是蛋饭同炒，而以蛋裹饭，手法要快，即在蛋将凝未凝时落饭，猛火兜炒，使蛋凝于颗颗饭粒之上，黄白相映成趣，说来简单，做起来却不容易。蛋炒饭再配其他佐料，就成为广东菜馆的扬州炒饭。广东馆子出售淮扬菜系的扬州炒饭是非常有趣的事。因为粤菜在近代中国菜系形成过程中，是一个最能兼及他人所长的菜系。鸦片战争之前，广州已是通商口岸，广州有许多江南菜馆，粤菜汲其所长，扬州炒饭就是其中之一，一如今日粤菜馆出售的星洲炒米粉。这种炒米粉由福建传到南洋，然后再回流过来。所以炒米粉里面多了辣椒，当然稍添咖喱也不出其规范。

一饭一菜都自有其渊源，如果坏其流、破其体，就不堪问了。目前台北号称中国菜荟萃之地，地无东西南北都集于斯，却犯了上述大忌。一日集会中，得亲梁实秋先生。后学问于夫子："台北的菜如何？"答曰："前几年每家菜馆，还有几样可吃，现在没了！"精于中国食道，实秋先生是目前硕果的三数人，竟有如此的感叹，可想而知了。一日与朋友饭于彭园。以彭长贵为名的彭园，得谭延闿先生家传，号称湘菜正宗。我问那点菜的领班，可有东安鸡？那状似聪明的领班，竟嗤之以鼻说，这菜已落伍，他们早就不做了。东安鸡出于湖南东安，故名。其制法是将嫩母鸡洗净后，置于汤锅中至七成熟，取出启肉去骨，顺肉纹切成长寸五分、宽约四分的长条，姜切丝，红干椒切细末，花椒子拍碎，葱切寸段，在旺火上炒制，加绍酒、黄醋、精盐即可。这味菜红白绿黄四色相互衬映，味道酸辣鲜香，是湘菜馆的看家菜。那后生领班竟理直气壮地说这味菜落伍了。我真不知道他吃了这么多年的饭，为什么到今天还吃饭！

那后生说没有东安鸡，却向我们推销清蒸青衣。蒸鱼是广东人的绝活，湘菜馆出售清蒸海上鲜，好有一比，那真是"林则徐当总督，统领湖广"了。今天台北的菜已被一些新兴的暴发户，掌灶的毛头小伙子弄得杂乱无章、毫无体统了。无怪知味如实秋先生默然而叹，其不学后生如我者，往往也会临案废箸。没有想到今日台北的菜，竟堕落到这种地步。无怪美国的"某当奴""啃大鸡"甫一上岸，就所向披靡了。

"某当奴""啃大鸡"来势之汹涌，远超过五四时期德赛二先生的东来。当年德赛二先生的驾临中国，影响的层面只限于喋喋不休的知识分子丛中。虽然知识分子自认为肩担整个时代与社会的责任，但在任何时代与社会中，被认为或自认为是知识分子的，毕竟是少数。但"某当奴""啃大鸡"却不同，瞬间已五步一档十步一楼，在喧嚣的闹市开起来，其触角已延至我们社会每一个角落。虽然售价高昂是世界之冠，但仍携小拖幼趋之若鹜。据说十年前"某当奴"已在花都巴黎出现，但事隔多年只增设一家。也许法国佬坚持他们啃干面包、喝葡萄酒的优越饮食传统，不像我们完全被这种两片面包夹一个生腥的牛肉饼，外加洋葱和酸黄瓜的食物倾倒了。这是自张骞凿空带回"胡味"以来，最大的一次非我族类的食品入侵，而且影响普及整个社会层面。

饮食习惯是文化结构重要的环节，代表美国口味的牛肉饼，就是美国文化的结晶。这种食品的特色是质量标准划一，取食迅速而卫生。标准与迅速正是美国文化的特质。这种文化特质是由科学文明提升而成的。"某当奴"具体地表现了这种文化特质。"某当奴"是美国典型的吃，这些年像美国的饮料可口可乐一样，随着美国文化传播到各个角落。所以，一个美国人浪迹天涯，也有他们的俚味可吃，是不会患思乡病的。

中国吃和美国吃不同，一如其文化的差异。中国吃除了果腹，最高的境界是一种艺术的表现。所以，《四库总目》将有关食谱的书籍，与琴棋书画归纳为一类，其原因在此。

美国吃都是科学的。除了"某当奴",美国家庭的厨房,更是现代科学产品的展示场所,举凡电烤炉、电搅拌器、电榨汁机,以及处理冻鱼冻肉用的电锯、电剪,一应俱全。还有开罐器、计量器、定时器,等等,当然最重要的得有一本食谱。不论菜肴或点心都遵照食谱所列的标准制成。据说美国人一年每人几乎花费一美元以上,购买各种食谱。平均每个妇女有精装食谱六点八册,平装食谱八点五册,也就是说每个家庭有十五册食谱。每年出版的各色食谱三百五十种以上,每年畅销百万册以上的食谱有十四种之多。其中一九五〇年出版的《贝蒂食谱》(*Betty Crocker's Cookbook*),已销售了两千万册以上。一九一〇年发行的《好家园食谱》(*Better Homes and Gardens Cook Book*),也销售了二千六百多万册。食谱不仅是畅销书也是常销书。除了《圣经》,就数食谱了。随食谱而兴的书是减肥秘方,与食谱并列于书架之中,任君自择,悉听尊便。所以,美国人家庭离了食谱,就失去了指引,无以为食了。没有食谱,厨房里的大小机械都无法转动。正如实验室里的仪器,如果没有书上定律定理依据,所有的实验都无法进行一样。所以,美国的吃是科学的。只要按照食谱行事,虽不中也不远了。因此,贵为总统的里根偶尔也亲临庖厨,做出标准的热狗来。

也许这些年来,欧风已逝,唯美雨滂沱。我们的社会也在美雨的冲刷下迅速转变,由开发中的社会,向已开发的社会迈进。所谓已开发也就是现代化发展的第三阶段。开发阶段分划的标准，是以科技发展的程度而定。而科技发展的程度，却又是以美国马首是瞻的。既然美国的吃是科学的，当然也在全盘接受之列。只是我们对这种食物接受得太狂热、太痴情，却没有时间想到这种饮食习惯所带来的影响。君不见"某当奴"店中，我们的青少年充塞流连其间。今天的青少年可能就是明天的知识分子，他们在"某当奴"的喂养下长大，渐渐变得急躁不安，口味单调起来，到时不但已不习惯自己原有的吃，甚至连蛋炒饭也不屑一顾了。

最近这些年，随着社会的转变，高楼华厦云连而起。虽然每座大厦落成，在大厦的底层都会出现一个新的餐厅，仿佛在说我们并没有忘记自己的吃。但事实上，每出现一座新的大厦，都会挤掉一些传统风味的吃，现在连吃像样的烧饼油条豆浆，已很难得，其他还有什么可说。传统风味的吃，在现代文明的浪涛席卷下，不停地向后退缩，渐渐变成在浪涛中沉浮的孤岛，"赵大有"就是个例子。

"赵大有"是一个卖浙江口味的小店，也许就是老板的名字。三十年前，我在一家书店工作，这小店就开在对街。有时中午在店里吃饭，过去点几样小菜如鲞烤肉、鸡毛菜炒百叶等，再来碗肉丝豆腐羹打卤，或鲨鱼羹之类的送过来，他们的菜羹是非常地道的乡土口味。前去吃饭的都是些附近上班的人。三十年后这家小馆还在，却被挤到附近的一条巷子里去，在一个违章建筑里撑挺着。我去的时候，吃饭的人已经散了，老板坐在放置小菜的案后，默默地注视着案上的小菜，一如他三十年前坐在那里，只是他的头发已经花白，他坐着的皮圈椅吱吱作响。我点了几盘小菜，他一面为我拣菜，一面抬起头来望了我一眼，似曾相识地对我一笑。我又要了一瓶啤酒，在靠墙的一张小桌坐定。然后举目四望，那边两张桌子，各坐了一位老者，看样子已经有七八十岁了。他们面前各置了两小碟菜，一瓶酒，缓缓啜饮着。他们都是这里的常客了，堂倌也了解他们的习惯，到时不用吩咐，就端上他们要的东西。也许他们在这里吃了几十年，来这里吃饭已是他们生活的重要一部分。他们孤独无依地坐在那里，像这小店一样孤独无依地存在着。他们是那么无奈，只能和这小店的老板、堂倌紧紧地拥在一起，唯恐一个浪涌过来，就把他们吞没了。是的，我听见隔壁水泥的搅拌声，在淅沥的阴雨里沙沙作响。

这小店只是现代文明浪涛里的一个泡沫。它的存在和消逝已无关紧要，因为我们家庭结构已在改变，我们生活的饮食习惯也在转换。可能有一天，我们孩子的孩子，突然发问：饭是什么东西？我们就不知怎么回答了。是的，上苍给了我们一只饭碗，没有想到竟在我们自己手里砸碎了。

从喝"啥"说起

　　最近台北市中华路上开了一家"徐州啥锅"，那天我也去喝了一碗，并且还来了几只水煎包和几张烙馍，一盘符离集的烧鸡，就短了四两绿豆烧。座上，灶上，案上，尽是乡音；壁上挂的镜框与立轴，落的款都是乡长旧识。刹那间，我仿佛又回到"无风三尺土，有雨满街泥"的故乡。

　　"啥"是糁的谐音省写，是一种用麦仁和着肉类煮成的糊状食品。通常有牛肉和鸡肉两种。"徐州啥锅"卖的是鸡肉糁。由于糁和啥在方言中同音，而啥在北方的词汇里是"什么"的意思。据说早年有位"老总"到了我们家乡，站在糁锅旁，问那位卖糁的乡亲："卖的啥？"那位乡亲说："卖的糁。"老总有点火了，又问："我问你到底卖的啥？"那乡亲说："俺卖的糁。"那位老总气得跺脚，抽了我们那位乡亲一巴掌，那乡亲摸着脸直嚷："你问俺卖啥，俺说卖糁，俺真的卖的糁，不信你尝尝！你尝尝！"真是卖糁的遇到兵，有理也说不清。

　　其实，说实在的，"啥"并不见得怎么好喝，只是我们家乡的一种食品，城里人清晨起来，披着衣裳到糁锅旁一围，来一碗算是早点；逢到赶集的日子，乡里人进城盛一碗，围着糁锅蹲着，边喝边谈谈收成与年月，别有一番情趣。我们家乡比较贫瘠，穷山苦水，一片荒漠，除了出皇帝就是出响马，有钱有闲的人不多，所以吃的文化非常落伍，平常有足够的窝窝头啃啃，已经不错了，能有碗糁喝当然是很大的享受。如今在台北看到周围的乡亲低头猛喝，直喊够味，我想那不是糁好喝，那碗里渗着太浓厚的乡情。我看着自己面前的那半碗糁，真想起立高歌"大风起兮云飞扬"。

"亲不亲，故园情。"一个人离开了自己的故园，虽然故园山水时萦心头，但时日一久，记忆朦胧；所谓秋风一起就兴鲈脍之思，因为故园山水远不可及，家乡口味却是可实在吃到的，会有更深的怀念。今天在台北，吃的方面，真可说各地的吃都在这里汇集。中国地大物博，关山相隔，各地有各地不同的口味；只是今天台北的馆子经过长时间的经验交流，以及不断创新，已经有混同的趋向。在四川店里可以吃到北京烤鸭，在江浙馆子里可以点豆瓣鲤鱼。到北方馆子同样可以叫到清炒鳝糊，已经不纯不地道了。于是专卖各地"土吃"的馆子就应运而生了。这些馆子都不大，各卖自己当地小吃，还能保持某种程度的神似貌似。

所以，扬州人可以去"银翼"吃肴肉干丝。湖北人可以到"金殿"吃糯米烧卖、豆丝、豆皮与鱼杂豆腐。无锡人可以去"吃客"尝尝咸猪脚和醉虾。天津人可以去"怀恩楼"

吃饸饹熬鱼一锅掀。北京人可以去"同庆楼"吃熏肠、酱肉烧饼或炸小丸子。"都一处"的褡裢火烧也有独到之处。湖南人可以去"小而大"吃米粉，或去"天然台"吃冬苋菜羊肉火锅。山东人可以去"不一样"排队买大馒头，或去"会宾楼"吃炸酱拉面。上海人可以去"小白屋"或"绿杨村"吃粗汤面。南京人可以去"李嘉兴"买咸水鸭，或到"南京板鸭店"吃盐水鸭汤面。苏州人可以去"鹤园"吃酱肉、酱鸭。山西人可以去"山西餐厅"吃软兜带粉或刀削面。福州人可以去"胜利"吃海鲜米粉、鱼丸肉燕、红糟鳗。东北人可以吃到酸菜火锅、白肉血肠。云南人可以吃到过桥米粉和大薄片。客家人也可以吃到牛肉丸、酿豆腐。至于四川人，如今川菜当令，不愁没有吃的。虽然广东人对吃比较固执，但各处都是茶楼，"一盅两件"很方便。不过，我还是觉得"永和"的牛杂，"大声公"的粥，"维康"的蚝油捞面、鲜虾水饺，更有大排档风味。端午节，宁波人可以去"九如"买湖州粽子，我们徐州人只好去"徐州啥锅"喝糁……

　　以上，我所记的，都不是"富家一席酒，穷汉半年粮"的豪吃，是些比较有地方风味、大众化的小吃，人人吃得起。这些地方都有他们基本的食客。往往在座上遇到父亲带着只在地图或照片见过自己家乡的孩子们，合家品尝自己的家乡口味。有一次我在一家店里，听见旁边座上一个年轻的朋友对他父亲说："我没想到你们家乡菜，还这么好吃。"我扭过头去看着那位低头猛吃的父亲，他正高兴抬起头来，虽然那孩子说"你们家乡"，他还是笑了，笑得那么满足，那么开心。

今天，这些小吃在大陆上已经不易找到了。去年侯榕生回来，我去访问她，问她到了北京，是否想吃些什么，吃到了没有。她回答说："没吃到，吃也得'组织'上的安排，譬如要吃烤鸭子，得前一天给你订座。不是咱们想吃就走进去叫菜，一鸭三吃，一鸭两吃，没那事情。他都给你安排好了，在这种情形下，吃的兴趣全无，就甭吃啦！本来我还想去找豆汁，他们告诉我西交民巷有个地方卖豆汁，后来我也兴趣缺缺。我说算了吧，别出洋相了，这不是出洋相吗！"

我觉得我很幸运，我可以自由自在选择想吃爱吃的。我非美食家却好吃，虽无钱却有闲，而且自幼离乡，漂流了不少地方，因此对于吃没有地域的偏见与固执。今天各地小吃汇集在这里，只要有得吃而且好吃，所谓"好酒不怕巷子深"，总是欣欣然前往。堂皇的大饭店虽好，路边的摊子更有情趣。所以，这几年两肩扛一口，山南海北，吃了不少地方的小吃。

吃是一种艺术，也是一种文化，而且最具有区域性。不过，许多不同区域的不同的吃，聚在一起日子久了，大家就会选择一种适合口味，变成一种大众共同的吃，像圆环边的鼎边趖，卖用蚵仔与鱿鱼干汤煮的米粉，这种米粉是现做现吃的，撒点胡椒和芹菜末，其味无穷，原属福州口味，现在已成为大众食品了。在吃的时候，没有人想它出自何处了。

前些日子，和一位朋友在郊区一家小四川馆吃了一味"家常鸭肠"，就是一道混合菜。所谓"家常"，指的是川味，"切"鸭肠是本地露店的绝活，把鸭肠放在滚水里一烫就取出来，爽脆可口，唯一的缺点就是有鸭腥味；现在加以"家常"一炒，正弥补了这个缺点。昨天我又乘车专程前往，竟已卖完，怅然而返。

吃是大家喜爱的，也是必需的，但不是专吃钞票的那种豪吃，也不是固执一地之见的偏吃。今日我们何其幸，生活在一个可以自由选择、自由吃的地方，我们实在该突破地域的界限，品尝各地不同的风味，从大同中品小异、从小异中求大同的小吃，从吃里也可以养成辽阔豪迈的胸襟。

台北泡馍的沧桑

最近在这里读了一篇小文章，谈到"泡馍"。其文曰：日前游关中，看到不少食店卖牛羊肉泡馍。路旁与车站，不少人把自家造的馍，放在篮子里卖。又厚又硬的馍，现在已经没有人拿着干啃。都买回去作为粮食。煮好汤、撕碎了放进去再泡一下。因为馍是半生不熟的面团，必须在汤里泡熟才可以吃。

广东人谈广东以外地方的饮食，就像他们说普通话一样，是没有准头的。尤其对于吃，更是坚持"食在广州"的原则，仿佛除粤菜以外，其他地方的吃食，都不值一顾了。虽然现在旅游开放，使他们知道除了上海的粗汤面，外地还有其他的菜肴。不过，谈起外地菜，包括一些常在报上写食评的作者在内，总是不着边际，有隔靴搔痒之感。

羊肉泡馍不仅是西安的风味小吃，也是西北人民嗜食的美味，关中农村又称羊肉泡馍为"羊肉糊馍"。羊肉泡馍由来已久。苏东坡曾为官关中，而有"秦烹惟羊羹，陇馔有熊腊"的诗句。南北朝时，毛修之渡江，向北魏太武帝拓跋焘献羊羹，味绝美。由俘虏擢太官令，后官至尚书光禄大夫。

毛修之是烹羊羹的高手。羊羹就是泡馍的汤。至于羊羹和面食混合烹调，或起于谢讽的《食经》。《食经》有"细供没忽羊羹"一味，或即羊肉泡馍的最初形式。

唐宋以后，边疆民族陆续内迁，影响了当地人的生活习惯与烹调技术，养成了西北人欢喜吃牛羊的习惯。而且西安接近牧区，成为牛羊交易重要的集散市场，现在西安还有东羊市、西羊市的街名。牛羊肉泡馍是许多牛羊肉烹调技术中，比较普遍与方便的一种，因而成为流行的大众食品。清末西安城内大街桥梓口，首先出现了"天锡楼"，专卖牛羊肉泡馍，然后又有"一间楼""老孙"等十多家牛羊肉泡馍店。据说现在西安的"义祥楼""同盛祥""鼎兴春"几家牛羊肉泡馍店，也都是五六十年的老字号了。

牛羊肉泡馍最重要的是汤和肉，所以煮肉的技术特别讲究。一般先将牛羊骨架在锅中，大火烧煮两小时，然后下牛羊肉块，开锅后，改小火炖八小时，待肉烂汤浓，将肉捞出，置于肉案上，依顾客选择的部位，切配供应。至于与肉合烹的饦饦馍，制法与一般烧饼不同。以百分之九十的面粉与百分之十的发面掺揉，制成重约二两的馍坯，下鏊烘烤。这样烙制成的饦饦馍酥脆甘香，且入汤不散。

吃牛羊肉泡馍，一般习惯由顾客依自己的习惯掰馍，然后由侍者交厨下烹调，而且汤肉也照顾客喜好。据说泡馍店的伙计依顾客的吩咐，送到厨下，不论多少碗都不会上错。

不过，掰馍也有讲究，越小越好。陕西人所谓"碎如蜜蜂腌"，也就是掰得如蜂头大小，这样才入味。煮泡馍的诀窍在定汤，武火急煮，适时盛碗。牛羊肉泡馍附"单煮"外，还有口汤、干泡、水围城三种烹调方法。吃牛羊肉泡馍，不可用筷子来回搅动，切忌狼吞虎咽，最好从一边吃起，一点一点地蚕食，这样能始终保持鲜味不变。

台北早年在三军球场旁边的公园路，有家长安馆专卖牛羊肉泡馍。顶着朔风去看"七虎战大鹏"。先来碗热乎乎的牛羊肉泡馍，当时的确是非常温暖又豪华的享受。后来三军球场拆了，泡馍跟着歇业。隔了些时候，开泡馍馆股东之一的老徐，又在中华路开了一家。那时我在新庄兼课，每周一次，课罢回城，就来一碗。肉子选肥瘦，阔汤免粉丝，外加糖蒜一小碟。餐罢，再来高汤一碗，切羊肝数片配之，或吃泡馍之先，来一盘腊羊肉，佐以金门高粱两小盅，真是一种享受。

后来中华路的泡馍馆歇了业。过了不久，我路过西门町峨嵋街那条巷子，突然看到老徐木然地坐在那里，我凑过去，他说他分了人家一点门面，还是卖泡馍。在霓虹灯的闪耀下，老徐那张原来就很黑的大胖脸，显得更黯然了。我再经过那里时，没有再见到他，听说他已经故去了。

隔了些时间，南京东路上发现了一家泡馍店，是陕西馆散出来的伙计开的，兼卖水饺和其他面饭，但泡馍已非原汁原味了。所幸秦老板收容了一批泡馍店的师傅，在建国南路、仁爱路口另起炉灶，开了家泡馍店。使西北的乡亲还有机会吃到自己的乡俚佳味，我曾看到一位上了年纪的老先生，蹒跚入店，一人独坐，默默地连吃了两碟穰皮子，以慰乡心。来香港后，只要回台北，我总会到那里，来一碗宽汤大煮的泡馍。

前年冬天，我到台北，天冷，想吃碗泡馍暖暖身子。刚进店门，秦老板就说我来得刚好。再过两天他就要歇店了。我问为什么。他说他已经七十岁了，灶上的师傅有的八十好几，拖不动了。于是我点了一大碟腊羊肉、一小瓶高粱酒，和着热腾腾的泡馍，慢慢酌饮着。吃罢，已是收店时分，临走我又买了一瓶糖蒜，那是他们用自己酿的醋腌泡的。

我抱着那瓶糖蒜踉跄出门，迎面的是一阵冷冽的风，廊外正下着淅沥的雨，台北的冬天就是那么恼人！

石碇买茶

偶然的机会，我到石碇去了一次。

石碇是台北县山谷中的小地方。出台北，经深坑、土库，有条依山傍溪的公路直通到这里。公路很窄，探头车窗外，可以听到崖下淙淙奔流的溪水声。湛蓝的涧水，伴着对岸葱绿的山峦，虽然在阴雨蒙蒙里，还是那么苍翠可喜。

石碇就坐落在这山溪的源头。一条不算街的小街，沿着溪流搭建着，的确是搭建的，因为临溪的房子都从溪底用石柱撑住。那条小街上家家的屋檐相连在一起，走在街上仿佛是走在人家屋里。有两座石桥贯串了涧溪两岸的人家。公路辟到桥边就终止了。后来知道在北宜公路还没有开通前，这里是台北盆地和兰阳平原货物的转运点；现在虽然繁华外移，显得有些苍老，所幸除了一些电视天线外，还没有受到太多二十世纪的污染，依旧保留着过去的古朴。而且在这个山重水复疑无路的地方，留下了这么个小村镇，颇有几分野趣。

跳下车来，仰观四周的山，俯视临流的溪，心想：有这样的青山绿水，定有好茶。尤其这一带又是包种茶的产区。

对于吃茶，我虽不能说上嗜好，但很固执。不知从什么时候开始，我爱上了这种包种青茶。这些年来一直没有改变。每逢离开台湾到外地去，总是先带一斤自用。喝得差不多的时候，再由家里寄去。也许因为这种茶还没有焙过，带有种自然的香味，喝起来苦里蕴着些微甘。泡起来茶叶碧青青的，茶水黄澄澄的，在观感上也是种享受。

最初，因为太太家住宜兰，我喝的是宜兰武荖坑的包种青茶。据说武荖坑的溪水是台湾最好的。后来她们家搬到台北，只有偶尔路过时买些，但慢慢觉得越喝越不对味。去年暑假，我再游横贯公路，归来时经苏花公路过宜兰，顺便参观北回铁路，看看"大约翰"挖山洞。途经武荖坑，才发现近年这里设了个水泥厂，山林溪水蒙上一层苍苍的白灰，已经无法再看清原来的山水，武荖坑的茶也随着变质了。

一度我住在新店。新店是产文山包种茶的地方。公路局的广场边有家自制自销的茶庄，老板大概四十岁，胖胖的，平时不大爱讲话，因为我常买他的茶，成了老主顾；后来搬了家，过了很久到新店，又去他家买了一斤茶叶，他像多年不见的老友，一把拉住我的手，谈个不休。新店的茶和这家茶庄的老板一样，很有味道。

这次到石碇，虽然我想这里会有好茶叶卖，但是在那条小街上来回走了几趟，却没有找到卖茶叶的。于是只好问一位路过的中年妇人，她笑着说："有啦！"把我带到一个小饮食店的楼上，她又匆匆下楼去了。这个小饮食店建在溪边，室内有三张八仙桌，每张桌子配着四条长凳子。这种陈设在城市里已不多见，我拣了个靠窗的一张坐定，窗外溪水潺潺，更有迷蒙的雨，觉得此情此景该有酒。就叫店里切了盘猪头肉，煮一碗豆腐汤，外加一瓶从隔壁杂货店买来的竹叶青，自酌自饮起来。

不一会，那中年妇人带了一位背着大布袋茶叶的老人上楼来。那老人把口袋放下，没说话就抓了一把，转头走到这屋子的一个角落里，打开搁在那里的煤气炉，又在旁边缸里盛了一壶水，烧煮起来，水很快就滚了。他又取了两个饭碗，走到我桌边，把手里拿的茶叶放在一只碗里，倒下滚开的水，把碗里浮起的泡沫倾倒在另一只碗里，然后再加水冲泡。最后他拿起汤匙，在碗里舀了一匙，自己品尝一下，点点头笑笑，把汤匙放在另一只清水的碗里，洗了洗交给我。他静静地站在那里，注视着我。我喝了一口，也点点头向他微笑。接着他对我愉快地大声笑起来。仿佛自己创造的杰作，已经引起别人共鸣那样愉快地笑着。

我请那位老人在对面坐下来，他用浓浊的乡土声调，向我解说他袋里茶叶制作的过程。顺便又向袋里抓了一把，送到我手里，让我放在嘴边轻轻地吹，然后再细细地闻，一阵淡淡的清香随着飘散开来。我笑着指着杯中绿里带黄的竹叶青，碗里的茶，说真香真香，这茶和酒一样香。说着说着，我为那老人酌上一盅酒，他一饮而尽，我又为他酌上一盅。我们喝着茶，饮着酒，他慢慢地向我叙说这里的旧时事，我竟忘了买茶，他也忘了卖茶，只像一双久别又逢的忘年朋友，不停地谈论着。再也不管窗外暮色已在溪水奔流声里升起，还有那山风吹斜的细雨。

牛肉面与其他

今天的台北，牛肉面已经成了大众食品了。不论大街小巷，只要有小面摊子，就可以吃到一碗价廉物美的牛肉面。目前流行的是川味的红烧牛肉面。

所谓川味的红烧牛肉面，是面店或面摊子，有一只专用的大铝锅，里面盛着已经烧好的红郁郁牛肉和汤，叫面时只要先吩咐一声轻红或重红，一会就端上来了，既方便又实惠，所以大家都欢喜吃。过去红烧牛肉面盛行的时候，整条桃源街尽是牛肉面大王，成了台北观光的一景。许多香港来的游客，虽然对上海菜有固执的成见，但桃源街的红烧牛肉面和青叶的地瓜粥，都是他们要品尝的异味之一。虽然在香港九龙的钻石山，过去也有家川味牛肉面店，但味道不地道。

一样的红烧牛肉面，却由于所选的材料不同，烧煮的方法不同，就有了不同的味道。桃源街的牛肉面，过去一度因为牛肉价偏高，有几家已兼卖其他的食品，只有一家大王苦撑过难关。不过，那里的牛肉面比较粗线条，碗大料粗油厚，倒是充饥的好处。如要细细品尝，当然要算仁爱路杭州南路口，"独一无二"的老张担担面。

招牌写的独一无二的老张担担面，的确有它独特的地方，选的牛肉都是上等的，绝无牛腩，汤醇厚而不腻，佐以泡菜与一小笼肥肠食之，其味绝佳。我欣赏的倒不是这个，而是不论这些年来转变多大，老张担担面都一直保持着原有的模样。一样的牛肉，一样的店面，一定的开堂时间。在四周高楼连云起甲，走进这家店除了吃面，还能使人发些微思古的幽情。

不像另外一家，在新生南路与信义路还没有拓宽的时候，在大安桥头搭了一间违建的竹棚，也是以"川味"号召，那时他家的牛肉面也是一等的，后来信义路打通了，他们起了高楼，味道不如前，汤里尽浮着些大料花椒，伙计的态度也坏到极点，我一个朋友曾在那里掀过桌子，而且自标身价，价钱也比别人贵。过去在大安桥我常吃他家的牛肉面，与老板有点头之交，我还赞过他的字写得好，现在却看着他手题的大招牌而却步了。

早期和老张担担面齐名的，还有上海路（现在的林森南路）上的唐矮子担担面。他家的牛肉面是我们穷学生的时代最大的享受。当时我在学校编杂志常跑印刷厂，印刷厂就在唐矮子店旁边，腰里有钱（有钱的时候不多）总会到他那里吃碗牛肉面或红油抄手。后来唐矮子去了美国，那里的牛肉面就江河日下了。前年唐矮子以侨领的身份回来，已而团团了。没有想到他回去不久便去世。现在车过那里，看着过去他店旁的那座木制古楼的飞檐，仍旧有气无力在现代市嚣里，残喘着伸向蓝天，真有点不胜沧桑之感。

　　提到卖牛肉面，就会想到我的一个诗人朋友，有次闲聊，他说他想开个牛肉面摊。我们还笑着说以他写诗的手一定下得出很有诗意的牛肉面来，当时我只以为是句玩笑话，没想到他竟剑及履及，说了没有多久，他就一个人跑到南势角，租了半间门面，真的卖起牛肉面来了。过了两三个月，我想起来该去看看他，吃碗他煮的牛肉面。坐了好几十块钱的出租车，找了半天才找到，竟关上了店门，门上贴了张招租的红条子。我想大概开砸了。

　　后来，再见到他，他说开面店不是容易的，面的软硬必须得适度，否则在碗里加了汤浮不起来，同样的面就显得比人家的少。不过他已从失败中得到经验，现在准备大干了，于是在永和桥旁找到门面，装饰一番后，就"风马牛"起来了。开张那天，诗人云集，共以牛肉面佐金门高粱，真是盛会，后来客人上座，他内外忙不过来，山东大个子诗人和我，还临时客串了一时的堂倌，我吆喝一声"红烧一碗"，他忙着在里面下面，大个诗人捧面恭恭敬敬送上桌。

　　诗人卖牛肉面，总有几分浪漫气氛，特别注意到情调，因此盛面的碗是精选的，很美。面里的青菜一定坚持用嫩豆苗。门口的玻璃柜里，悬着一大块十多斤的上等肉，而这块牛肉每天更换，为的是证明他决不用廉价的冷冻新西兰牛肉。最初一段时间他干得很有兴致，我每至永和总会弯到他那里，来碗牛肉面就大曲。后来他对这种不断重复的单调工作厌了，认为没有一点诗意，终于把店顶给人家了。他开张时，我送了个镜框给他，上写着："越是诗的，越是美的；越是现实的，越是美的。"现在想想，有时许多现实竟不能提炼成诗。

和川味牛肉面相连的，就是蹄花面。所以，凡是能吃到牛肉面的地方，必定能吃到蹄花面。因为蹄花也是红烧的一种，但不是每一家卖牛肉面的摊子，都可以吃到好的蹄花。因为蹄花必须经过一番处理的工夫，首先要将猪蹄甲上的毛仔细地钳去，通常一般卖蹄花面的，都是将猪蹄子上的毛用火烧去，这样不仅毛根留在皮下，而且被烧焦焦的，炖出来灰溜溜的，在观感上就不能引起人的兴趣。当然更重要的是不能把蹄筋抽去。谈到炖蹄花就不能不提"小而大"，"小而大"是位湖南太太开的。过去在松江路利用她家一角，开的一家小面店。她家的蹄花在上午十一时前后出锅，我是偶然地经过那里碰上的。色泽红润光明，盛在碗里微微颤抖，入口即化而且不油腻。以后我又去过几次，不是卖完，就逢假日停休。最后我还是吃到了，并且笑着对她们说，这个蹄花实在不便宜，我来回坐了一百多块钱的出租车。后来原址改建大楼，而迁到新生报楼下，那时的蹄花就比在松江路时差了些，因为不是现出锅的。现在新生报大楼又在改建，不知迁到哪里去了。据说老板娘不仅会炖蹄花，还能做一手好湖南菜。

能和"小而大"的蹄花相比的，就是老朱的麻辣蹄花。老朱的牛肉面附设在临沂街小白屋店里。小白屋原来只卖上海点心，现在多加了老朱的面摊，过去我常到那里吃点心，现在却改吃老朱的麻辣蹄花了。老朱原来是巷子里老邓牛肉面的伙计，现在分出来自己立门户。瘦瘦的没精打采的样子，但他拌的麻辣蹄花别有风味，我每次总会吃他一两个。

属于牛肉面范围的，还有牛杂面。过去永和那条大马路还没有拓宽的时候，道旁有家牛杂面。选的牛杂很精，多是牛胃部分，炖得很烂，广东煮法，颇有广东大排档的牛杂风味。后来路拓宽后不知搬到哪里去了。现在桥旁戏院对面有家卖牛杂面的，我去试过一次，和原来的那家已不可以道里计了。

红烧牛肉面属于四川口味，能和它分庭抗礼的，只有属于山东系统的清炖牛肉面。过去重庆南路附近的骑楼没有打通时，这一带很多清炖牛肉面的面摊，这些摊子有两个锅子，一个锅下面，一个锅里煮的是整块的牛肉。锅里浮着黄黄的一层。面下妥了，从锅里捞出整块牛肉现切。我特别喜爱怀宁街老金的那个摊子。老金是个回族人，矮胖胖的，脸上的胡子老修不干净。站在他摊子上悬着清真的小红纸灯笼背后，每当面起锅里时，一阵热气上升，在那丛水雾里，他团团缀满笑容的脸，眼睛挤成一条缝，亲切地问："肥瘦？"就从锅里捞起一块热腾腾的牛肉，利落地切成小薄片排在面上，然后再从锅里打匙油浇在面上。我每次上街总会到他那里叫一碗，边吃边聊几句。闲话家常，的确是一种享受。后来路打通了，许多的牛肉面摊子，都迁入店面，卖的东西也杂了，已失去往日的情趣。老金也不知搬到哪里去了，我每次经过怀宁街，都向过去老金摆摊子的地方望望，心里有失落的茫然。

大学生的吃

最近相关部门的先生们出巡采访民瘼。在成功岭上，访问了大专受训的学生，发现这些未来的青年才俊，竟因营养不良引起各种不同的疾病。当然这不是因为军中伙食太差。冰冻三尺非一日之寒，这些肠胃的慢性病，都是积年累月形成的。追究形成的原因，可能是这些天之骄子在大学求学时代，没有吸收足够的热量所造成的严重后果。

不过，大学生吸收不到足够的热量，当然不是从今日始。余生也晚，没有赶上艰苦抗战时，大学生吸收热量的时代。但据我的记忆，在我念大学时吸收的热量就不多。那个时候，整个社会还停滞在追求温饱里，大家都穷，能像牛吃草一样把肚子填满，已经心满意足了，谁还有工夫计算营养与热量呢。

记得那时候我们的伙食费，一日三餐包括在内，每月是六十块钱。那时的六十块钱值现在多少，我算不清楚。不过从和生活很密切的新乐园与公车票核算，六十块钱最初可以买二十四包新乐园，或一百二十张公车票。所以，这样的伙食是谈不上什么营养和热量的。

那时每天的菜单大致是这样的，早餐是稀饭和一小盆粒可数的油炸花生米，的确可数，因为一盆不会超过二十粒。领了花生米端着去盛稀饭时，花生米在铝制的盆子里四处摇散，就像被刚撞散的弹子，在绿绒垫子上四处分散。中午和晚上倒是吃的干饭，有两种常吃的菜不知是谁的食谱。一种是绿豆芽加几条韭菜，外加几根油豆腐条。另一味菜是高丽菜煮味噌，还烩了几颗软得发涨的鱼丸。每餐是一菜一汤，汤就在菜里，不必另外盛碗。

　　煮菜的方法也很特别，先起油锅，就是将几铝碗油倾在锅里滚沸，然后将沸油取出，再将菜倒在锅里煮，菜煮熟了，将沸油淋在菜上一拌，出锅。所以菜汤的表面漂着一层很厚的油，可是菜里却没有油。我住的宿舍是两幢连在一起，两个宿舍共一个伙房，少说也有四五百人，每餐炒菜的油只有六七铝碗，所以每当开饭时，大家都争着先排队，这样可以多捞一点油水。如果伙委的预算控制好，月底就有加菜的机会。所谓加菜也不过是块肥肉罢了。我很佩服伙房大师傅的刀法，切得那么薄，只比现在用的涮牛肉稍厚一点。煮熟的肉玲珑透亮，如果夹着不吃，在灯光下煞是好看。餐厅里也有卖煎蛋的，一块钱一个，现吃现煎，能有余钱买个煎蛋，除了算是牙祭，还能满足自己小小的优越感。因为四周的同学都在低头努力加餐，你却立在油烟滚滚的灶旁，等待一个即将出锅的煎蛋，那份穷人乍富的骄傲是旁的地方找不到的。

　　每天餐后，几次厕所一跑就饿了。所以不论在教室上课，或躺在床上看上铺的床板，心里想到的全是吃。虽然满脑子转的都是吃，但那种吃，也不过是想等有了钱了，到门口吃碗牛肉面，或者在宿舍旁的那个小露店里，来盆米粉炒，再切点卤猪头肉，外加一杯太白酒，已是非常豪华的享受了。

　　那时的大学生除了极少数的富豪子弟，大部分的同学都是这样挺过了。有些身体底子比较差的，熬不住就得了病。学校为了照顾这些贫病的学生，特别设立了临时第五宿舍。搬进这个宿舍的人，可以加特别营养。所谓特别营养者也，也不过是几磅脱脂奶粉而已。现在有些才俊都是在那里泡过病号的。如果那时相关部门的先生下来巡视，将会发现有更多的将来栋梁，个个面有菜色，很多人患有营养不良症。

　　这二十多年来，经济繁荣了，人民的生活水平也普遍提高，大家除了温饱，还注意到营养。不过不论社会经济怎样发展与繁荣，作为社会一分子的大学生，却是个不事生产的消费者。他们的生活费用多取自家中，所以学生用的钱是有最低消费额的。因此，不论经济怎样繁荣，学生的生活水平，总是比社会大众的消费水平低一等。这也是古今中外，把学生列于穷户之内，称为穷学生的原因。

　　但学生虽穷，因为他们都在金色的成长年代，所以，大家都喜欢吃，既穷却又好吃，我无以名之，只好称之为"穷吃"了，没有谁比大学生更会欣赏吃的情趣了。他们什么都吃，而且什么都吃得津津有味，一只烤白薯，一杯龙眼茶都够他们享受半天的。因此，台大的学生吃出了一个大学口，师大学生吃盛了半条龙泉街。士林是各路人马的中途站，四方杂处，把那条小街里的市场吃得热热闹闹。淡江的学生把淡水妈祖庙前的牛肉摊吃出了名。有灯的地方就有路，有大学生的地方就有吃。如果有大学生的地方，连个卖馄饨面的摊子都没有，那个地方是座庙，不是个大学。

因为自己好吃，自且对于吃不甚分品级，只要有得吃总是欣欣然而往，每至一处，总选一二味品尝，像大学口的鸭肠粉，龙泉街的烤鸡腿，士林市场里的蚵仔面线，淡水妈祖庙前的牛杂面，都别有风味。一般说来，这些地方物虽不美，价却廉，如果省点吃，十多块钱就可以吃饱了。同时，在这里吃另有一种情趣，不必拘礼，招手即来，吃罢抹嘴就走，尤其对于终日站在讲台上面对学生的我来说，终于有了个与学生排排坐的机会。仿佛又回到儿时捡贝壳的沙滩，有寻回失去旧梦的欢欣。

供应大学生的吃，必须有几个条件，那就是快、多、廉。所谓快，就是在中午放学的时候，他们蜂拥而至，像一群饥饿的蝗虫，有什么立等可食的就吃，所以，在学校附近的一些面店为了时效，事先把碗里的作料配好，堆在那里，只要面自锅中捞起就可吃了。至于多，也就是量多，青年人的食量大，一盘扬州炒饭，一碗中碗的阳春面，是不能填饱肚子的。炒饭得外加白饭一碗，阳春面必须加大才勉强过去。不过，只是快与多而价钱不便宜，大学生还是要考虑的。学校附近的饮食店深深了解学生的心理，尽量维持快、多、廉的标准，不过要维持这种标准，物就不会太美了，好在大学生的胃纳比较强，除了石头外，什么都可以消化，对食物的好坏很少挑剔的。所以店主与顾客之间，相处得还算融洽，我很少听到他们对这些吃发生抱怨。只是他们对于学校对门有一家墙挂他们自己养牛照片的咖啡馆，一杯咖啡竟要二十多块，比某些大饭店的价钱还贵，同学们就有被剥削的怨言了。

吃是中国人的文化，大学生的穷吃却另有情趣。大学生平日自成一个阶层，只有在他们吃的时候，才真正体会到一粥一饭的来之不易，和他们生活的现实社会更接近了。

宴罢归来梗在喉

从铺着软软地毯的明亮大厅走出来，我已微醺。刚刚在灯光下，不停地举起杯子，向来敬酒的同学不断说一些祝福的话，我很难感觉到我脸上浮动的微笑，究竟表现了些什么。

每年到这时候，该毕业的同学都得忙一阵子，除了要应付各种不同形式的考试，想想自己离此而去后各种不同的出路，还得有一次例行的"谢师宴"。所谓"谢师宴"也者，就是同学在离开学校之前，为了表达对在校教师的些微的谢意和歉意，而举行的一种罗汉请观音的聚会。

所谓谢意，就是过去四年里，教书的先生不避风雨和寒暑，每个星期都得赶到教室，在黑板前面挂几小时，为他们撑场面，这样才能使他们顺利完成大学的课程，戴上方帽子。不论时代多进步，如果没有挂在黑板前面的教书的，学校就不能成其为学校了，没有学校哪里还有学生毕业呢？磨了四年的黑板，说了四年寂寞的独白，总算把他们送出校门了，没有功劳也有苦劳，聊备一杯水酒，表示一些谢意也是应该的。

至于歉意，那是说把上课证交了以后，就四方云游去也，除了参加期末考试，再也不进这个教室。当然大学生逃学也是"天经地义"的事，课堂怎么还能获得知识，教书的先生不过是在这里混饭吃，选了他的课就算瞧得起他了，还要去上课，岂不是笑话。上课的确是笑话，因为现在科学进步，他一个学期讲的课，三五分钟就影印出来了。万一到考试时来不及看一遍，就在考试时做偷米吃的老鼠，在抽屉里窸窸窣窣地翻笔记本，照样可以过关。不过，人总是人，当更深人静，夜半梦回，扪心自问，可能出现一丝对自己对人的歉意，就凭这一点也该请被自己骗了一年半载的老师吃一顿了。

但在我来说，这些谢意和歉意都是不必的。因为现在时代变了，在这个一切都讲求实质的社会里，"尊师重道"似乎已经是非常落伍的名词。师一年只尊一次就可以了，那就是在夫子诞辰的时候，大人先生们说几句百年树人的重要性，为人师如何清如何高。再表扬几个有耐心，在黑板上挂了几十年竟没有宣布弃权的好为人师者，已经足够了。至于其他时间师不师的都没有关系。所以我这几年来，尤其最近几年来，两鬓渐飞霜，已自觉无法跟上变动的环境，因此常常在想师生之间的关系问题。

直到有一天，我突然想通了，心里也就坦然了。我觉得今天师生是一种契约关系，虽然没有经双方签字立据，这种关系还是存在的。因为学生缴费入学，我们领薪水上课，虽然这份薪水百分之九十九来自纳税人，而非出自学生。但在学生心目中是缴学费上学的，正像我们教书的必须担任导师，导一个学生有六十块钱导师费，如果这六十块钱不花在他们身上，他们嘴里不说心里却想我们克扣了他们六十块粮饷一样。因此，他们有来上课的自由，当然更有不来上课的权利。至于我们教书的，只要他来就不能拒绝，也没有选择的余地。我们的关系一直维持到把分数单送到教务处，然后就恩尽义绝，你走你的阳关道，我走我的独木桥，各不相干了。万一不幸将来狭路相逢，不是把头转过去，就是装得不曾相识，漠然视之。就像我在这个学校教书，教得最多的时候每学期有六七百人，四年累积起来，也可称得桃李满校园了。但我漫步校园之中，仍然像走在沙漠里一样冷清，偶尔遇到似曾相识的，目光匆匆一接就别过头去，然后就听着一阵窃窃私语。我再转过头去，看见他们正指指点点，好像在说这就是某某，的确是非常尴尬的场面。

因此，我常常想这种情况是怎样造成的。有时会转过头来分析自己，也许自己真的是在这里误人子弟，但从侧面打听，我教书的口碑还算不错，至少还没有达到"匠"的阶段。而且我也很诚实，知之为知之，从未强不知为知的。因此，我没有板权威的面孔，你想，面对一群自己的衣食父母，又怎么能摆起权威的架势呢？除了偶尔忍不住发一顿暴风雨的脾气，但很快就雨过天晴了。所以，在课堂上只要没人惹，我还是称得上和善的。只是我不能降格以求曲意奉迎而已。

那么，为什么这样冷漠呢？也许真的是年头变了，难道在一切只注重实质，一切都以经济衡量的社会里，教育也变成了一种商业行为吗？如果教育真的变成了商业行为，传道、授业与解惑的神圣尊严，当然会随风而去。于是什么师恩深似海，就变成了非常遥远的事了。对于这一切转变，虽然我不是一个太保守的人，却也感到惘然。尤其在每一学年最后一堂课结束的时候，看着同学淡淡然步出教室，就像平常放学回家吃饭一样平常。我呆站一会，然后缓缓随在他们后面走出教室，那种茫然若失的感觉就油然而生。但我恨我自己，为什么不能像他们一样，相拥谈笑而去，人生本来就是这码子事，又何必太认真呢？

虽然，这年头的师生之谊，已经变得如此，但每年我还是等待这一年一度的盛会。因为只有在那短暂的时间里，他们会暂时想起被冷落已久的我们，我们也只有在这时才能肯定自己的存在，也只有在这刹那间捡回失去的尊严。所以，每逢此宴，我都欣欣然作装，不待同学来接，便径自前往。

但这顿饭的确得来不易，一匙沙拉还没有入口，就听见社会上的舆论啧有烦言了，认为我们硬逼着学生请一顿。因此，这顿饭我们食之未必觉其味甚"甘"，而大部分学生，则认为一大"苦"事。如果把这句话引申一下，那就是我们教书的为了这一顿口腹之快，把自己的快乐建筑在别人的痛苦上。因为既称为"宴"，虽然"自助"，也必须花钱。即使罗汉请观音，每一个学生平均总得花两三百块钱。这样会使学生看罢电影喝杯咖啡之外，又多了一笔实属无谓的额外开销，确实是笔很沉重的负荷。我说沉重的负荷是有原因的，我的一位同事对我说，他从来不参加谢师宴，因为一次他走进教室，同学们正在讨论谢师宴的事，看到黑板上写着谢师宴用费二百五十元，却听到下面有些同学说好贵。他想辛辛苦苦教了四年，竟还不值二百五十块钱，的确有被污辱的感觉。为了不增加同学额外的负担，从此他谢绝任何的谢师宴会。

因此，现在的谢师宴对老师和同学来说，都是一件苦事。尤其我们这些教书的，为了吃这一顿既要同学破费，又被社会舆论认为浪费，难道能不有惭愧之情和严重的罪恶感吗？每每想到这里，不觉汗颜，胃里就会一阵翻腾，刚到口的那点生菜沙拉，吐也吐不出，咽又咽不下，梗在那里，的确是非常痛苦的。

所以，我不仅赞成这几年许多大人先生大声疾呼，要大力改革所谓的谢师宴，要以茶当酒。其实这几年在他们大力倡导节约的原则下，已经有了很大的改进。现代已从圆桌改为长桌，从堂倌送菜改为自助，从中式的筷子改为西式的刀叉，已用可乐果汁代替绍兴。从这方面看来，我们的社会的确已经向现代化突破了。只是在现代化的过程中，适应转变的新价值标准一时还建立不起来，而原来旧传统的人情味却已消逝，谢师宴却是表现旧传统人情味的东西。虽然我是一个比较恋旧的人，但在时代的狂涛冲击下，也会渐渐醒觉，所以我不仅赞成改革谢师宴，甚至还想超越，更进一步废除这个不切合实际的谢师宴。

万一觉得这个旧包袱一时还不能丢掉，那么不妨改变一下，将谢师宴改变成师生联欢会。我们教书的虽然穷酸，但也愿意出我们自己的那一份，自己吃自己，成为真正的"自助"。这样既不会增加学生额外的负担，也不会遭受社会舆论的非议了，我们也可以吃得心安理得，达到真正师生共同娱乐自己的目的。

事实上，今天的谢师宴，谢的成分少，娱乐自己的成分多。君不见，每逢谢师宴开，观光饭店红毯铺地大厅里，我们的女同学云鬟高耸，长裙拖地，个个婀娜多姿；我们的男同学，西装革履，头光面润，个个玉树临风。他们才是宴会的主角，我们只是敬陪末坐而已。静静地坐在那里，等待唱名当番，其中甘苦，绝非说我们穷教书匠好吃嘴馋的大人先生们，所能体会的，所以借此一吐。

宴罢，走出那层自动的玻璃门，一阵热风扑面而来，看路上车水马龙，霓虹灯燃烧的夜空一片蒙蒙。突然想起二十年前，那个骤雨洗尽的夜空，一轮明月破云而出，那一夜我醉了。我的醉掺杂着四年虚掷光阴的悔恨，面对着那些坐在圆桌另一端的白发传道人，真想放声痛哭。我想那该是我四年里从他们含笑的目光里，真正寻找到自己的一刹！同时才感觉到四年来我们竟离得那么近。

吃的怀想

我离开台北三年，时间不算长。其间又常常回来，虽来去匆匆，总忘不了吃。说也奇怪，过去在台北，也会想到吃，欲望却没有那么强烈。一旦离开，对那些原本熟悉，在外地又吃不到的东西，就有魂牵梦萦的记挂。

我有位乡长辈，夫妇双双到美国去看儿抱孙，初至之时倒也新鲜，稍过时日，儿子媳妇上班，孙子上学，家里剩下二老，相对看、相对谈。他们谈的想的都是台北的事物，先是台北的人，亲戚朋友，故交近邻一一数完，然后是菜市场卖的菜色和一些小吃，后来想着想着，两老竟默然对泣数行下，本来准备在那里住个一年半载，但没有熬到两个月，就回来了。

我非常能体会他们二老的心情，我在外地的时候，尤其午觉醒来，眼翻看天花板，所想的就是台北的吃，款款样样，走马灯似的转来转去，于是揭被奋然而起，然后却废然坐在床沿，因为自己想吃的竟都不在身边。我好吃，但不是一掷万金的豪吃，这几年在香江，的确也吃过不少山珍美馐，但也不过尔尔，实不见奇。因为，我所好的是小吃，尤其是小吃的情趣和浓郁的人情味。

　　每次回到台北，清晨起来，所想到的早点，当然是豆浆和烧饼油条。虽然，我住的九龙地区，也有几家"上海佬"卖豆浆的。豆浆淡而无味，尤其咸豆浆上面浮着几片油条屑，温而不滚，使人难以动匙，更别提烧饼油条了。油酥烧饼根本不会打，油条也炸得灰头灰脸，歪歪扭扭的，看了反吃兴缺缺，怎叫人不怀念台北。所以，回台北，豆浆一味是少不了的。不过，提起喝豆浆，也使人伤感，这几年高楼大厦连云起，竟把我们山东老乡所坚持的行业，挤得无立锥之地了。往往可能坐百多块钱的出租车，为的是喝碗清浆和吃一套热的烧饼油条，而喝的豆浆竟是"观光"的。豆浆也"观光"，还有什么情趣可言。

　　想当年，台大傅园前面，那排违章建筑，有商店、修表的、补鞋的、卖估衣的，穷学生所需，一应俱全。其中有家豆浆店，是几位山东老哥们开的，数十年如一日，热腾腾的豆浆锅，滚沸的油条锅，刚出锅的油条，刚起炉的烧饼伴着碗里冒着热腾腾的豆浆，再加上老板拖着唱莲花落的山东腔，吆喝着放糖的，放酱油的，放辣油打开的……高低阴阳起伏有序，即使再寒冷的早晨，也变得温暖如春了。

　　后来，毕业离校，在前线岛上服役，尤其寒风冷冽的早晨，把手放入冰凉的冷水，准备掬一把水洗脸时，就会想起那热腾腾的豆浆锅和那老板的吆喝。最后，这排违建终于逃不了拆除的命运，现在傅园前面已经清洁溜溜了，但我每次漫步在那红砖地上，总会兴起如烟似梦的感叹，端的是往事只能回味了。

的确，往事只能回味了。回来这几个月，每逢上街都东张西望地看街道两旁的招牌，寻找过去所结识的卖吃的朋友。他们不是饮食界的大亨，只是市井卖浆者流，由于我好吃，常到他们那里吃，久而久之，结成了朋友，像三年前，我离开台北时，卖炒肝的沙老板，提了他亲手烙制，刚出炉的酱肉烧饼，匆匆赶到松山机场，说："这烧饼留着您上路吃。"我听了"上路"二字，心头一热。港台之间，一箭之遥，还来不及吃完空中小姐送来的餐盘，就到了。他却用了"上路"二字，那已是很遥远的名词了。刹那间我便有了离情别绪，真的是何事合成愁，离人心上秋了。

吃，的确可以吃出感情来的，只是这几年台北繁华多了，吃也跟着升级，有新的大厦出现，楼下总少不了什么楼或园的酒楼餐厅，家家装饰堂皇，个个美目盼兮。一个楼或园可能分成三四处，也不知东西南北了。有次我在一家颇具规模的江浙馆子，和几位朋友小酌，承"主任"的情，主动为我配几个菜。连上三菜，道道有辣。其中竟有赵主委辣椒一味，我真不知当时自己是泛舟于太湖，还是置身烟波渺渺的洞庭。怎不使人废箸而叹！因此，我怀念过去那种独孤一味的小馆子、小摊子的野趣和人情味。可是这种小馆子、小摊子，在社会迅速转变的今天，渐渐变成北门的城门楼，已是历史的陈迹了，思之怅然。

回来后，不断访问吃的故旧，故旧多已星散。于是，我只有大街小巷找寻，有次乘车经过一条偏僻的街道，突然发现一块老朱担担面的小招牌。太太在旁说可能是他。因为我对他拌的麻辣蹄花，甚为偏好，曾去他原来工作的地方几次，店主说他已他去。次日冒雨前往，站在店外朝内望，店面狭小又是违建，只摆了三几张桌子，我走过去喊了声正在灶上忙着的老朱，他见了我一怔，然后握着我的手，眼圈微红半天说不出话来。他没等我说话，转过身去从锅里拣了几个蹄花，拌将起来。然后，他说他刚开张没有几天。我问他附近卖卤菜的老张哪里去了。他说听说已经进了养老院。

前些日子，路经仁爱路，想到在路旁推车子卖符离集烧鸡的老傅，不知还在那里不。于是，弯过去看看他，他正低着头为客人切卤菜，等他忙完了，我拍了他的肩膀，他转过头来看到我笑着说："天呀，你什么时候回来的？"于是，他放下生意，端了张椅子让我坐定，他蹲在地上说起家常来了。正是黄昏下班的时候，路上行人匆匆往来，我们却在那里悠闲地谈笑，一似一对久别的老友，相遇在秋收后乡村的道路上，在树下，悠然闲话桑麻。

在这种匆忙的日子里，我们对于旧时的生活情趣，已经失去了太多。当然也包括吃的在内。昨天在西门町吃罢一碗红糟羊肉面线，太太见我兴犹未尽，就笑着对我说，好久没去龙山寺了，到庙前走走如何。于是漫步前往，到了那里，我直奔鼎边趖的摊子，没想到店面虽在，却改成卖烧酒虾了。

在四周的喧杂声里，我呆呆地站在那里，看一个小伙计正在玻璃柜里捞虾，我真想不透为什么大家都一窝蜂地卖烧酒虾，后来看着那小伙计把捞起的虾，放入旁边炉子上沸水小锅里，然后再倒入许多米酒，又点着一根火柴将浮在上面的米酒燃着，在蓝色的火苗跃动里，刹那间活蹦的虾就变红了，立即倾出上桌，真是又快又省事的吃法。

在一切都讲速度的今天，人对于吃，越来越没有耐性，也越单纯了。吃必须讲速度，于是有了太多快餐的东西，我想说不定有一天，家里买了只鸡，等不及下锅，就抓起只生鸡腿啃起来了，管它什么滋味，什么情趣。

台北卤菜的遐思

　　这次太太从台北来香港，行前一天晚上，长途电话告诉我，已买干火烧四十个，那是我准备牛肉煮馍用的，湖南腊肉三斤，蜜汁火腿两个。至于"不一样"的馒头，因为箱子容量有限恐怕无法带了，最后，她又问我还要什么，我想了想说，你去仁爱路老傅那里，再带两只符离集的烧鸡来。第二天太太带了一箱"给养"上飞机，台北和香港的海关检查时都笑了。

　　亲不亲，故园情，台北不是我的故乡又是我的故乡。在一个地方住久了，不是故乡也变成了故乡，对那里一草一木都非常熟稔。一旦离开，不论暂时或者长久，都会有一种说不出的依恋和怀念。尤其这几年我在台北东南西北地吃，现在暂时离开台北，来到这"吃在广州"的香港。的确，这里什么都有，就是不对胃口。就像我们初来时，下处还没有找妥，在旅馆住了快一个月，四处散吃，太太说，汤汤水水的没有满足感，也不知吃饱了没有。后来找到一家小北方馆，来了一盘辣椒炒肉丝和白菜砂锅，吃烤馒头，太太这才算吃对路，虽然吃对路只是貌似而已。因为此地人对于吃是很固执的，除了粤菜和饮茶外，一切外地菜都称京菜。昨天我买了一本此地出版的《饮食杂志》，竟将划水等列于京菜，还亏得编者是吃的行家呢。这也不算什么稀奇，他们把外地菜统称为京菜，把非鬼佬（洋人）的外地人统称为上海人，一切都单纯化了。因此，菜的味道也单纯化，一切菜都有粤菜味。别的不说，单拿卤菜一味，即使在北方馆子里来一碟酱牛肉，也有叉烧的味道。

说起这里烧烤，满街都是，上到高级的酒家茶楼，下到菜市场摆摊子的，有整只的烧猪和小乳猪、烧鸭、叉烧肉等，挂得琳琅满目。不过味道都甜甜的，吃多就腻了。但其中我对烤乳猪较有偏好，上茶楼饮茶，总会叫碗乳猪饭，吃了很多家，认为新界粉岭"阿郭"家的和香港一家最老的茶楼"陆羽茶室"的最好。我所以吃，因为台北的乳猪既贵又不好。除此之外，其他的我都很少品尝。

在这里除了卖叉烧的卤味店外，专卖其他非广东的卤味店并不多，来此半年，只在九龙发现两家，一家在尖沙咀的梳利士巴里道，是条死胡同，有许多营业到深夜三四点的吃食店。其中有家"南迦"，是上海人开的，有卤牛肉和猪头肉、肫肝等，还有点台北的味道可以解馋。讲到卤牛肉还是金马伦道由一条小通道到后巷，有家河南人开的清真馅饼店。这个店既无招牌又无店面，一间屋子有厨灶和几张桌子，而且必须踏过几个化粪池的铁板才能进屋，是画家刘国松兄指点给我的。说这里的酸辣汤和馅饼奇佳，我试过后觉得也不见奇，馅饼无法与台北老傅家的相提并论。至于酸辣汤，台北街上有的是，并不见有何独特处，比起这里其他的店里卖的，已经算是上品了，而且有乡土风味，在此不可多得。他家的卤牛肉、牛肚和牛筋都非常好，甚至在台北也吃不到，可助小酌。有外地朋友过此，我总请他们来此畅饮，不久前，李克曼（西蒙·莱斯）到巴黎讲学回澳洲，路经此地，我就请他到这里吃卤牛肉，喝金门高粱，二人对酌共话，不觉微醺。前些时，《人间》主编信疆老弟来港，我们从台北来的一伙，还有蔡思果，就在此公"宴"他，最近又在九龙城的贾炳达道，发现一家叫"远记"的潮州卤味店，专卖卤水鹅和卤猪脚——这里叫猪手。味道很不错，别有风味。

不过，这些和台北的卤菜相比，是不可以道里计的。台北的卤菜不仅种类繁多，而且味道也各个不同，现在隔海想起，岂仅鲈脍之思"咁简单"？

先说鸭，在台北的南京咸水鸭，已经是大家很普遍的吃食了。而且也有许多正记的南京咸水鸭，过去信义路没拓宽以前，这里集中好几家板鸭店，后来门面开大了，别的地方也设了分号，也分不清到底哪家是真正的正记了。不过，我还是以为和平西路罗斯福路的李嘉兴的咸水鸭，像真正的南京咸水鸭。老板是地道的南京人，有点歪脖。二十多年门面不改，只是因打通和平西路，搬了家，把地方搬小了，但生意依旧，我最初搬到台北来，就住在古亭市场的一家阁楼上，总喜欢下午三四点去买，那时鸭子刚出锅，我还提着罐子去打些鸭汤，回来下面吃。他家的咸水鸭肥而不腻，而咸得可以上口，而且很嫩，可以和屏东的侯家鸭南北相比美。不过如今吃侯家鸭也不必远赴高屏地区，台北也有卖的。在敦化北路良士大厦旁边的巷子里，有一家卖水饺的小店，代售屏东的侯家鸭，每日由屏东空运台北，只是不定时，我去了几次才买到，买一只咸水鸭还附一包鸭油，可以蘸着吃，很香。

除咸水鸭，这几年广东的烧鸭也很风行，自从刘家鸭庄做开后，许多的鸭庄应运而生。但我还是喜欢和平东路成功新村那家广东小饭店的烧鸭，每天上午十一时下午四时出炉，买只趁热回家吃，皮还是脆的。鸭子肥大而价钱便宜，每逢年节必须先几天去订，后来台大门前也开了一家鸭庄，烤的烧鸭很不错，凡烧鸭店都附卖鸭肠，买了回家以蒜和辣椒回锅，香脆可口。鸭肠，闽南语谓之下水，新声戏院旁老天禄卖的卤肫肝，个大，卤得透却又不老，我过此，常买一只边走边吃，西门圆环西瓜大王旁一家卤菜店，有卤鸭舌头，是下酒的佳肴。

西门町武昌街口，鸭肉扁的鸭子，又是另一种风味，很嫩很香也很肥，个头很大，在门口堆了一筐，我总怀疑那是鹅，哪有那么大的鸭子。此地生意非常好，来碗鸭汤米粉的盘切鸭，坐在里面一面咀嚼，一面欣赏过往拥挤又匆忙的行人，只要片刻，也是一种消闲的享受。台大校门口夜市也有这么一家，不过，倒是用的真鸭子，味道不错。这一系统的鸭子，特色是卤后又熏过，有烟味，妙就妙在这种烟味上。这种鸭子最好的当数万华龙山市场的"鸭肉荣"，据说父子世传其业已经两代了，他们卖的鸭是去骨的，在东南亚颇有名气，很多华侨买鸭带回侨居地，赠送亲友。

再谈鸡，最普遍的是烤鸡。所谓烤鸡就是放在烤炉里，用叉子叉一串翻滚烤成。这是种洋吃法，不过到了中国人手里就稍加变通而中国味了。其中以和平东路口的"快吾颐"变得最好，在鸡腹内加一把葱，因为烤鸡用的全是洋鸡，加葱可以去腥出香味。"快吾颐"是个专卖卤菜的小店，是福州人开的，其他卤菜的味道也很好，可惜和平东路拓宽后，便搬到和平西路口，现在不做了。

烤鸡是大众化的食品，另外还有北京熏鸡，就比较贵族化了。最初卖北京熏鸡的，只有信义路的逸华斋一处，质味俱佳，价钱也很豪华。后来在附近又开了一家御厨，价钱比较便宜的，因为房子改建，现在迁到南昌街，附设小吃部，他家的熏蛋也不错。去年忠孝东路又开了一家，大概叫"仿逸斋"吧，据说是逸华斋的伙计分出来的。

这几年烧鸡非常流行。但烧鸡的做法因地区不同，而有道口、唐山、符离集的烧鸡。河南道口的烧鸡在台北比较普遍，各家卖的大多是道口烧鸡。不过，以永和一家影院对面巷子里那家味最佳。唐山烧鸡在新声戏院对面的中华商场二楼，有间小门面，老夫妇二人卖水饺面条，兼卖唐山烧鸡，但时有时无不常做。至于符离集烧鸡，就是常宣传的"帝王鸡"。符离集是津浦在线安徽境的一个小镇，车一靠站就有很多人兜卖，乘客多会买一只在车上撕着吃。我小时候跟家人乘车抵此，总吵着要吃烧鸡。后来忠孝东路开了一家专以符离集烧鸡为名的店，我欣欣然前往，老板年纪很轻，我还参观了他楼上的制作房，后来也许价钱太贵，生意没有打开，又搬了家，还是在忠孝东路上。不过，我还是喜欢在仁爱路屋檐下推脚踏车卖卤菜的老傅的符离集烧鸡。老傅原来是推脚踏车各处流动的。如今固定在屋檐下，身后就是一家规模颇大的卤味店。他在这里驻足而且生意不错，的确不容易了。他常笑着说各卖各的，不碍事。他是地道皖北人，他的烧鸡的确有符离集的味道，我则无长才，唯对吃这一道，只要味道好，吃过一次后，事隔多年仍记忆犹新，所以我还能记得那种味道。因此，我成了老傅的常客。老傅也兼卖其他卤菜，酱牛肉也别有风味。

提起酱牛肉台北满街都是，可惜味道好的并不多。老傅的酱牛肉之外，成功新村门口有个卤菜摊子，是老张开的。每天下午上市，有次我路过那里切了点卤菜，他生意不忙，于是便和他攀谈起来。他说这里卤菜怎么样也比不上家乡的。因为没有好卤，酱油都是化学的，哪能卤出好卤菜。我听他说话的口音和神态，仿佛是旧相识。再继续谈下去，原来他过去是刘伯母家的厨子。当年我们初到嘉义，刘伯伯就被掳殉难，他们一家也辗转到了嘉义。记得有次家里请客，借他来掌厨，他做了一道干鱿鱼炖鸡，味至鲜美，后来我也做过，怎么也炖不出他那种味道来。没有想到事隔二十多年，又在这里碰见，真是人生何处不相逢。他的牛肉卤好，牛盘肠则更佳。许多北方小店里卖的牛盘肠，处理得不干净，老张的牛盘肠没有这个缺点。另外，信义路卖馅饼的老傅家，也兼卖几样卤菜，他家的酱牛肉和酱口条也很好。过去，天兴居在忠孝东路初开时，他家主要卖炒肝和卤煮小肠。所以他卖的白卤和白切羊肉都是台北少有的。白卤有牛肉、肚、口条。后来搬到中山北路后，沙老板为应付生意不能亲自主理，就不如从前了。我上次回去，听说天兴居因经营"不善"而关了门，实在可惜。衡阳路的鸿达是川菜小馆，他家红油牛蹄冻也是别家吃不到的。

咸猪脚也可以算一道卤味，最初是由临沂街"吃客"的王老先生卖出来的，热吃冷切，下酒佐餐俱佳。后来他家的一个伙计，到和平东路的"梅花湖"，于是梅花湖也卖咸猪脚，离我家很近，常买回来吃。后来梅花湖关了门，就很少吃了。咸猪脚不如屏东万峦的猪脚出名，我记得第一次吃万峦猪脚是在高雄，因为在南部一串讲演后，夜宿澄清湖，澄清湖的湖光月色的确很幽美。突然心血来潮，踏着月色沿湖出了后门。走了很远才找到一辆出租车，向司机说找卖猪脚的，于是就直抵高雄，来回出租车花了一百多块，就为了啃那几块骨头。不过，想想还是值得的。如今台北也有得卖了，圆环和林森北路都有店专制万峦猪脚售出，但敦化北路良士大厦那条巷子里的那家小店，除了从屏东空运侯家鸭来，还空运猪脚来卖……

台北的卤菜种类多，味道各个不同。不过我跑的地方不普遍，吃的范围也不广，只能说出这几样。这几年台北迅速发展，许多高楼大厦建妥后，总会有家耗资千万装修的大饭店，很多人都挤到那里去吃"场面"。不会再记得那些僻街小巷的小档口，也许我是一个比较怀旧的人，无法适应这个转变太快的环境，总是依恋那些小地方，在台北的时候喜欢找些小铺子去吃，因而也认识一些卖吃食的朋友。每次我回到台北，不论再忙，总会抽空去拜访他们。如今，漂泊来此，隔海遥想，就倍增遐思了。

第三辑　港人食乜嘢

那家福建菜馆

　　最近找到一家福建菜馆，而且是此地硕果独存的一家。这家菜馆在对海的北角，九龙和香港（岛）中间虽只隔了条维多利亚海峡，又有海底隧道相通，往来方便。但居住在海峡两岸的人，都不熟悉对岸的道路。所以，九龙的出租车只跑香港几个固定的地点，香港的也是一样，停在海底隧道附近，等待转载九龙出租车送来的香港来客。那家福建菜馆所在地的北角，对我来说，也是非常陌生的。

　　北角，过去称为"小上海"。一九四九年，许多沪上人漂海而来，多栖止在这里。现在虽然时移势转，但不时仍可听到"阿拉"之声。不过，这里还聚居了许多闽南人。闽南语在这一带很流行。所以，这里的菜市场，可以买到上好的臭豆腐和新鲜的蚵仔。我偶尔过海到北角，都会到这里的菜市场逛逛，顺便带点臭豆腐和蚵仔回来。将臭豆腐与新鲜豆腐加蛋清拌和，掺以火腿、干贝、香菇碎末，隔水蒸透，过油煎炸后，再加火腿、香菇、玉兰片（有新鲜冬笋更佳）与鸡汤同烩，风味绝佳。远胜台北江浙帮菜馆的蒸臭豆腐，那味菜单调得很，谁都会做，何必要下馆子。至于蚵仔滚姜丝，更有闽南特色。因为这里出产的蚝都是庞然大物，除了沙田一家的"奶油焗沙井蚝"，不论炸焖或直灼，我都趣味缺缺，我虽然不喜欢吃台北的蚵仔煎，但喜欢蚵仔滚姜丝，尤其是汤。

福建菜馆就在北角一条偏僻的街道上，一条名字从没有听过的街道。一日午睡醒来，嘴里甚是"淡得出鸟"。便请太太拿港九街道图来——家中常备港九与新界地图各一，非为观光，专为了找吃的——定好方位，欣然过海前往。我们穿过北角繁华的英皇道，渐渐步入人车稀少的滨海仓库区，心想馆子怎么会开在这个所在。于是我停下步子，向拿着地图跟在后面的太太说："莫非我听错了那间馆子的地方？"太太展开地图观看，说："地方没错。既来之则安之，再往前找找吧。"又经过一个印务局，一家汽车修理厂，一间油漆店，最后在巷子尽头，终于看到了那家隐藏着的福建菜馆。

招牌倒是金字招牌，但岁久天长，看起来，除了古朴，还有些斑斑的沧桑。启门进去，座上尽是亲切的闽南乡音。我们拣了个靠墙的桌子坐定，桌上铺的是红台布，却洗得红里泛白，还点缀几朵起了毛边的补绽，盖有年矣。堂倌堆着满脸笑意过来，我想在这种环境下，称堂倌比较恰当，一来他没有穿号衣，二来他是从柜上下来的，可能就是这菜馆的掌柜。他递过菜牌，用闽南语问我吃甚。我端详菜牌上用毛笔歪歪斜斜写的不到二十样的菜色，也用闽南语点了肉粽、五香肉卷、糖醋排骨、米粉炒和鱼丸汤。掌柜的点头微笑去了。我看着他走向厨房伛偻的背影，突然有一种苍凉的感觉。在这个讲究千变万化菜色的繁华城市里，他竟这样固执地坚持着，孤独地守候着。这菜馆对我来说，却是非常熟悉的。坐在这里，就像坐在台湾中南部小市镇一个露店，切一盆猪头皮、一盆生肠，手握一杯陈年红露那么亲切。

这里出售的，也可以说是正宗的台菜。台菜是闽菜发展的另一个旁支。闽菜是由福州菜和包括了漳、泉二州的闽南菜系等组合而成。不过福州菜却是闽菜起源的主流。福州菜的演变及发展，可以与一八四二年的《南京条约》，分划成前后两个不同的阶段。关于福州菜发展最早的材料已很难找到了。据说最早源于"郊店"。所谓"郊"也就是城池以外的地区。设在郊区的买卖统称为"郊店"。所以，有"布郊""米郊""碗郊"等。不过，这些"郊店"都是同类集中在一起，单独成市，出售一种货品。只有"食郊"混杂其中，是各郊共有的一种行业。因此，后来称"郊店"，就专指饮食业而言了。

福州最早的"晋安郡城"，建于晋武帝太康三年。不过，当时的城池较小，只是个行政单位，城里没有居民的"子城"。到五代梁太祖开平元年，才出现较大的"罗城"，城里有了居民，于是许多不同的行业，为了适应城里居民的需求，也随着进了城，饮食业当然也不例外。进城后的其他行业都改称某店，唯独饮食业仍称"郊店"。不过，还有一部分饮食业的"郊店"，留在城外。城里和城外"郊店"的烹饪技术都是一样的，没有显著的区别。目前台湾有的小饮食店，还称为"露店"，也许和当年闽菜发展系统里的"郊店"，有某些历史渊源的关系。

南宋建都临安，福州去京师不远，海上往来交通又非常方便，于是外来的影响渐渐进入闽菜的系统。福建最早的一本食谱《山家清供》，是宋代泉州人林洪写的。林洪字龙发，号可山，自称曾"游江淮二十秋"。所以，他的《山家清供》，虽然突出了闽菜的特色，但其中也著录了江西、江苏、湖北的菜色。不过，在这个时期对闽菜发生影响的，还是由临安传来的"苏杭雅菜"。苏州和杭州的烹饪技术，刺激了福州城里"郊店"的菜色的转变，于是城里城外的"郊店"就有了不同的发展。城外的"郊店"仍然保持着原有的风味，城里的"郊店"接受苏杭的影响，在原有的烹饪基础上，有了新的变化，这是福州菜发展的第一个阶段。

一八四二年的《南京条约》，福州和广州同被列为通商口岸。粤菜随着广州买办商人而进入福州。不过，这时的粤菜已受了西化的感染，这种西化的菜色，并不一定适合当地的口味。不过，粤菜的变化形式，却刺激了福州菜的发展。像清末福州菜馆好些以"广"字取名，如广复楼、广资楼，辛亥革命以后，更有广裕、广升等字号，显然是受了粤菜的影响。于是福州菜除了"苏杭雅菜",又多了"京广烧烤"。所谓"京广",和当时流行的"京广杂货"一样,京是北京,广是广东。不过,福州人对北京烤鸭的兴趣并不大,广式的烧烤颇适合他们的口味。过去,台北罗斯福路、和平东路口,有家"快吾颐"的福州卤菜店,卤菜就有粤式风味。所售的烤鸡也有广东烧鸭的味道。

在福州菜变化的第二阶段中,一八七七年开设在福州东街口的聚春园,扮演了非常重要的角色。聚春园的前身是三友斋茶馆、聚春茶园,由郑春发集资创办。郑春发十三岁入福州春元馆习艺,师父爱他聪明伶俐,入师三年,便带他去苏杭、北京、广州,遍访名厨,习得一身南北各路菜肴的武艺后,回到福州,在原有的福州菜的基础上,创造了自己特殊的风格。郑春发最初在布政司杨莲家里掌厨,辞厨后开设了聚春园。由于这个关系,当时的聚春园承办了福州布政司、按察司、粮道、盐道四司道的伙食与宴会。因此,聚春园成为官商会集的地方,其盛况正像门前悬挂的那副对联:"聚多冠盖,春满壶觞。"所以,福州菜是闽菜的主流,聚春园又是福州菜的正宗。现代许多著名的福州菜,都是由聚春园流传下来的,"佛跳墙"即是其中一味。

所谓"佛跳墙",即以鲍参翅肚二十多种主要材料,依其熟烂难易的程度、层次放在绍兴酒坛中,"煨"制而成。"煨"是闽菜中传统的特殊技巧。首先是对火种的选择,要质优无烟的木炭，将材料置于煨器中，在整个煨制过程，只能掀盖加料一次，这是为防煨后软烂不均。所以入汤要准确，过多不易吸收，偏少则易焦。因此，"煨"必须掌握两个要诀，那就是时间和火候恰到好处。通常煨菜要一两个小时，"佛跳墙"则要三个小时，而且是一气呵成，临吃离火上桌。

至于"佛跳墙"的由来，都说是庙里有个小和尚偷肉吃，被老和尚发现，小和尚一时情急，抱着肉罐子跳墙而逃，因而得名。和尚偷嘴也是常事，但事实不是这样的。据郑春发近九十岁的徒弟强祖淦说，当时福州官银局的长官，在家设宴请布政司杨莲。长官的夫人是浙江人，也是烹饪高手。她与家里的厨子将鸡、鸭肉菜主料，置于绍兴酒坛中煨制成肴。布政司杨莲吃了赞不绝口，回到衙内，要掌厨的郑春发烹制同样的菜肴。几经试验都不是那种味道，于是杨莲亲自带郑春发到官银局，向那位长官夫人请教。回来后，郑春发在主料里增进山珍海味，味道胜于官银局的。

后来，郑春发辞厨，自己开设聚春园，继续充实原料，主料增至二十种，辅料也有十来种，仍用绍兴酒坛煨制。一天几个秀才到聚春园饮酒。他们已尝尽百味，问堂倌有没有别致的菜肴，堂倌应声说有，便捧了一个酒坛放在他们桌前，坛盖启开，满堂飘香。秀才闻香陶醉，下箸更是拍案叫绝，问是何菜，堂倌答尚未命名。于是秀才乘兴吟诗，其中有句是："坛启荤香飘四邻，佛闻弃禅跳墙来。"大家称好，于是引用了诗句之意，名此菜曰"佛跳墙"。

"佛跳墙"用许多材料煨制而成，稍嫌荤腻。所以郑春发又加改良。在主菜外另加酱酥桃仁、糖醋萝卜丝、麦花鲍脯、醉香螺片、贝汁鱿鱼汤、香糟醉鸡、火腿拌芽心、冬菇豆苗八碟，并配以银丝卷与芝麻烧饼，甜食是冰糖燕窝，合成一桌"佛跳墙"的全席。香港的酒楼入冬以后，也有以"佛跳墙"全席为号召的，只是所用的盛器，不是绍兴酒坛而用描花的细瓷坛，这种坛子当然不能在火上煨。想必是各种材料事先煮好，临时加汤稍蒸而已。此地也有一种由"佛跳墙"演变成的"海中宝"，去陆上的鸡鸭，而留包括甲鱼在内的水产与海味。台北有家清粥小菜的饭店，有迷你"佛跳墙"出售，只是器皿小些，制法亦复如是。在台北一家福州小馆子，我倒吃过一次"佛跳墙"，内有猪脚、鸡鸭、蹄筋，以芋头垫底，用泡菜坛子煨制；临吃离火，原汁原味，也许有"郊店"的遗风。

虽然，聚春园创造了闽菜的独特风格。但这种特殊风格是受福建地理环境的影响。我手边有几本福建食谱，归纳内容以水产菜类为最多。所谓"水产"也就是以"海产"为主，闽菜的海鲜烹饪技术，在中国各地菜色中是最突出的。这当然是由于福建地区滨海，海产丰富的地理环境使然。这种特色在中国古代已经表现出来。《禹贡》记载福建的物产，就说有"海物惟错"。《汉书·郊祀志》说武帝祀"武夷君用干鱼"。《元和郡县志》记载唐玄宗开元年间的土贡，福州有"海蛤、蚌蛇胆"，漳州贡"鲛鱼皮"，都是以海产为主。所以《太平寰宇记》"福州"条下引《十道志》，就说这个地方"嗜欲衣服，别是一方"。最能表现这种"别是一方"烹饪特色的，就是宋代林洪的《山家清供》。这本福建最早的食谱，著录了"蟹酿橙"一味。"蟹酿橙"又名"橙蟹"，其制作的方法是这样的：

> 橙用黄熟大者，截顶，剜去瓤，留少液，以蟹膏肉实其内，仍以带枝顶覆之，入小甑，用酒、醋、水蒸熟。用醋、盐供食，香而鲜，使人有新酒、菊花、香橙、螃蟹之兴。

水果入馔，目前在这里颇为时兴。不久前，澳洲为了推广他们特产啤梨的销路，举行了一个啤梨入馔比赛。但参加而得奖的作品，颇为西化。珠玑小馆女主人江献珠女士参加比赛颁奖后，回家即兴制作了一味"金花璃琉"，即以金华火腿酿啤梨。其制法颇似"蟹酿橙"。江女士是江太史的孙女，自有其家学的渊源。从"蟹酿橙"的制作过程，可以知以水果入馔，不自今日始，而有悠久的历史传统。中国，真是一个会吃的国家！

不过，"蟹酿橙"里的橙，只是这味菜的辅料，主料是蟹，这表现了闽菜烹饪技巧的特色。福建海产种类繁多，明万历年间，曾任福建盐运司同知屠本畯所著的《闽中海错疏》，记载了福建的海产，计"鳞部"二卷共一百六十七种；"介部"一卷九十种。还附非闽中所产却常见的两种：燕窝和海粉。后来与屠本畯同时的闽县徐燉又作了《闽中海错补疏》，补屠著未载者十六条。《闽中海错疏》序说："夫水族之多莫若鱼，而名之异亦莫若鱼；物之大莫若鱼，而味之美亦莫若鱼。"由此可知闽中人嗜欲饮食之方了。《闽中海错疏》每一条列海错一种，如"赤鬃"条："《宋志》云，棘鬣与赤鬃味丰在首，首味丰在眼，葱酒蒸之为珍味。十月此鱼得时，正月以后，则味拗不可食。"徐著《补疏》"方头"条下又作了补充："方头似棘鬣而头方，或云方当作芳，言其头味芳香也。"又《补疏》"鳖"条下："脑腴骨脆，而味美……四明谚云：宁可弃我三亩稻，不可弃我鳖鱼脑。"所以《闽中海错疏》及《补疏》，不仅是最古的福建鱼分类的专著，也是明代闽人食海产的便览。福建沿海居民烹饪海产的方法繁多。即海蚌一味，就有近二十种的吃法，其中最著名的，当然要数"鸡汤汆海蚌"了。

由于闽人嗜海产，必须有特殊的调味品，红糟就是重要的一种。红糟是以糯米加红曲酿成黄酒后，剩下的沉淀渣滓。红糟的应用有生糟、熟糟之分，熟糟又有炒糟和炖糟之别。聚春园的名菜"淡糟螺片",用的就是炖糟。我恰有一瓶是台北学生送的来年陈糟,试制了一次,即将红糟加清鸡汤隔水炖透,用纱布过滤,弃渣留汁,螺片脱水后,与配料同炒,色淡红,味香美,确是妙品。红糟和萝卜一样,有去腥的功能。去腥气是烹饪海产必要的步骤。所以,著名的"佛跳墙"虽有众多名贵的材料,但在辅料中萝卜是不可缺少的一种。台菜的炖或蒸菜,多以菜头垫底,其原因也在此。蔡元培先生曾说,北京"水有天"福州菜馆,就有一味"萝卜球炖海蜇",由此可知萝卜在闽菜中用途的广泛了。

我曾在闽菜主流的福州,住过半年。不过,那时年纪还小,又是兵荒马乱逃难的岁月。除了在寄宿的学校里,每天都吃一片小小的红糟蒸咸带鱼,其他的福州菜根本没有印象,而且那味福州菜腥而咸,实在难吃。但偶尔也会在晚上背两斤米——那时通货膨胀,已不用货币,改用以物易物,米和金子成了货币的代用品,我记得一斤肉是八厘金——到学校后面的小摊上,换鸭面或鱼丸汤吃。我对福州吃的认识和了解,仅止于此。倒是台北这些年,有了欣赏福州菜的机会,慢慢累积经验,渐渐可以论其短长了。

不过,这几年福州菜被其他地方菜蚕食,开始没落了。新生南路的周师傅和青田街那家,只办整桌酒席。如果想小酌,只有去新利。新利是胜利分出来的,现在老店倒了,只有这一家的海鲜米粉了。后来,又找到南昌街的一家,颇有

"郊店"形式，既无门面又无冷气，老板五十来岁，胖胖的，倒是在福州科班学艺出身，如果他亲自下厨，鸡米鱼唇，白炒鱼片，是其他地方吃不到的。这几年每次回台北，总会光顾他，他也会拿出自酿的老酒，让我品尝。这次回去再度拜访，店面已经改换做煤气，听说他全家移民了。至于中山北路靠民权西路那家福州小馆，除了红糟鸡，其他的全不是那回事。不过，这次回去却偶然发现罗斯福路的另外一家，老板文质彬彬，他厨房里出的蟹粉鱼唇，酸辣羊肚汤，都能保持福州菜原有的风味。

福州菜虽然没落了，但福州的小吃，仍然有其地位。福州鱼丸汤就是最普遍的一种。这些年，我总欢喜光顾宁波西街巷子里那家小面摊。那小面摊是夫妇档。初时他们的孩子们还围着面摊转，现在孩子的孩子都那么高了。我去那里总来一碗免麻酱的干拌面，两碗鱼丸汤。我所爱的倒不是鱼丸，而是那汤。福州菜里的汤和"煨"一样，都是一种特殊的技巧。就像鼎边趖不仅要现做现吃，更重要的还是那汤，汤的标准做法该是用干虾皮煨成的。现在台北大桥头与圆环，还有基隆庙口的鼎边趖，不要说汤，连用料也不如前了。

福州菜的式微，也影响了台菜的发展。因为福州菜不仅和台菜有近亲关系，而台湾的海产比福州还丰富，竟没有利用福州菜的基础，做进一步的创新，的确是非常可惜的。尤其这几年，台北的菜色由五方杂处，渐渐有东南西北混合的趋势，而失去原来的传统风格和特色。许多以正宗台菜为号召的馆子，出售的台菜却不是真正的台菜，更遗憾的是，最能突出台菜风格的海产，却有浓厚的"和风"味道，日本除了会吃生鱼片外，还能调治出什么呢。

虽然，我没有吃过整席的正宗台菜，却不相信台菜的品种那么单简，烹饪的方法竟那么单调。过去每年开春，到杨云萍师家吃春酒，必有红烧鱼翅羹一味，浓腴香软，据师母说这道菜要花两天的时间，我回家也仿制过，却没有那种"火候"。这道典型的台菜，却被大家遗忘了，记得多年前，我在台北乡下教书，级长的哥哥结婚，我被邀喝喜酒，翻了几个山才到，酒席已在他家茅舍前摆上。我是上宾，不仅坐首席，而我们那桌菜也是双份的。没有什么山珍海错，记得其中有笋干烧肉一味。笋干是自己园里焙的，猪是自己养的，大块四方的猪肉浮沉在笋汤之中，红白分明，晶晶可喜，入口即化。那时正是十二月的日斜时分，金色的阳光抚着的他家谷场，屋旁有丛茂竹，在山风里萧萧，我手夹碗中肉，畅饮他们自己酿的还没过滤的米酒——据说当年陶渊明喝的就是这种。我突然想起苏东坡来。不可居无竹，不可食无肉，无竹使人俗，无肉使人瘦，若要不俗也不瘦，只有吃笋焖肉，也许就是这种情景。

饮咗茶未

饮茶，是现代港人的生活习惯。晨起，道旁相左，不互道早，问的却是："饮咗茶未？"朋友久未谋面，街头不期而遇又匆匆别过，临行留下的一句话："改日饮茶。"

不久前，电视访问一个在苏格兰的小岛上开餐馆的港人。他在岛上经营已很多年了，问他居于岛上有何不便，他答："饮茶！"因为要乘四个小时的船，上岸再转搭六个小时的车，饮一次茶舟车往返，要花两天的时间。

海外华埠别的可以没有，但茶楼却不可缺。茶楼装潢得金碧辉煌，座上谈笑声喧，一如香港。点心叫卖，茶客言谈，尽是乡音俚语，端的是已把他乡当故乡了。华埠没有茶楼，港人移居海外，真的就花果飘零了。

港人出外旅行或公干，回到香港的第一件事，就是上茶楼饮茶。虽然沏茶的水来自东江，但在香港茶楼饮茶，似乎格外水滚茶靓。普洱加菊花，其中还渗着浓厚的乡情。在香港住久了，而不习惯上茶楼饮茶，不能算是真正的港人。香港人习惯饮茶，几天不饮茶，就会出现《水浒传》里李逵说的那句话。

"港式饮茶"如今遍及世界，深入内地，多伦多、温哥华不要说，我还在西安和岳阳，饮过港式的早茶。但"港式饮茶"渊源于"羊城美点"。"羊城美点"出自一九三〇年代广府惠如茶楼的星期美点。八甜八咸的十六款点心。以大字红榜，贴于门首，每周更换一次。不过，其所制作的脯鱼干蒸烧卖，却是看家的常点，并不随星期美点而更换，一如今日陆羽茶室的莲蓉粽。脯鱼干蒸烧卖，以大地鱼炸后压成粉末，调入猪肉、香菇、鲜虾、鸡肝馅中而成。"惠己惠人素持公道，如亲如故常暖客情"的惠如茶楼，创立于光绪元年，距今已有百年，是广州茶楼的老字号了。

广州的茶楼，由清咸丰同治间的二厘馆始。所谓二厘馆是茶资二厘，当时一个角洋合七十二厘。二厘馆设备简陋，木桌木凳，供应糕点，门前挂有某某茶话的幌子，专为肩挑负贩者，提供一个歇脚叙话之所。后来又出现了茶居，如五柳居、永安居、永乐居等。其名曰居，即为隐者遁居之所，是有闲者消磨时间的去处。五口通商后，广州成为南方的通商口岸，原来中国四大镇之一的佛山，逐渐衰落，资金转移到广州。佛山七里堡乡人来广州经营茶楼，遂有金华、利南、其昌、祥珍四大茶楼之兴。佛山七里堡乡人经营茶楼的手法，是先购地后建楼，茶楼占地广宽，楼高三层，此后，广府人始有茶楼可上，一盅两件可叹。

叹之为字，是广府话的绝妙好辞，作享受解。常说的

"叹世界"，即享受人生。不过，要到这个境界也不是易事，须历经挨、捞、做等不同阶段。但叹茶不同，易如反掌。亿万富豪与贩夫走卒同聚一楼，不论一盅两件或杯笼狼藉，消费不大，彼此都负担得起。香港虽贫富差距天壤，就叹茶而言，富豪与贩夫同等，没有什么差距存在。而且叹茶之余还可以骂，只要不见诸白纸黑字，任由君便。胸中多少怨，一骂消于无形，譬如最近座上都骂财神爷加香烟价，骂时仍一烟在手，状至悠闲。上茶楼叹茶，既可消弭贫富差距，又可发泄胸中之怨，的确是维持香港安定的重要因素。

香港地狭人稠，居甚不易，一家分居各处，逢星期假日，或家庭庆典，借茶楼一聚，数代同座，借此维系日渐淡薄的亲情，使中国传统伦理关系，在这个西潮泛滥的地方得以系于一线。所以上茶楼叹茶，除了满足口腹之外，还有其社会意义与功能在焉。君不见港九新界，三步一楼，五步一肆。新建的屋村，也必得茶楼启市后，人们才愿意迁入。

每天六百万市民中，少说也有二百万人上茶楼叹茶。我们现在已听腻了马照跑、舞照跳，怎么就没有人问港人："饮咗茶未？"舞和马照跳照跑，声色犬马事也，与吾辈小市民何干？如果哪天港人无茶可叹，这个建筑在一堆花岗岩上的城市，纵有霓虹千盏，也是非常寂寞的。

火腿紧张

那天进城，到市场遛个弯，被街头摆南货摊的老板娘喊住，问要买火腿否，她说："再不买又要起价了。大陆没有来货，过年还得涨。"她说着放下手里砍火腿的刀，沾满油的手向系在腰间的围巾一抹。

我是她家老主顾，这几年常在她摊子买火腿，一买就是五六斤。其实过去这里的火腿也不便宜。不过，前几年内地经济改革，大批"水货"涌到。所谓"水货"，是内地农村的个体户，将自己饲养的猪宰杀后腌制的火腿，由另一个途径运入香港，所以把价钱压低了。上好的"火方"也不过二十块钱一斤，套句广东话说，真是火腿平过生猪肉。逼得这里的国货公司和上海南货店，纷纷降价。我家冰箱经常存着几块好火腿，用来制汤配菜。火腿多了，就想换个花样吃，或以红葡萄酒和冰糖蜂蜜煨焖；或以火瞳配鸡和蹄爪，烹制成徽菜的金银蹄鸡。冬笋上市时，将冬笋切滚刀块，入油略炸半分钟取出，然后加鸡汤与火腿茸并烧，是为"火蒙冬笋"，也风味绝佳。

火腿除浙江金华外，还有云南宣化火腿，是为"云腿"。云腿臕厚，前些时来过一批，但没有打开市场。不过，昆明冠生园的火腿月饼，中秋时节却很畅销。但我们现在吃的是浙江金华火腿，据说金华火腿是宗泽率兵抗金，为军中副食补给而创制的。所以，过去火腿铺开张，都悬挂宗泽的像，焚烧香烛祝祷，以求生意兴隆。因此，宗泽成了金华火腿的祖师爷。

不过，火腿是否真是宗泽所创，是另一个问题。但据当地地方志记载，南宋时金华火腿已列为贡品，倒是事实。东阳、兰溪、义乌、浦江、永康、金华等地的农家，腌制火腿蔚为风气。这一带腌制的火腿，以东阳上蒋村最佳，俗语说："金华火腿出东阳，东阳火腿出上蒋。"而称之为"蒋腿"。上蒋村雪舫号的火腿尤其著名，皮薄肉厚，精肉嫣红似玫瑰、肥臕透明赛水晶。所以"雪舫蒋腿"，是金华火腿上品中的极品。金华火腿所以出名，是由于当地的猪好，名曰"两头乌"。金华火腿就是用"两头乌"的后腿腌制而成。金华火腿因腌制的时间不同，而有冬腿春腿之分。由于腌制的方法，及所用的材料有别，而有月腿、风腿、熏腿、淡腿、竹叶熏腿、桂花或玫瑰腿，甚至还有辣味的。腌缸里放只狗腿，制成后则称为戍腿。

火腿始行于南宋，明清后，吃法渐渐翻新。明《宋氏养生部》有"火猪肉"一味，其制法与腌制火腿相似。《红楼梦》食谱中有"火腿炖肘子""火腿笋汤""火腿白菜汤"

数味。火腿与白菜同煨，其味甚佳，亦见于袁枚《随园食单》。《随园食单》有"黄芽菜煨火腿"一味："用好火腿，削下外皮，去油存肉。先用鸡汤将皮煨酥，再将肉煨酥，放黄芽菜心，连根切段，约二寸许长；加蜜、酒娘（指酒酿）及水，连煨半日。上口甘鲜，肉菜俱化，而菜根及菜心丝毫不散，汤亦美极。"火腿煨白菜是冬天吃的，夏天多吃火腿炖冬瓜。不过，用西瓜皮煨火腿，又别有风味。徐珂《清稗类钞》有此一味："西瓜皮贱物也，然以之与火腿同煨，则别有风味。由此知废物均可利用。特粗心人不足以语此耳。法：先去瓤，切皮成寸许长之小块，再去外层青皮，加摩（蘑）姑、香蕈、水、盐与火腿，同煨二三小时取出，味鲜而甘，不知者必疑其为冬瓜也。"在台北烹制这两味火腿菜很方便，因取材甚易，可惜没有真正的金华火腿。

不过，以后在这里吃金华火腿，也不会像过去那样价廉物美了。究其原因是内地的猪肉"紧张"。"紧张"一词，是内地的习惯语。如买不到火车票，就叫车票紧张。吃饭上馆子人挤找不到座，叫吃饭紧张。孩子生多了，叫生产紧张。现在猪肉又紧张了，为了减低消费，内地有二十个城又开始备售猪肉，每人每月限购一斤。又出现了两个新名词："丹顶鹤"与"白天鹅"。那是顾客对国营商店所供应的猪肉戏称。因为售货员把猪肉切成块，摆在案子上，要买就买一块，而这一块肉却是肥肥的白膘，只有在白白的肥膘上面顶着一点瘦肉，故称为"丹顶鹤"。至于连这点点瘦肉也没有的，就称为"白天鹅"。一般市民只有买"丹顶鹤"与"白天鹅"。

　　猪肉所以紧张，是因为饲料价格上涨，一斤饲料约五毛钱，五斤饲料才生产一斤猪肉，平均两块五角一斤的猪肉，统一收购的价钱是一块五角一斤，农民养猪不够本，索性不养了。再说农村生产方式变化，不养猪用其他方法也可以成为"万元户"，谁还再费神养猪，这是所谓现代化的后遗症。大家不养猪，供应短缺，自然发生猪肉紧张，由于猪肉紧张，火腿也跟着紧张起来。

何以得瘦

　　台北"客座"一年，虽名曰"客"，实是还乡。过去在异地，闭着眼睛想吃的，现在刹那到口。虽然有些已不是那味道了，但亦可聊慰乡情。所以，这一年，两肩担一口，只要有得吃，就欣然而往。

　　尤其临行的那个把月，请来吃去，吃到最后，有个馆子的经理笑着说："何不把伙食包到我们这里来！"就这样，带着满腹台北的人情味，走了。回来，将蒙尘已久的磅秤，擦抹之后，一称，重了，而且不是"只加多一点点"。这才想起在台北，老觉得穿衣裳有点紧，尤其是髀下的那一部分。常言道："人怕出名，猪怕肥。"其实人肥了也麻烦，就很难再为五斗米弯腰了。

　　因此，阃令曰："减！"我说："这又何苦。"

　　于是，黎明即起，沿着宿处滨海的公路，缓缓爬上山坡去。这的确是个新鲜的经验，空气中混合着露水浸湿野草的芬芳。天空里淡红的彩霞在转换着。回首耸立在山间的几幢宿舍，群窗点点。一阵众人皆睡我独醒的优越，油然而生。然后，晨曦对海的群峰间，冉冉升起。一湾宁静的海水，抹上一层金色的光彩。金色的光彩中，载浮着几艘正在收网的渔舟。

漫步归来，冲洗毕，早餐。鲜榨橙汁一杯、烤芝麻面包一件。这种面包味道不错，使人有蟹壳黄的联想。不饮牛奶正合我意，我是不欢喜喝这种饮料的。餐罢，沏陈年普洱一壶，壶用阳羡。午后，清汤牛肉面一碗。买上好花牛腱子，去膜除油，脱水去血沫，再冲洗干净。另一锅煮水，下干贝一枚，并葱结姜块与花雕料酒。水沸后投牛腱，再沸，改微火慢炖。汤清澈见底，油腥不生。牛腱切片，和面而食，软腴可口。晚上，人各青菜一盆，肉丝或肉片，并雪菜，双冬或木耳炒之，每人一小碗，有时也吃鱼虾，但不沾米面。吃了一阵，我说："这样会营养不良的。"太太曰："胡说！"

这样折腾了些时日，居然在太太制定的那张体重表上，红色曲线缓缓下降，我也有衣带渐宽的感觉了。只是每天赶早起床，甚苦。终有一日台风来了，风雨交加，真的是行不得。但雨过天晴，我仍高卧。催起，我说："积习难改，算了吧！"

一日饭罢。我自言道："过几天就是中秋。中秋一过，阳澄大闸蟹涌到，天下至味，当然不能不嚼。蟹去后，北风即起，南安油鸭又来了。油鸭煲仔饭是不可不吃的。吃了南安鸭，就该过年了。我看，有什么要紧的事，过了年再说。"室内的电视机正开着，我听见有人在说："看你怎么瘦得下来！"

吃南安鸭的方法

　　广东人吃东西，不仅有寒热之别、燥湿之分，而且还有季节性。秋风起三蛇肥，北风来吃腊鸭。腊鸭就是南安鸭，似南京板鸭，但没有板鸭那么干硬，而味也美。

　　说也奇怪，这个季节前，市上见不到南安鸭。时间一到，烧腊铺、国货公司、西环的腊味铺墙上挂满了这种腌制的鸭子。黄澄澄、油光光，一行行整齐排列，颇似大阅兵。但春节一过，除了腊味铺墙上，留下一层油腻腻，一只也不见了。真不知那堆积如山的鸭子，飞到哪里去了。

　　所谓南安鸭，是用产于江西大余县的一种鸭子，经过腌制而成。大庾古称南安，故名。当年每当北风起，由人担着刚腌制的鸭子，过大庾岭入广东，自北江溯流而上，等到了销售地，南安的鸭子已经风干，恰好食用。南安的鸭子有个特征，就是在鸭子那个硬嘴上，有颗珠状的圆点，黑嘴白珠，白嘴黑珠，是假冒不了的。这种鸭子肥嫩，他处所无。近年来大批制造，用大木桶装盛运用。木桶上还漆着江西南安的大字。鸭分一级二级不等，卖相虽好，据说味不如前。坊间又有东莞或本地元朗制的腊鸭。东莞腊鸭较淡，又称

"淡口鸭",但味道不如南安。所以,从去年开始,这里已有旅行社组团,在年前专程去南安买腊鸭。观光兼办年货,一举两得。

南安鸭最普通的吃法是蒸。不过蒸之前,要在滚水里泡一下,除浮油去咸味,俗称"拖水"。蒸妥的南安鸭斩件,下酒佐餐配粥皆宜。普通酒楼售的油鸭饭,就在一碗白饭之上搁几块南安鸭。当然最好吃的,还是荔芋油鸭煲了。用广西荔浦产的大芋头,以砂锅与油鸭并煮,油鸭煮后,鸭油入粉糯的芋块中,实是妙品。不过,我欢喜吃的还是油鸭煲仔饭。这种饭用小砂锅,在红泥炭炉上炊煮,待饭收水时,将南安鸭置于饭上,盖上锅盖收火焖熟。原锅上桌,揭盖香味扑鼻,加葱段并淋以少量的酱油,再盖少顷,便食,风味绝佳。

我爱在店里吃这种饭,还有一个原因。因为售煲仔饭的店,通常在店门前的廊下,置一副红泥小炉,现叫现煮,师傅用扇子扇火,火星四爆,锅里热气腾腾,不仅温暖,也古趣盎然。不过现在都改用煤气,用炭火的也没几家了。吃南安鸭宜肥不宜瘦,腿不如胸肉好吃,剩下的鸭头和干贝煲粥,亦佳。这两年此地流行吃火锅,火锅的汤底,也多下南安油鸭。

不过我现在已很少上街吃这种煲仔饭了。因为店里煮的米不好,鸭也难遇佳品,所以多在家自炊。米用日本做寿司的樱花珍珠米，鸭选一级，与东莞"淡口"并用。饭糯中有硬，油浸其中，晶莹可喜。惜每食必过量。一日，太太参加画友聚会，临行时问我吃什么，我笑而不答，她走后，无所阻碍，厨房可供我纵横（宿处厨房甚大，少说也有七八坪），我自冰箱里取出昨夜剩的煲仔饭。将油鸭切茸，过油炸脆，以余油制葱油，下蛋入饭炒之，加脆鸭茸并芹菜末即可。砂锅里余下锅巴添水煮成粥，配以新东阳的肉松、自制的辣椒萝卜、此地廖孖记的腐乳、扬州的酱瓜、潮州榄菜，另有松花一枚，下嫩姜末加镇江醋，有大闸蟹的香味。饭罢，泡梅山比赛茶一壶，闭目卧靠在沙发上，突然想起顾亭林与人清谈，往往会捻着眉毛说，又枉了一日，我抚着自己的肚皮，暗声说了句惭愧。

排队买糕团

年前，苏州传统食品赶来香港过年，在这里的裕华国货公司举办了一个"苏州之名店与名食"展销会。推销苏州的传统糖果、茶食与糕团。参加的苏州名店有采芝斋、稻香村、黄天源、叶受和、陆稿荐等五家，都是百年以上的老字号，各有各的绝活。

采芝斋创始于清同治九年。创始人金隐之最初在洙泗巷口摆摊，以卖粽子糖起家。相传光绪年间，慈禧得病，苏州著名中医曹沧州奉诏进宫，就带了粽子糖献给慈禧，于是粽子糖被列为贡品。粽子糖以薄荷、玫瑰、松子或贝母作为配料，尤其以松子制成各种不同形式的苏式糖果。采芝斋的松子取自云南、辽宁、吉林等地，大如巴豆，肉厚油多，将松子去壳留仁，融入糖中，冷凝后，如松香琥珀，油黄闪亮，用来配制各种糖果，所以采芝斋的白糖松子也很有名。他家的玫瑰、甘草瓜子最好吃。

稻香村创始于乾隆三十八年，据说乾隆下江南，在苏州逛观前，吃过稻香村的蜜糕，非常喜爱，回到京城将蜜糕列为贡品，并御赐了一块葫芦招牌，上写着"稻香村"三个大字，字体飞金。稻香村的名字很雅，出自《红楼梦》。这次稻香村展销的枣泥麻饼，香甜而不腻。枣泥麻饼原出于苏州木渎镇的"干生元"。稻香村的苏式卤味也很有名。

叶受和创始于光绪十二年，以苏式传统糕点为基础，并吸收了宁式糕点的技艺，制造出宁波商人也欢喜吃的苏式茶食。

陆稿荐创始于康熙二年，到现在已有三百多年的历史。相传陆稿荐的前身是姓陆的开设的肉铺，一天晚上有个乞丐来求宿，留下了一张破草荐，主人将草荐投入灶内，不料锅中发出异香，引得人纷纷前来购买，店主为了纪念这个奇遇，遂将店名改为陆稿荐，或说那个乞丐就是吕洞宾。陆稿荐的卤菜著名，苏州有句谚语："赵家里格野鸭，方家里格羊肉，陆家里格蹄子。"陆家蹄子指的是陆稿荐的酱汁肉。酱汁肉当初叫酒焖汁肉，是用红胭脂为着色原料，后来改用红米着色，遂称为"酱汁肉"。

黄天源创始于道光年间，是苏州最著名的糕团店。苏州的糕团有悠久的历史渊源，据说我们现在过年吃的年糕，就是为了纪念伍子胥，而用糯米做成的"城砖"。黄天源的糕团更发挥了中国传统糕团的特色。用红糟、薄荷、菜叶汁、小麦汁、蛋黄、南瓜、玫瑰等天然色素着色，或糯或粳，或咸或甜，并且可以制成许多不同的花式。

稻香村、采芝斋、陆稿荐、黄天源都在苏州热闹的观前街上。当年我住苏州，每天上学放学都经过观前街，都会在这几家店门前徘徊流连一会儿。这次的展销会适在年前，我上街办年货，顺便买了些回来。所以今年过年又添了些年少时的回忆。

只是黄天源的糕团是现做的，下午二时半出笼，我去了两次都是明日请早。所以，那天提早进城，一时半已到，但见许多人在柜前排队，并且每人限购一盒。于是我也排于其中，看着排在我前面的那串人，都在默默地等候着。我突然想到一位从内地旅行回来的朋友告诉我说，在内地买什么都要排队，有次他在上海城隍庙想吃碗葱油面，就排了半天队，等轮到他，却要向他索粮票。真没想到九七还未到，就要排队到这里来了。

走访街坊

　　街坊，就是左邻右里，一个非常亲切又有人情味的名词。但我在香港的下处，是学校宿舍，华厦高楼，且有山光波影之胜。但地处僻静海角，一梯两伙，门虽设而常关，彼此漠然相对，鲜有往来，更少闻问。在此落脚多年，形影单调独踽踽，是没有街坊邻里话家常的。

　　我说的街坊，指的是街坊小菜。这种小菜是背街小巷的馆子，出售的家常里味，卖给附近街坊邻里吃的。走在港九的旧区如西环、九龙城、旺角、油麻地一带，常会看到这类馆子，门前竖着块招牌，上写着"捻手街坊小菜"，门面不大，却都是些老字号。伙计是老伙计，客人也是些熟客人。往往没有菜单，各类菜式不多，都写在墙上的挂板或玻璃镜子上。进得店来还未坐定，伙计立即沏上一壶浓浓的普洱。端上碟皮蛋姜或花生米的小菜，还会在你身旁低声嘀咕几句，说今天什么新鲜或不新鲜。给人宾至如归的亲切感觉。这些年，我两肩担一口，港九各处走，常光顾这类小馆子与小吃店。

　　这类街坊小菜的馆子，不赶时髦学新潮。所谓新潮，时下一些专卖场面的粤菜馆，一季或几个月就转换一次菜式，迎合顾客的口味。事实上，客人吃的是钱，并没有什么口味。至于变，只是在形式上耍花招，华而不实，中看不中吃，聊无章法可言。不像这些街坊小菜的馆子，不媚不娇不艳，朴实无华，菜式不多，风韵自成。端的是"好花开在深山内，美女出自小门庭"了。

这些家常俚味的街坊小菜，如天发的煎煮黄花、凉瓜排骨熬黄豆、水瓜汤、芝麻灌面；斗记的北葱羊肉、枸杞鳗、烧炆老芥菜；神灯的油浸鱼云、焗鱼肠；乐口福的沙茶腰肚、咸菜粉肠、家乡炒面线；大新的香芫牛肉卷、豉油王鹅肠、冬瓜炖老鸭；瑞华的凉瓜炒蛋、白灼牛仔肉、酥炸吊片；排骨的椒盐鲩鲇、盐焗鸽什；港兴的糟汁肚尖、梅菜扣肉；顺德宫的韭菜鸡红、钵仔鹅等；还有添乐园的煲仔饭，坤仔记的牛腩、白灼牛杂，香记的牛肉肉丸粥，麦文记的水饺、灼韭菜花……这些都是平常菜肴，可能在每个家庭晚饭桌上出现，但都各有各的特色和风味。

最使我怀念的还是天发。虽然天发的碗仔翅闻名港九，但去吃的人不多。因为天发的门面，和它所在的建筑物一样残旧。常常经过而不知其存在。雅座设在二、三楼，从店旁小门的楼梯直上，不是熟客是不得其门而入的。二楼的雅座不过六七张台面，店里厨师伙计六十开外了，仿佛这座建筑物似的，挨着残年。这里没有菜单，伙计也不介绍菜式，想吃什么全凭个人的经验和记忆了。

天发挨到最后，终于因拆楼而收炉了。离天发不远的潮州巷，却因为人家盖楼，打地基塌了墙，也随着消逝了。潮州巷是条两座建筑物间的窄弄堂，本来就没有名字，因为这条巷子里，挤着多家潮州传统风味的小吃摊档，大家都这样称呼它。这条巷子不仅挤，而且还有些脏乱，是大人先生不愿光顾的。我却欢喜到那里去，因为巷子里有位老妇人卖的猪什粿粉，和隔邻一位老者调制的蛋煎糖粿，风味别致，港九仅此一家，可能潮汕地区也没有这么地道的风味小吃了。巷口的一家卤水鹅档，鹅肉嫩腴，鹅红滑幼，一如当年九龙城未拆时的远记。吃罢天发，或光顾潮州巷后，再去正街的源记，来一碗莲子核桃酪，然后带几块刚出笼的蛋糕回去——源记的蛋糕是蒸的，而且没有奶油味。人生乐事不过如此，更复何求！如今天发拆了，潮州巷也塌了，每次路过，看着一堆断壁残墙，真有此事成追忆的茫然。

对于吃，我是个很容易满足的人。只要吃对了胃口，就会成为常客。日久与伙计成老友，就像大新小阁楼上的阿郭，一直认为我是差馆里的杂差帮办，有时夜半登楼，座上客满，他会用肘碰我一下说："肥佬，打个圈返来。"等我再回来，他会为我蒸一条桂花鱼，再到附近铺子拿一瓶二号金牌回来，我便自酌自饮起来。

现在要走了，就想到这些"街坊"，该去辞个行。

港人食乜嘢（节选）

"食乜嘢"，粤语，是吃什么的意思。

一

香港是个移民的社会，往往移民的潮汐，随着局势的动荡而起伏。但在局势稳定之后，移民又开始回流。所以香港只是个过客的驿站。但这种情形在五〇年代以后，有了非常大的转变，流徙在香港的外地人，渐渐地且把他乡作故乡，落地生根了。在他们之中一部分来自上海，集中在港岛的北角。所以，当时北角又称为小上海。另一部分就是赵滋蕃《半下流社会》里的一群，他们漂流在香港各处，后来渐渐集中在九龙的钻石山。山南海北都有，其中还有不少知识分子。也有些被分配到边远的"吊颈岭"，后来改为调景岭，自成一个社会，国旗终日飘扬。还有一些流落在马鞍山里开矿，身居深山之内，完全和香港社会隔绝，山中岁月不知年，已渐渐被人遗忘了。

这批到香港的外地人，其中上海来的外地人，生活条件较好，因经营商业和在地人接触较多。所以，久长一段时间，香港人将非广东的外来人，统称为"上海人"。在他们心里除了广州，内地只有一个上海了。这些上海人虽在异地，仍然保持他们的饮食习惯。所以，出售江南食品为主，以"三阳泰"为名的南货店，在港九开了许多，尤其九龙的加连威老道为其集中地。大上海的清炒虾仁、托肺，老正兴的鳝糊、苔条黄鱼，天香楼的叫花鸡、炸响铃，杜三珍的酱鸭、川糟，都是江浙佳肴，他们并且有自己的"会馆"，专供同乡聚会，还有散在港九各地的上海小馆，出售江浙面点，如乔家栅的生煎馒头、一品香的粗汤面等。马兰头、荠菜菜、春笋应时而来，中秋过后大闸蟹凌空而至。所以，上海人在香港是不会有乡愁的。所以培育了一批九七过渡香港的上海"精英"。

除了上海人，山东人到香港的也不少。当年差馆也就是警察局的山东帮办很多。北方人到香港吃京菜，于是许多京菜馆子应运而生，像丰泽园、鹿鸣春、泰丰楼、乐宫楼、豪华楼、北京楼、北京城、北京酒楼等，都出售非常地道的京菜。丰泽园是我师傅牟润孙先生家的同和居南来的小徒弟开的，对少东家非常尊敬，逢年过节都向少东家敬菜。我在师傅家吃过丰泽园敬的煨排翅。牟师傅告诉我这煨鱼翅是以炭火煨三天而成，前后用了三块火方与三只鸡，鱼翅滑糯，汤汁浓郁，非时下火方翅可望其项背。平常丰泽园是师傅的餐厅，我追随夫子在这里吃了不少京菜，并经夫子讲解，得约窥京菜门径。北京城的周师傅原是豪华楼的首厨，他的糟蒸鸭肝与油爆羊肉是绝妙佳品。其中乐宫楼和鹿鸣春入境随俗，中午有北方点心的饮茶。这些京菜的馆子有因迁建或经营的问题，不能长久维持，只有北京酒楼楼面不大、装潢不改而成为几十年的老字号，实为异数，其赛螃蟹、盐爆两条、核桃腰都是地道的京菜，用料保持一贯水平。盐爆两条仍用腰条与肚仁，核桃腰是梁实秋先生家的厚德福名肴，以腰子炸成核桃状，现炸即吃，否则血水渗出，这些地道的京菜，即使现在北京也无法吃到了。

虽然，江浙菜和京菜在一段时间内构成的外地菜，对港人并没有发生实际的影响。今日香港的粤菜应包括广府菜、东江的客家菜、潮州菜组合而成，不过以广府的粤菜为主流。而且最初每个酒家都有其不同的特色。如，翠亨村的锦绣玉鸳鸯，别家就不会。叙香园的腿蓉奶酪与鱼云羹，另一处就不是那种味道。于吃一道，香港得天独厚，四海之珍，山林之秀，皆集于此，且件件"生猛"。港人除吃得巧之外，还吃得奇。因此，用料也广，为了吃端的是"上穷碧落下黄泉"，动手动脚找材料了。而且，他们对于自己的吃非常自豪，又非常坚持。所以，对外地菜不论京川沪宁，只抱着好奇的尝试心情。偶尔为之，要他们常吃，就"顶"不顺了。

不过，这种情形到八○年代以后，开始有了转变。由于内地开放，港人开始进入内地观光旅行，他们发现除了上海，还有许多其他的地方。于是将对外地人称上海人，扩大称为北方人。他们除了浏览各地的风光，还会品尝各地风味不同佳肴小吃，才发现除了"吃在广州"，其他地方吃食味道也不错。因此，港人的眼界广了，口味也就不那么固执了。就在这时候内地的美食，接踵到香港来表演。先后来表演的包括上海、福州、成都、杭州等地的美食，甚至还有厦门南普陀的素菜。虽然这些表演的菜色，无法和香港的粤菜相比，但冷盘如飞燕迎春、熊猫攀竹、喜鹊迎春、松鹤朝阳等等，摆置花巧如画，虽中看不中吃，但影响当时流行的新潮粤菜或潮菜，也开始花俏起来。这些美食表演团去后，美心集团的沪江春、嘉陵春、洞庭春等代表各风味的菜馆相继开业，另一方面内地各地的新移民不断涌入，对港人食乜嘢的影响渐渐出现了。

二

我离开香港六年，每年总会抽出时间，到香港住上个把星期。其实到香港也没有什么事，只是两肩担一口，港九通街走。探访过去常去的一些街坊小菜的吃食店或大排档，那里才是真正港人吃的地方。不过，每次去都会发现一些常去吃的地方，不是收档就是转业，难免有些微失落的怅然。因此，也发现香港人吃的环境在转变，却不知道因为社会迅速转变的影响，或其他的原因。所以，这次决定利用寒假，到香港住一个月，并在那里过九七前最后的一个春节，亲身体验九七前港人食乜嘢。

所以，到香港后，先去看了港九和新界的街市。街市就是传统的菜市场。时值年关将届，街市熙熙攘攘，挤满办年货的人。街市的年货与菜蔬，还像往年一样丰富和充足，而且内容仍然如旧，不论如何转变，中国人年总是要过的。而且这批在街市挤来挤去的港人，他们都是香港基层的小市民，也是稳定香港真正的力量，从他们在街市购买的货色看来，他们的饮食习惯，并没有因为政治变动发生任何的改变。不过，后来又去了几个屋村的超级市场，发现馒头和叉烧包并列于货架之上，冰箱冷冻食品有北方水饺出售。过去，这些食品是进不了超级市场的。这是一个很大的转变。这种转变说明一个事实，在一部分港人的主食体系中，已增加了新的内容。

港人的主食体系以米食为主。所以，当年客家人从中原辗转漂泊到岭南，然后在此落地生根。但这些客人逢年过节，对自己故乡的饺子有无限怀念。当时岭南无面粉，于是客人将豆腐斜切镶肉，状似饺子，可煎可煮，此即后来东江酿豆腐。现在港人的捞面、云吞面或鲜虾水饺等，虽自成体系，传自广州，但非源自羊城。广州的云吞面，始于清朝同治年间，由湘人于现永汉北路双门底，开设三楚面馆，专营面食，其后演变成今日的云吞面。所以，现在港人视为传统食品的云吞面，却是外来的。

至于现在外来的食品，被港人接受的改良四川担担面，与上海的粗汤面，却是一九四九年传入香港的。担担面是成都小吃，据说清咸丰年间，由陈包包者创于自贡，挑担沿街叫卖而得名，以叙府芽菜切细末为主料，配以葱花、花椒油与辣油而成，原先为素面，后增添以猪肉炒成的臊子，而成今日流行的担担面。面条细爽，臊子酥香，味鲜微麻辣，是其特色。最初难民聚集的钻石山，有家牛肉面馆兼售此味，专供难民吃的。其后港人也欢喜吃，然后去其麻辣，将分量加重，即成改良担担面。后由钻石山流传出来，嘉陵川菜亦售此味，渐渐外省餐厅普遍售卖。至于上海粗汤面，不知始于何时，是上海江南上不了台面的一种面食。以白菜或高丽菜和肉丝煮或炒，油重色浓，价廉物美，流行在里弄之间，是下层社会贩夫走卒之食。一九四九年香港坊间上海小食肆，皆售此味，后来成普罗大众的食品。

除了改良担担面，牛肉面也在香港流行，最初的牛肉面以台湾的川味牛肉面改良而成。所谓台湾的川味牛肉面，起于台湾空军眷区，四川成都并无此味。如果现在成都有，也是台湾的回流，一如永和豆浆流行大陆与东南亚，但永和的豆浆大王源于山东的青岛。其后在八〇年代中期，突然有南京牛肉面出现，面软似河粉，汤寡而无味，当是新移民所为，一度甚流行，但过了一阵就销声匿迹了。不过，九七将至之时，港九新界各处，出现不少新启市，以川沪为名的小馆子。除了有简单的菜肴外，还是以面点为主。所谓简单的菜肴，不外是回锅肉、炒鳝糊之类。至于面食除粗炒面、担担面，还有小笼包、锅贴、蒸饺，比较特别的炸馒头。炸馒头不仅在此现身，而且已跻身大茶楼中。虽然这些以川沪为名的小厨，所售的面点都很平常，但门庭若市，门外还拥挤着排队等候的食客，这是过去没有的现象。而且这些食客老幼皆有，都是普通的香港小市民。过去香港食客也上外来小馆，只是抱着尝试的态度，也就是浅尝即止。现在拖家带眷从茶楼移师这类小馆子，看样子已将这些外来的面点，作为他们主食补充品之一了。

九龙就有一家以"八百碗"为名的面食小馆，不仅有北方的炸酱面、打卤面，还有南方的雪菜肉丝面与葱开煨面，不过，也是要排队的。据说深水埗还有一家专售兰州牛肉面的。兰州牛肉面在内地风行南北，到处都有。

我曾在兰州本店吃过一碗牛肉面，但不见奇。远不如当年怀宁街廊下，老金的清真牛肉面。现在兰州牛肉面却随着九七进军香港了。

香港虽然是个移民的社会，东南西北凑成一家人，但基本上还是以广东人为主。也许广东人受了"食在广州"的影响，对于他们自己的饮食习惯，不仅坚持而且是非常固执的。这几年香港饮食在内地已形成一股风，南北各地都吃香港生猛海鲜。我就曾在乌鲁木齐尝过港式饮茶吃叉烧包。港人在食乜嘢方面，就不得不预作某种调整。关于这个问题是很容易了解的，因为香港是个东西文化交汇之处，早已习惯华洋杂处，深通兼容并蓄之道。所以，云吞面、金陵片皮鸭、海南鸡饭、扬州炒饭、京都排骨、桂林虾丸、福建烩饭、星洲炒米粉、炒贵刁（按贵刁即粿条一声之转，由厦门传到南洋，再回流香港），早已纳入他们的饮食体系之内，更不论其出自何方了。所以，香港对任何变故，都有应变自处之道。春节过后我离港返台，正是港人吃春酒之时，留得某酒楼春酒广告一份，席分三等，一为"金玉满华堂燕"，次为"阖府团圆燕"，最上者为"花开富贵燕"，其菜单计有：

金玉满堂（鸿运乳猪全体）、发财珠宝（发菜蚝豉柱甫）、龙马精神（桂林马蹄虾仁）、花枝招展（锦绣玉带花枝片）、大鹏展翅（螺头鸡炖鲍翅）、金鸡报喜（越式吊烧鸡）、包罗万有（鹿筋海参扒鲍甫）、年年有余（清蒸大青斑）、珠玑满盘（福建烩饭）、黄金万两（上汤水饺伊面）、富贵花开（富贵状元茶）、笑口常开

（芝麻笑口枣）。

这"金玉满华堂燕"，每席港币三二八八元，取其"生意发发"之意。菜色仍似往年，但所表现的意义却不同，即其广告词所云："齐齐迎九七，行行都得旺。"由此可知，即使香港在形式上有所变动，港人吃的依旧。虽然在变动中为了迁就现实，不得不做些微改变，这些微的改变，并无法转移其原来根深蒂固的饮食习惯，而且那些外来的饮食，经过改良，适合了港人口味，最后还是纳入他们的饮食体系中，已无南北之分，本土外来之别了。这是饮食文化传播与交流过程中，经常出现的现象。似乎不必一定坚持自家的东西才最好吃！

第四辑 谁解其中味

东坡居士与"东坡肉"

苏东坡临终前的两个月，看到李公麟为他作的画像，题了几句话："心似已灰之木，身如不系之舟。问汝平生功业，黄州惠州儋州。"东坡一生经历了两次放逐：一是元丰三年（一〇八〇），他四十五岁的时候，谪居湖北黄州五年；一是绍圣元年（一〇九四），他五十九岁的时候，流放岭南，由惠州而儋州，在海南岛漂泊了好几年。两次的放逐表现了在政治旋涡里打转的东坡，完全失败了。这也就是他自己所说的："我生天地间，一蚁寄大磨。区区欲右行，不救风轮左。"（《迁居临皋亭》）不过，这两次政治放逐的时期，却是他文学创作的丰收季，在诗词的境界上都有新的突破与转变。他临死前把三个儿子叫到床前说"吾生不恶，死必不坠"，也许就是指这两个时期的文学作品将传世而言。

不过，这两个放逐时期的心境各有不同，表现在诗词的境界也不一样。尤其是由惠州向海南岛出发的时候，"子孙恸哭于江边，已为死别；魑魅逢迎于海上，宁许生还？"（《到昌化军谢表》）到儋耳谪所后，并准备自置棺墓，埋骨蛮荒了。东坡自言他的《和陶诗》"不甚愧渊明"。当然，苏东坡喜欢陶渊明，不是从谪居儋耳始。但是他到儋耳后，"残年饱饭东坡老，一龛能专万事灰"。不仅对自己政治生涯，甚至对自己的生命完全绝望了。这时才更接近陶渊明的恬静悠然。所以他说："平生出仕，以犯世患，此所以深愧渊明，欲以晚节师范其万一也。"（苏辙《追和陶渊明诗引》）这和他初到黄州时的心情完全不同："自笑平生为口忙，老来事业转荒唐。长江绕郭知鱼美，好竹连山觉笋香。逐客不妨员外置，诗人例作水曹郎。只惭无补丝毫事，尚费官家压酒囊。"这虽然是自嘲，但也有无奈的潇洒。因为他这时还不想"休官彭泽贫无酒"，而想做一个"天涯流落俱可念"的白居易，虽然谪放却是暂时的。因此他这个时期的诗词，在落寞悲凉里难抑奔放的激情，也许这就是他自己所说，写诗填词如饮食一样："饮食不可无盐梅，而其常美在咸酸之外"的境界。他在黄州的诗词，也就更有言味了。

黄州五年是苏东坡一生"志业"的重要发展阶段。他弟弟苏辙说，黄州以前，他们兄弟俩文章"不相上下"，但自东坡谪居黄州，"杜门深居，驰骋翰墨，其文一变，如川之方至，而辙瞠然不能及矣"（《东坡先生墓志铭》）。的确，苏东坡在黄州，不仅留下"大江东去"的千古绝唱，并且还有两部学术著作，一部是继续他父亲未竟之作完成的《苏氏易传》九卷，一部是他"自以意"的《论语说》五卷。他在黄州更辟荒东坡，并盖了"东坡雪堂"，自此后就自号东坡居士了。他在黄州的诗词和文章，留待文人雅士吟哦和研究。他在黄州制作的一味"东坡肉"，遗爱至今，使我们俗人闻香垂涎。

东坡《于潜僧绿筠轩》诗说："可使食无肉，不可居无竹，无肉令人瘦，无竹令人俗，人瘦尚可肥，士俗不可医。"似乎他爱竹甚于食肉。尤其因"乌台诗案"，差一点断送了"老头皮"，而谪黄州，最初因怕"醉里狂言醒可怕"，饮酒暂时有了节制。由于减少饮酒，连带肉也少吃了。《东坡志林》载他的《记三养》："东坡居士自今日以往，不过一爵一肉。有尊客，盛馔则三之，可损不可增。有召我者，预以此先之，主人不从而过是者，乃止。"东坡饮不过量，是怕酒后失言。至于不食肉，是初履黄州，经济情况窘迫，所谓"先生年来穷到骨，问人乞米何曾得。"甚至在黄州送苏辙的女婿王子立的时候："送行无酒亦无钱，劝尔一杯菩萨泉。"饮一杯泉水就算送行了。他曾叙述当时他"痛节俭"的方法，每天的用度不超过一百五十钱。月初，取四千五百钱分成串，挂在屋梁上。每天用叉挑下一串，就把叉子藏起来。若这一百五十钱没有用完，另外放在竹筒子里，准备作宾客往来的招待费用，所以连肉也少吃了，他还在《与李公择》中自我解嘲说："口体之欲，何穷之有？每加节俭，亦是惜福延寿之道。"后来离开黄州，写诗寄给隐居蕲春的吴德仁："谁似濮阳公子贤，饮酒食肉自得仙。"回忆当时，对吴德仁仍有羡慕之意。

东坡到黄州第二年，仍然"日以困匮"。与他相随了二十年的朋友大胡子马正卿，为东坡向郡中求得黄州东门外，"冈垄高下，至东坡，则地势平旷开豁，东起一垄颇高"（陆游《入蜀记》）荒废已久的旧营地。于是东坡开始"躬耕其中"，但"废垒无人顾，颓垣满蓬蒿"，对初次拿锄头的东坡来说，确是非常艰辛的。他的《东坡八首》道出了这次拓垦的苦乐。

后来又在这里盖了房子，房子是在大雪中落成的，命名为"雪堂"。他并亲题了"东坡雪堂"四字匾额。他的《江城子》下半阕，描写了"东坡雪堂"的风貌：

> 雪堂西畔暗泉鸣，北山倾，小溪横。南望亭丘，孤秀耸层城，都是斜川当日境，吾老矣，寄余龄。

《江城子》的上阕，有句"昨夜东坡春雨足，乌鹊喜，报新晴"。这种开朗的心情，已不是初来时"明朝酒醒还独来，雪落纷纷那忍触"的孤寂，也没有"君门深九重，坟墓在万里，也拟哭途穷，死灰吹不起"的谪客幽怨了。他谪居黄州，虽然故旧不相闻问，但又结识了一批新朋友，于是出放春郊，煮酒禅院，而有"数亩荒园留我住，半瓶浊酒待君温""已约年年为此会，故人不用赋《招魂》"之句，他的诗词也放达了，表现了他对当时环境非常满足，安于现状，再没有那种飘零的叹感了。他自号"东坡居士"，而有"五亩渐成终老计"，甚至准备在黄州久居。于是东坡不仅"夜饮东坡醒复醉"，并且也大碗吃肉了。东坡《猪肉颂》说：

> 净洗铛，少着水，柴头罨烟焰不起。待他自熟莫催他，火候足时他自美。黄州好猪肉，价贱如泥土。贵者不肯食，贫者不解煮。早晨起来打两碗，饱得自家君莫管。

《竹坡诗话》说："东坡性喜嗜猪，在黄冈时，尝戏作《食猪肉诗》。"这就是后来"东坡肉"的由来。东坡《猪肉颂》的"柴头罨烟焰不起"，《诗话》作"慢着火"，是其制作的方法。其实这两种意义是一样的，那就是煮肉要用文火。

东坡不仅嗜肉，而且精于饪烹。他的《雨后行菜》诗就说"谁能视火候，小灶当自养"，所以他煮肉特别注意火候。在《老饕赋》中就说"水欲新而釜欲洁，火恶陈而薪恶劳"，煮肉的火候控制要恰到好处。火过了头，就干燥难吃了。不仅煮菜，蒸菜也该如此，"九蒸曝而日燥"，菜一再蒸炊也就不好吃了。在制作过程中，锅里水、灶中火必须互相配合："水耗初而釜治，火增壮而力均"。这是制"东坡肉"的诀窍所在。

东坡既爱竹又嗜肉，这又涉及俗和雅的问题。不过，这个问题也是容易解决的。因此，后人将东坡的诗句改成"不可居无竹，不可食无肉，无竹令人俗，无肉使人瘦，若要不俗也不瘦，餐餐笋煮肉"。这样一来"东坡肉"就变得雅俗共赏了。所以，"东坡肉"从来就是与笋同煮，也许自东坡时就是这样了。笋作为煮肉的材料，在黄州是不会缺乏的，东坡初到黄州就发现了。他的《初到黄州》诗，就有"长江绕郭知鱼美，好竹连山觉笋香"。笋香不仅在黄州各地，开辟后的东坡雪堂四周就有好笋。东坡四周不仅植桑、桃、桔、枣等果树，还有由巢三带的四川元修菜，以及向大冶长老求来的桃花茶。当然，松竹是少不了的。雪堂初建时，东坡就计划种竹子了。他说"好竹不难栽，但恐鞭横逸"，而影响了雪堂的幽雅，不过后来还是选了适当的地方种植。由竹根破土而出的竹笋，可能就是东坡煮肉的好配料。

中国人大多吃猪肉，和筑城一样，也是农业文化的特性之一。西周时代"炮豚"，就被列为八珍之一，见于《礼记》，今日的烤乳猪，就是"炮豚"演变而来的。不过，宋代因受了辽金生活习惯的影响，而欢喜吃羊肉，后来南宋时的临安也受到了感染。《梦粱录》卷十六，记载临安饭店所卖的羊肉菜肴，就有二十几种之多，如蒸软羊、羊四软、酒蒸羊、羊蹄笋、细抹羊生脍、米脯羊、糟羊蹄、灌肺羊等，以及沿街叫卖的熟羊肉，点心铺也有羊肉馒头出售。看来羊肉已是大众普遍的食品了。因此，对羊肉的烹饪方法很多，而且又非常精致。曾游江淮二十多年的泉州人林洪，在他所写的《山家清供》，著录了"山煮羊"一味的制作方法："羊作脔，置砂锅内，除葱、椒外，有一秘法：只用搥真杏仁数枚，活水煮之，至骨糜烂。"

不过，东坡虽是老饕，却不怎么欣赏羊肉。《书蜀僧诗》记载了故事一则："王中令既平蜀，捕逐余寇，与部队相远。饥甚，入一村寺中。主僧醉甚，箕踞。公怒，欲斩之。僧应对不惧，公奇而赦之。问求蔬食，僧云：有肉无蔬。公益奇之。馈以蒸猪头，食之甚美。公喜，问僧：止能饮酒食肉耶，抑有他技也？僧自言：能为诗。公令赋蒸豚。操笔立成云：嘴长毛短浅含膘，久向山中食药苗。蒸处已将蕉叶裹，熟时更用杏浆浇。红鲜雅称金盘钉，软熟真堪玉箸挑。若把膻根来比并，膻根只合吃藤条。"这种以蕉叶裹蒸的猪头肉，鲜红悦目，色味香俱全。膻根就是羊肉。那和尚说吃了猪肉，再吃羊肉，羊肉就像藤条似的无味。不论这个故事是蜀中流传，还是东坡杜撰，都表现了东坡嗜食猪肉之情。

东坡嗜食猪肉，谪居儋州期间，却苦无肉可食。他被放儋耳的时候，弟弟苏辙也贬谪到雷州，东坡听说苏辙瘦了，就想是因没有猪肉吃。他在《闻子由瘦》诗中，就道出自己在儋耳没有肉吃的苦况，而说"五日一见花猪肉，十日一遇黄鸡粥。土人顿顿食薯芋，荐以熏鼠烧蝙蝠。旧闻蜜唧尝呕吐，稍近虾蟆缘习俗"。自注说"儋耳至难得肉食"，因此，就不得不找其他的代用品了。"熏鼠烧蝙蝠"该是标准的野味了。"熏鼠"不知何物，也许就是果子狸，此间秋风一起就开始吃蛇，除蛇羹是普遍的大众食品（当然也不是每一个人都敢吃的），还有一味名贵的"龙虎斗"，即是以果子狸焖蛇。东坡对于野味也是非常喜爱的，他在家乡的时候常吃，"新味时所佳，烹煎杂鸡鹜"，这是野鸡、野鸭与家鸡一锅同煮。他在开辟东坡的时候，发现芹菜根大为高兴，而想到故乡野味"蜀人贵芹芽脍，杂鸠肉为之"，而写了一首诗："泥芹有宿根，一寸嗟独在，雪芽何时动，春鸠行可脍。"所以，他对"熏鼠烧蝙蝠"还可以消受，至于"蜜唧"和"虾蟆"，最初却难以下箸。

"蜜唧"，就是刚出胎"通身赤蠕"的小老鼠崽。以蜜饲养，临吃的时候还蹀蹀而行，以箸夹取，咬之作"唧唧声"，所以这味菜称为"蜜唧"。《朝野佥载》说，"蜜唧"是当时岭南的一种食法。"虾蟆"，韩愈《答柳柳州食虾蟆》诗："强号为蛙蛤，于实无所校……余初不下喉，近亦能稍稍。"即指此味。"虾蟆"，我故乡称癞蛤蟆为虾蟆，不知是否此物。我有一次经验，在台北近郊的一个小海产店里，叫了一道蒜子蒸田鸡，菜上来，是一大碗汤里盛着一只大牛蛙。汤清晰见底，碗底沉着一堆蒜子，牛蛙漂浮在汤中，一似游泳池里的标准蛙式。黑皮白蹼俱在，双目怒睁。我只有把汤喝了，其他的完璧奉还。不知韩愈和东坡吃的虾蟆，也是原件上桌的吗。

其实，东坡吃野味的范围很广，什么都吃，包括活的蜜蜂在内。东坡《安州老人食蜜歌》："安州老人心似铁，老人心肝小儿舌。不食五谷惟食蜜，笑指蜜蜂作檀越。"安州老人就是僧仲殊。僧仲殊俗姓张，名挥，当初也是士人，其妻以毒药害他，因吃蜂蜜而解，医生对他说：若食肉则毒发不可治，于是弃家为僧。东坡与他在黄州结识，称他为蜜僧。陆游《老学庵笔记》载，他的族伯父彦远，少时曾识仲殊，见其所食"豆腐、面筋、牛乳之类，皆渍蜜食之，客多不能下箸，惟东坡性亦嗜蜜"。仲殊吃蜜蜂的方法，东坡说"老人咀嚼时一吐"，也许就是将蜜蜂腹内的蜜吃尽，把蜂渣吐出，这种吃蜜于未酿之时，可能保持了百花原有的芬芳，也未可知。东坡在儋耳无肉可食，和他以前"十年京国厌肥豵"的日子，不可同日而语。在这种情况下，连过去难以下箸的蜜唧和虾蟆也不得不随俗而食了。因此，他对猪肉的盼望也越来越殷切："北船不到米如珠，醉饱萧条半月无。明日东家知祀灶，只鸡斗酒定膰吾。"膰，也就是祭灶用的烤肉。由此可以了解东坡不仅没有肉吃，生活也是非常艰困的。这种艰困的情况，在他《答参寥》里说，他贬地的居处"只似灵隐天竺和尚退院后，却在一个小村院子，折足铛中，罨糙米饭吃"，自炊自煮，其苦况可以想见。元符三年（一一〇〇）六月二十日，渡海北还。在儋耳整整流落了三年。回忆这三年"晚涂流落不堪言，海上春泥手自翻"，竟能生还，连他自己也没有想到。虽然，初谪黄州时，已经体会到"我被聪明误一生"了。但"九死南荒""鹤骨霜髯心已灰"后，当会有更深的体会。把一切都看破看化之后，因而才有"总角黎家三四童，口吹葱叶送迎翁。莫作天涯万里意，溪边自有舞雩风"与"半醒半醉问诸黎，竹刺藤梢步步迷。但寻牛矢觅归路，家在牛栏西复西"怡然自得的超脱境界。东坡没有猪肉吃，是苦事。但他能苦中作乐，为我们留下许多信手拈来浑然天成的好诗，这些诗句是在陶渊明诗里也无法找到的。

由于东坡嗜肉，又善于调治猪肉，因此后来许多关于猪肉烹饪的书，都托名东坡所著。南宋时托东坡之名的《格物粗谈》，其中谈到猪肉的料理方法："荷花蒂煮肉，精者肥，肥者沉。洗猪脏肚子，用盐则不臭……胡椒煮臭肉则不臭……每肉一斤，用石花菜四两煮化，夏日凝冻如水晶。"另本也是托东坡著的《物类相感志》说："煮猪肉，用白梅阿魏煮，或用醋或用青盐煮，则易烂……煮老猪肉，以水煮熟，以冷水淋肉冷，又浸冷，再煮即烂。"这些烹饪猪肉的方法，是否真是东坡留下来的，已无从查考。但那味脍炙人口、流传至今的"东坡肉"，的确是东坡亲手创制的。"东坡肉"，北京竹枝词《都门杂咏》说："原来肉制贵微炊，火到东坡腻若脂。象眼截痕看不见，啖时举箸烂方知。"这是"东坡肉"的近代制作方法，也就是将肉切成象眼块，用刀在皮上轻轻划痕，便易于入味，然后以东坡所谓的"柴头罨烟焰不起"的微火烹饪，颇得东坡余韵。据《都门杂咏》说，此菜出自"日俭居"。但北京名菜馆"八大居"中，没有这一居，想"日俭居"当早于砂锅居、泰丰居菜馆。除了北京，现在四川、淮扬、浙江菜谱中，都有"东坡肉"这味菜。四川是东坡故里，江南是他终老之处，浙江杭州是东坡两次出仕之地，尤其东坡在黄州制成这道菜，后来二次到杭，常亲自下厨烹制飨客，各地的制作方法大同小异。只有陕西"东坡肉"的制法，与别处不一样，即用熟猪肉三两、莲子一两、江米（糯米）二两与果料等，上笼蒸烂，这已不是"东坡肉"，倒有点像四川的"甜烧白"（夹沙肉）了。奇怪的是东坡创制"东坡肉"的湖北食谱中，却不见此味。但有"螺丝五花肉"一味，将三层五花肉片出，卷成螺丝状，烂后上笼蒸透，不知是否"东坡肉"演变而成的。

几年前浙江菜在这里展览，我吃过一次杭州的"东坡肉"，以陶罐装盛，汁多，不是东坡原韵，倒似台北天津街的"坛子肉"。去年冬天，我自己倒仿淮扬菜制"东坡肉"的方法，并采用江浙菜"烧方"的形式，即不将肉切成象眼块，保持肉皮的完整，在内部划开，另加口蘑与冬笋，置于砂锅中微火慢焖，色红腴晶莹，入口即化，冬笋口蘑味更佳。虽然，现在大家已经不大吃肥猪肉了，但偶尔食"东坡肉"，也可以发思古之幽情。遥想当年，东坡在黄州，"谁见幽人独往来，缥缈孤鸿影"的落寞情怀。

胡适与北京的饭馆

　　胡适在北京的应酬频繁，《胡适的日记》记载了一些他参加应酬的饭馆，除中央公园的几家外，还有陶园、华东饭店、雨花春、六国饭店、东兴楼、瑞记、春华楼、广陵春、广和居、南园庄、大陆饭店、北京饭店、撷英番菜馆、明湖春、扶桑馆、济南春等。其中东兴楼是胡适较常去的一家饭馆。按《胡适的日记》记载：

　　民国十年九月七日："张福运邀到东兴楼吃饭。"十月九日："与擘黄、文伯到东兴楼吃饭。"

　　民国十一年四月一日："午饭在东兴楼。客为知行与王伯衡、张伯苓。"九月四日："到东兴楼，陈达材（彦儒）邀吃饭。彦儒是代表陈炯明来的。"八日："蔡先生邀尔和、梦麟、孟和和我到东兴楼吃饭，谈的很久。"九日："八时到东兴楼，赴陆建三邀吃饭，客为穆藕初、张镕西。"二十四日："夜到东兴楼，与在君、文伯、蔡先生同餐。"十一月七日："到东兴楼吃饭。"

胡适和鲁迅两次饭局，一次胡适请鲁迅，一次郁达夫请胡适与鲁迅也都在东兴楼。按鲁迅民国八年五月二十三日的日记说："夜胡适招饮于东兴楼。同桌十人。"又民国十二年二月二十七日的日记说："午后，胡适之至部，晚同至东安市场一行，又往东兴楼应郁达夫招饮，酒半即归。"

　　东兴楼是民国初年北京"八大楼"之一。北京人对"八"字似乎有特别兴趣。北京人爱吃"八宝菜"，爱喝"八宝莲子粥"，买布去"八大祥"，打茶围就上"八大胡同"，想吃在清末去"八大居"，民初去"八大楼"，以及"八大春"。"八大居"即同和居、砂锅居、泰丰居、万福居、阳春居、东兴居、福兴居、广和居。"八大春"是民国以后兴起的菜馆，北京菜馆称"春"的不少。而"八大春"是指设在西长安街一带的芳湖春、东亚春、庆林春、淮阳春、新陆春、大陆春、春园、同春园。各有不同的口味，如东亚春是粤菜，新陆春、大陆春、庆林春是川味，淮阳春是淮扬风味，同春园、芳湖春则是苏锡菜。

　　至于"八大楼"，为东兴楼、致美楼、泰丰楼、安福楼、鸿庆楼、鸿兴楼、萃华楼、新丰楼等八个菜馆。除东兴楼外，安福楼在八面槽，其余的都在前门一带。"八大楼"有一个共同的特色都是山东菜，主厨均出自山东福山与荣成。但各有各的名菜名点，如泰丰楼的锅烧鸭、烩爪尖，致美楼的红烧鱼翅、四炸鲤鱼，新丰楼的芝麻汤圆。在"八大楼"中东兴楼一枝独秀，在东华门大街，后来因东安市场和王府井的关系，特别热闹繁华。据说东兴楼是由清宫里一个姓何的梳头太监开的，所以能烹制几样宫味如砂锅翅、砂锅熊掌、燕窝鱼翅。其两做鱼与红油海参就是典型的宫廷菜，按红油是以胡萝卜熬油而成，非现在的四川红油。尤其酱爆鸡丁，嫩如豆腐，色味香俱全，堪称一绝。清蒸小鸡也是他家的名菜。东兴楼的房舍宽大，院子里有大养鱼池一座，供顾客现选烹调，所以生意兴盛了一个时期。胡适常常来东兴楼，因为东安市场距沙滩北大第二院近，北京大学同人多在这里餐叙。蔡元培约人吃饭多在东兴楼，其原因在此。

胡适少小离乡，但乡情的意味还是很浓的。他非常关心安徽的事，常常和安徽同乡餐叙。《胡适的日记》民国十年十一月一日说："辛白邀吃饭，同席的同乡，谈的多是本省情形。"又民国十一年十月二十四日日记说："汤保民前日来京。今夜请他吃饭，蔡晓舟也在京。大谈安徽大学事。"他们餐聚多在明湖春。《胡适的日记》民国十一年：

　　二月十九日："到明湖春吃饭。"九月十一日："夜到明湖春，同乡诸君公燕安徽议员。"十六日："夜到明湖春吃饭。主人为一涵、抚五，客为汪东木、刘先黎，是安徽派来赴学制会议的。"十七日："晚在明湖春请兴周、东木、刘先黎、张先骞吃饭。"十月五日（是日中秋）："在明湖春宴请绩溪同乡。"

自古以来，徽州商人善经营，名闻于世。明清以后，"新安大贾"更是遍天下，而有"无徽不成镇"之说。尤其绩溪在徽岭以南，地瘠民贫，人民多出外谋生。徽州一带的菜肴点心的制作，自来自成一格，是为徽菜。饮食业者随着徽商的踪迹流传甚广，徽州圆子由是名闻全国。扬州盐商多出自新安，淮扬菜也受到徽菜的感染，《扬州画舫录》有徽毛包子一品，现在的苏式汤包即由此出。尤其东南一带，通商大埠都有徽州会馆，专售徽菜。

胡适虽然曾漂洋过海，但仍然欢喜吃乡土俚味，逢年过节都吃故乡的"徽州锅"。所谓"徽州锅"不是徽州人普遍吃的菜肴，而是绩溪岭北居民节日喜庆吃的锅子。材料是猪肉、鸡、蛋、豆腐、虾米等，用大锅炊之。最丰盛的徽州锅有七层，底层垫蔬菜。蔬菜视季节而定，最佳当然是用笋。徽州多山，山区产笋。《徽州通志》载："笋出徽州六邑。以问政山者味尤佳。箨红皮白，堕地即碎。"二层用半肥瘦猪肉切长方形大块，一斤约八块为度。三层为油豆腐塞肉，四层为蛋饺，五层为红烧鸡块，六层为铺以煎过的豆腐，七层以带叶之蔬菜覆之。初以猛火烧滚，后改文火，好吃与否，就看火候了。烧时不盖锅盖，经常锅里原汁烧淋数遍，三四小时始成。吃时原锅上，逐层食之。其制作颇似湘北鄂南一带"钵子"做法，内容就丰富多了。幼时住过绩溪，且是绩溪胡氏小学（不是胡适那一胡）毕业，可是没有吃过"徽州锅"。不过，对绩溪"毛豆腐"印象很深。这是一种发了霉的豆腐，用平底锅煎妥蘸辣椒酱吃，味甚美，其形状颇似先生用的戒尺。这两种味道不同的"毛豆腐"，当时我都常吃。

如上述徽商所到之处，都有徽州会馆，专售徽州菜。但安徽同乡请胡适、胡适宴同乡的明湖春，却不是徽州菜，而是地道的鲁帮菜。明湖虽名春，却不在"八大春"之列。民国四年开业，最初在杨梅竹斜街，以售新式的山东菜著名。名菜有奶汤蒲菜、奶汤白菜、氽双脆、面包鸭肝、龙井虾仁、红烧鲫鱼、松子豆腐、红烧鳊鱼等，尤其银丝卷蒸得好，北京城无出其右者，杨度曾为文介绍。后来明湖春因店面狭小迁到新华街，胡适吃的明湖春，可能就在这里。只是不知道安徽人为什么喜欢到这里来吃。

胡适许多应酬是外国人，有很多机会吃西餐。对于西餐，这位留美七年，又提倡西化的新文化的领导者，当然是不会反对的。在一次宴会上，王寿亮大骂西洋野蛮、事事不如中国，但他说西洋只有两件事是好的，一请客吃饭只到一处，不重复，不兴一餐赴数处；二宴会简单，不多用菜肴，不靡费。胡适不同意王寿亮对西方文化的看法，认为他的"顽固真不可破"。但非常欣赏他所说的西餐好处，特别在日记中记下来。

西餐至迟在明代后期，已随传教士与外商登岸中国了。只是不普遍，也无资料可稽。而清乾隆年间，袁枚《随园食单》有"西洋饼"制法的记载："用鸡蛋清和飞面作稠水，放碗中。打铜夹剪一把……铜合缝处不到一分。生烈火烘铜夹，撩稠水，一糊一夹一熯，顷刻成饼。白如雪，明如绵纸，微加冰糖、松仁屑子。"自鸦片战争后五口通商，欧美传教士与商人纷纷东来，西餐渐渐在中国流行起来。徐珂《清稗类钞》"西餐"条下：

> 国人食西式之饭，曰西餐，一曰大餐，一曰番菜，一曰大菜。席具刀、叉、瓢三事，不设箸。光绪朝，都会商埠已有之。至宣统时，尤为盛行……我国之设肆售西餐者，始于上海福州路之一品香，其价每人大餐一元，坐茶七角，小食五角。外加堂彩、烟酒之费。当时人鲜过问，其后渐有趋之者。于是有海天春、一家春、江南春、万长春、吉祥春等继起。且分室设座焉。

上海福州路的一品香，是中国最早的西餐馆，也是民国十年胡适与郭沫若第一次见面的地方。西餐传入中国后，为了适合中国人的口味，已稍加改良。所以徐珂说：

今繁盛商埠，皆有西餐之肆，然其烹饪之法不中不西，徒为外人扩充食物原料之贩路而已。

这种西餐中制，或中料西烹，是西餐传入中国后的一个转变。当年广州太平馆的西汁乳鸽，与粤式西餐中的"金必多汤"（Potage Campadore），即奶油浓汤加火腿、胡萝卜与鲍鱼等丝，以及鱼翅制成，胡萝卜或象征多金，至于鱼翅，西方人是不兴吃这种鲨鱼背脊的。西餐制法初不立文字，由师傅口授心传。最早的一本西餐食谱，可能是清宣统元年上海美华印书馆出版的《造洋饭书》了。书用"耶稣降世一千九百○九年"年号，或是从西书翻译的。书前有"厨房条例""入厨须知""食品卫生"等，内容分汤、鱼、肉、蛋、小汤、菜、酸果、糖食、排、朴定、甜汤、杂类、馒头、饼等二十五章二百七十一品，皆附有原料用量与制法。书后有英文菜点对照，译法与今不同，按馒头即面包，朴定即今布丁。这本《造洋饭书》，不仅反映了西餐在中国流传的情况，同时也反映了近代与西方文明接触后，生活方式的转变。

北京的西餐馆兴于庚子之后，称西餐为番菜。陈莲痕的《京华春梦录》说：

年来颇有仿效西夷，设置番菜馆者，除北京、东方诸饭店外，尚有撷英、美益等番菜馆及西车站之餐室。其菜品烹制虽异，亦自可口……如布丁、凉冻、奶茶等品，偶一食之，芬留齿颊，颇觉耐人寻味。

北京的番菜馆中，当然数北京饭店附设的西餐厅。一九〇〇年义和团事件后，八国联军入北京。于是洋酒店、洋妓院、番菜馆就应运而生。其中有两个法国人邦扎与佩拉蒂在苏州胡同南边，开了个三间门面的小酒馆，卖一两毛钱一杯的红、白葡萄酒，和煎猪排与煎蛋一类的酒菜。雇了个小伙计名叫邵宝元，后来做了北京饭店的华人经理。这是北京饭店的前身。

第二年这小酒馆搬到近洋军营区东单菜市场旁，正式挂起"北京饭店"的招牌来，后来生意盘给意大利人独眼龙卢苏。卢苏经营有方，北京饭店的业务发达，他又在长安街王府井南口，买了一大片宅子，将北京饭店迁来，想盖五层楼的高级饭店。不过这个愿望没有实现，独眼龙卢苏因思乡回意大利了，他回国时将饭店卖给中法实业银行。于是北京饭店转到法国人手中，完成了卢苏想筑的五层红楼，经营十年后在民国八年，也就是"五四"的那一年，又在红楼西边增建了七层法式洋楼。有客房一百零五间，住客包括一日三餐与下午茶在内，收价非常高昂，餐厅在一楼，七楼是花园酒吧与露天舞池。住的都是洋人，赴宴时必须衣着整齐，价钱很贵。除非别人请客，胡适自己是不会来这里的。按《胡适的日记》说：

> 民国十年五月二十日："夜，到北京饭店赴 General William Crozier 夫妇的邀餐，同席者为丁在君。"六月二十六日："夜间杜威先生一家，在北京饭店的屋顶花园，请我们夫妇吃饭。同座的有陶（行知）、蒋（梦麟）、丁（文江）诸位。"

又十一年五月二十九日：

> 晚间到北京饭店 Miss Catherine Dreier 处吃饭。

除了大饭店所附设的西餐厅，还有较高级专售西餐的番菜馆。招牌上写明是英法大菜、德式大菜或俄式大菜。其中最著名的是撷英番菜馆。撷英在前门外廊坊头，四周都是金银珠宝店，是开在金银窝里的一家西餐馆，消费也不低。《胡适的日记》说：

> 十年十月四日："到撷英菜馆吃饭，主人为中华书局主纂戴懋哉先生。"十一年二月二十四日："夜到撷英吃饭，赴皖政事改进会议改进周刊事。"九月四日："与

蔡先生同到撷英菜馆，刘式南邀吃饭。"

当时胡适虽名满天下，但他的经济状况并不宽裕，而且买书花了不少钱，逢年过节书店讨欠，他就捉襟见肘了。《胡适的日记》说：

> 十一年五月三十一日（端午）："近来买的书不少，竟欠书债至六百元。昨天向文伯处借了三百元。今天早晨我还没有起来，已有四五家书店伙计坐在门房里等候了。三百元一早就发完了。"

又十月五日（中秋）：

> 这个节上开销了四百元的书账，南阳山房最多，共二百七十余元，我开了他一百六十元。

因为经济情况不好，他在日记里就说："近来大窘，久不请人吃饭了。"所以，不仅北京饭店，就是撷英番菜馆他也去不起的。如果他想吃西餐，只好去西火车站了。《胡适的日记》说：

> 十年六月二十一日：午，到西火车站吃饭，主人为

曹杰、徐养原两君，客人多是安徽同乡。

又六月二十九日：

我同王文伯到西火车站吃饭。

所谓西车站，指的是西车站"京汉路食堂"。一九〇〇年庚子，八国联军入侵北京时，将京汉路一直延长到前门西面，并修筑了一个车站，后来称为前门西车站，往来保定、汉口，或转正太路去太原在这里上下。乘京奉路往来天津、张家口等地，则在前门东站下车。当时车上附有餐车，由交通部食堂经营，并在西车站开了个西餐厅。这里地点适中、价钱公道，当时很多学术文化界的人，欢喜到这里来吃西餐。

除西餐外，胡适也有吃日本料理的经验。《胡适的日记》民国十年六月二十七日条下：

八时，到扶桑馆，芥川（龙之助）先生请我吃饭。同坐的有惺农和三四个日本新闻界中人。这是我第一次用日本式吃日本饭，做了那些脱鞋盘膝席地而坐的仪式，倒也别致。

以上是胡适在北京社交生活的一部分。胡适社交的圈子很广,应酬的分子也非常复杂,除了一些学者专家外,还有一些外国的使节、北洋的官僚,以及军阀的幕客、宣统的老师等。可以说新旧兼顾、中外俱有。但对于这些无谓的应酬,连他自己也感到厌烦。《胡适的日记》民国十一年二月十日条下:

> 敬斋请我吃饭,初意可见宋鲁伯,不意他没有来,席上一班都是俗不可耐的人。吃了饭,他们便大赌,推三百元的牌九。一点钟之内,输赢几百。我与文伯、淮钟又不便就走,只得看他们赌。席上无一可谈,席后也一无可谈。有一人称赞我的"学派",说"唐宋元明都比不上"。和这一班人作无谓的应酬,远不如听两个妓女唱小曲子。

虽然是无谓人的无谓应酬,胡适还是去了。吃了饭,人家赌博,他不便走,陪着在旁看人家赌牌九,真是无谓的无谓了。也许自他突然赢得大名后,名虽然来得很易,要维持却不易,因此对于各方面的应酬,他都得应付。也许他个性里也有徽州商人的性格,徽州人所以能经营成功,除了精打细算外,还有一个和气生财,也就是面面俱到,谁也不得罪。胡适从家乡初到上海,曾跟他二哥学过生意,关于这一点他是非常了解的。这也是他后来除了共产党，和各方面都能维持非常良好却不亲密的关系，是他成功的一个重要因素。但也使他陷于无尽、无谓又无聊的应酬之中，而难以自拔。

也许胡适还有另一种想法，因为中国知识分子自古以来，都是依附政治或政治的权威的，至多也不过是一个政治帮闲的角色。胡适似乎创造了另一种中国知识分子的典型，那就是周旋于政治之间、自置于政治之外。这种想超越的想法的确是天真。但事实上，他仍然堕入中国知识分子的旧窠臼之中，真不知是他玩了政治，还是政治玩了他。后来他自称是过了河的卒子，可是从这两年的社交与应酬看来，他似乎已经脱了袜子脱了鞋，在河边漫步了。

路近城南

今年清明前到杭州闲散几天，看看湖滨的鹅黄柳和初放的桃花。行前就计划顺便到绍兴走走，刚好从机场载我们去旅馆的出租车师傅是个个体户，人也很实在，大家还谈得拢。就说妥了第二天一早，接我们到绍兴走一趟。不过，他说到时他的车子停靠得远一些，免得旅馆的车队看到不方便。

第二天一早，我们依时到停车的地方。师傅向我们招手，但车上多了个人。师傅介绍是他爱人。他说从"文革"时到绍兴乡下插队，他们十几年没去过那里了。我立即说那敢情好，人多，吃饭时可多点些菜，吃起来也热闹些。

师傅开车，手握方向盘说，到绍兴可以参观鲁迅纪念馆，那里有很多东西看，他们上初中旅行去过，老师带他们到那里去学习。说实在的，我对鲁迅的兴趣不大。不过，鲁迅当年和郁达夫喝酒的"春华园"，不知还在否，《孔乙己》里提到的"咸亨酒店"，近些年为招揽观光而新辟，倒是可以去看看的。

在鲁迅的小说和他自己的日记里，很少谈到吃。只知道他喜欢吃北京中山公园的咖喱饺，每次逛公园，都会包些回去吃。还有在厦门教书的时候，自己炖过金华火腿。也许鲁迅不讲究吃，当年他在北京，除了应酬人家请他吃饭，他自己吃来吃去不是"广和居"，就是"益锠"小西餐馆。因为这两个馆子距他宿处与上班的教育部近，图个方便。

在鲁迅的小说里，我喜欢的不是《阿Q正传》或《狂人日记》，而是那篇《在酒楼上》。写的是两个分别十年的朋友，落大雪的天气，在个小酒楼不期而遇的故事。我特别喜欢在故事结尾，两个人下得楼来，各自向相反的方向而去。"见天色已是黄昏，和屋宇和街道都织在密雪的纯白而不定的罗网里。"虽然最后一句有点绕口，且有"和风"，却是鲁迅作品中少见的感情笔触。

他们相遇的地方是"一石居"："我午餐本没有饱，又没有可以消遣的事情，便很自然的想到先前有一家熟识的小酒楼，叫一石居的。""一石居是在的，狭小阴湿的店面和破旧的招牌都依旧；但从掌柜以至堂倌却已没有一个熟人，我在这一石居中也完全成了生客。然而我终于跨上那走熟的屋角的扶梯去了，由此径到小楼上。上面也依然是五张小板桌；独有原是木棂的后窗却换嵌了玻璃。'一斤绍酒。——菜？十个油豆腐，辣酱要多！'……我略带些哀愁，然而很舒服的呷一口酒。酒味很纯正；油豆腐也煮得十分好；可惜辣酱太淡薄，本来S城人是不懂得吃辣的。"

后来，他在这里竟然遇到他的旧同窗，也是教员时代的旧同事吕纬甫，两人久不通音讯，竟在这里相遇。"然后再去添二斤……就从堂倌口头报告上指定了四样菜：茴香豆，冻肉，油豆腐，青鱼干。"

这是鲁迅小说里清楚写到饭店名字和菜肴名字的地方。鲁迅的《狂人日记》，为中国现代小说开辟了道路。但"五四"以后的新小说，写作面很狭窄，作者个人生活经历和故乡景物，很显明地显现在他们的小说中，鲁迅的短篇小说就是这样。店名"一石居"，可能就是离鲁迅故居不远的"春华园"。鲁迅在家时，常在这里小酌。有朋友来访，也约在这里。现在绍兴解放路上有家"春华园"，但店面堂皇。可能不是鲁迅当年吃的地方。倒是我们车子刚由解放路转入鲁迅路时，在路的左侧，一排老旧的民居间，发现了一块"春华园"的招牌。

那是一块市集常见的白底黑字招牌，挂在一排木造的旧楼间，这排两层的木楼沿着水沟而筑，沟旁种植着一行柳树，嫩黄的柳丝在春风里飘着，那块白底黑字的招牌特别显眼。于是，下得车来，在早春洁亮的阳光下，沿着沟旁的柳行，向"那块招牌"走去。"春华园"只有一间门面。白底黑字招牌下的门檐上，竟悬着一块黑底金字"春华园"的匾额。那匾额经日久天长的油煎火燎，金字黑底被熏得变成黯灰色了，真是盖有年矣。这么残旧的招牌能完整保留下来，大概是鲁迅的余荫了。

跨过门槛，进得店来，面积不大，厨灶似乎占了一半店面，余下的摆了两三张板桌。店面虽然狭小，地上铺的水泥，倒不阴湿。灶上的师傅正在炒菜，油烟弥漫了一屋，跨上那屋角的楼梯，径到小楼上。楼上是雅座，还"依然是五张小板桌"，但不仅"木棂的后窗却换嵌了玻璃"，又辟了前窗，如果不是楼下阵阵油烟飘上来，在细雨柳扬的日子，临窗而坐，老友对酌，倒有几许雅趣。这里就是鲁迅常吃的"春华园"，也是他《在酒楼上》的"一石居"了。只是挂在楼下的黑板，用粉笔写的菜单牌，没有油豆腐、青鱼干、冻肉和茴香豆。

茴香豆就是用茴香大料煮的蚕豆，绍兴人佐酒吃的小菜。鲁迅在《孔乙己》里说："鲁镇的酒店的格局，是和别处不同的：都是当街一个曲尺形的大柜台，柜里面预备着热水，可以随时温酒。做工的人，傍午傍晚散了工，每每花四文铜钱，买一碗酒……靠柜外站着，热热的喝了休息；倘肯多花一文钱，便可以买一碟盐煮笋，或者茴香豆，做下酒物了。"这是鲁迅笔下的"咸亨酒店"。现在的"咸亨酒店"似没有茴香豆买了。

如今的"咸亨酒店"，就开在鲁迅故居旁边。当街扎着个大市招。进门倒是个曲尺形的大柜台，竖着块"太白遗风"黑底金字匾额。"太白遗风"下摆着两个青花的瓷坛，里面盛的想是上好的绍兴酒了。柜台靠街的一面，覆着一个大纱罩，纱罩里摆着四个大洋瓷盘子。盘子各盛着腐衣卷、花生米、油焖笋、盐水虾等下酒的小菜。堂里有些散座，往后进穿过院子是雅座，雅座有炒菜可买。这是现在的"咸亨酒店"，却不是当年孔乙己喝酒的那家。

车子最后在鲁迅纪念馆停下，开车的师傅说："你们进去看看吧，可以看两三个钟头。"但我们从大门鲁迅那座大塑像下往里走，经过几个展览室，不到十分钟，就提着一盒豆腐乳从边门出来了。豆腐乳在出门的小卖部买的，包装精美，其他地方少见。一盒分别是火腿、开洋、香菇、麻油四种不同的味道。绍兴的腐乳自明朝嘉靖年间，已远近知名，到现在已有四百多年历史了。绍兴腐乳品种众多，有红色的丁方、淡黄色的醉方、青灰色的青方和棋子大小的棋方。我买的那四罐不同的腐乳，回来一尝，味道确实不错，真的是质细香糯，醇和爽口，而各有各的风味，以红色丁方火腿味的，烹炖腐乳肉，色香味俱佳。

绍兴腐乳所以出名，是由于那里的水和糟好。水是酿制绍兴酒的鉴湖水。所谓"汲取门前鉴湖水，酿得绍酒万里香"，这是绍兴酒闻名于世的原因。糟是制酒剩下的，由于鉴湖的水质好，不仅酿酒，豆腐制品也非常出色。绍兴有单腐一味，即以豆腐为主料，以肉丁、虾米、笋丁为辅，吃时浇以熟猪油，撒上葱末胡椒粉即可。鲁迅《在酒楼上》吃的油豆腐，不知是否是油豆腐酿肉。后来我在"荣禄春"午饭，点了一味虾仁腐卷，以豆腐衣为主料，制法颇类单腐，甚是香稔软滑。

我提着一盒腐乳从鲁迅纪念馆出来，开车师傅夫妇都笑了。逛鲁迅纪念馆不买鲁迅的纪念品，竟买了土货。又问我为什么这么快就出来了。我说里面展的书上都有。我们想到"沈园"看看。沈园，他们茫然地望着我，竟不知绍兴还有这个地方。

沈园是陆游写《钗头凤》的地方，也是我们来绍兴要看的地方。除了沈园，还有徐文长的"青藤书屋"和王羲之的"兰亭"，至于其他的可看可不看。沈园距鲁迅纪念馆不远，我们弃车执地图步行前往。也许这里办观光的认为，来绍兴的人，看了鲁迅纪念馆就不会再往里走了，所以这一带的巷子还保持原来的模样，两旁的民居是旧式的瓦屋、木门，门外是石台阶。石阶上晒着新收成的绿芥菜；门框上有的也会挂串红辣椒，红绿相映成趣。芥菜晒干后腌制成乌芥菜干。用乌芥菜干焖五花肉，是绍兴传统的菜肴。

石阶旁坐着些曝阳的老人，有的翻着晾晒的芥菜，有的对着太阳穿针引线缝补衣裳，有的蹲着在台阶上缓缓吸着烟，他们默默静静地在这里生活着，倒有几分鲁迅小说人物的遗趣。转进另一条巷子，有座黄墙围绕的尼庵，墙不高但庵门紧掩，尼庵外倒有片菜园，不知是否就是《阿Q正传》

的"静修庵"。这尼庵距鲁迅读书的"三味书屋"不远。也许当年他常跑到这里看小尼姑。鲁迅少年时可能不是个好学生，不然他在"三味书屋"的书桌，不会面壁而置的。

经过先前那巷子时，在路旁发现一口井，井旁立了块石碑，碑上刻着"禹迹寺古井"。那么，这一带地方就是禹迹寺了。禹迹寺是陆游的伤心地。陆游晚年居鉴湖旁的三山，每次进城必登禹迹寺怅望沈园。尝赋二绝："梦断香销四十年，沈园柳老不吹绵。此身行作稽山土，犹吊遗踪一泫然。"又："城上斜阳画角哀，沈园非复旧池台。伤心桥下春波绿，曾是惊鸿照影来。"

"伤心桥下春波绿，曾是惊鸿照影来。"就是陆游和他前妻唐氏离袂十年后，在沈园仓促一见的地方。周密的《齐东野语》卷一，"放翁钟情前室"条下记载："陆务观初娶唐氏，闳之女也。于其母夫人为姑侄。伉俪甚得，而弗获其姑。既出，而未忍绝之，则为别馆，时时往焉。姑知而掩之，虽先知挈去，然事不得隐，竟绝之，亦人伦之变也。唐后改适同郡宗子（赵）士程，尝以春日出游，相遇于禹迹寺南之沈氏园。唐以语赵，遗致酒肴。翁怅然久之，为赋《钗头凤》一词，题园壁间云：'红酥手，黄縢酒，满城春色宫墙柳。东风恶，欢情薄。一怀愁绪，几年离索，错！错！错！ 春如旧，人空瘦，泪痕红浥鲛绡透。桃花落，闲池阁。山盟虽在，锦书难托，莫！莫！莫！'"

据说唐氏读了这阕词，悲痛欲绝，含泪和了一阕："世情薄，人情恶，雨送黄昏花易落。晓风干，泪痕残。欲笺心事，独语斜阑，难！难！难！ 人成各，今非昨，病魂常似秋千索。角声寒，夜阑珊。怕人寻问，咽泪装欢，瞒！瞒！瞒！"沈园一会，唐氏沉疴日重，一病不起，就含恨而终了。

对沈园一会，陆游有刻骨铭心的记忆。无论他后来通判夔州，从戎郑南，或漂泊巴蜀，对沈园都是魂牵梦萦的。最后陆游告老回到故乡，六十八岁的他再游沈园，写下了"枫叶初丹槲叶黄，河阳愁鬓怯新霜。林亭感旧空回首，泉路凭谁说断肠。坏壁醉题尘漠漠，断云幽梦事茫茫。年来妄念消除尽，回向蒲龛一炷香"。诗前有序："禹迹寺南有沈氏小园，四十年前，尝题小阕壁间。偶复一到，而园已易主，刻小阕于石读之怅然。"陆游到老耋，对唐氏对沈园都无法忘情。他八十一岁那年有《十二月二日夜梦游沈园亭》诗："路近城南已怕行，沈家园里更伤情。香穿客袖梅花在，绿蘸寺桥春水生。"另一首是："城南小陌又逢春，只见梅花不见人。玉骨久成泉下土，墨痕犹锁壁间尘。"直到他去世前一年，所赋《春游》四首中的一首："沈家园里花如锦，半是当年识放翁。也信美人终作土，不堪幽梦太匆匆。"

沈家庭园也因陆游这段凄婉的爱情故事流传下来了。现在的沈园当然已非复旧池台了，而是最近依旧图新修筑的，有许多工程还在进行中。从那尼庵往前走，是畦种植芥菜的菜地，沿着那畦菜地是新筑的石板路，石板路的内侧：一列黑瓦覆盖的白粉墙尽头，两扇敞开的黑漆木门，就是沈园了。进得门来，除了在门口坐着的几个工作人员，园里竟没有一个游客，真是非常难得。

沈园是最近复修的，但比原来的规模小多了。有一大块园地改建了工厂，纺织机的轧轧声隔墙传来。主体建筑物是陆游纪念馆。馆里没有什么可看的，墙上挂满今人写的陆游的诗句，杂乱得很。于是匆匆走了出来。倒是园里新植的柳树，初发的柳枝在春风里轻轻拂着，淡黄细长的柳丝，衬着阳光下白色的回廊，还有回廊外黑色的屋脊和屋檐，显得那么淡雅朴素。我站在柳荫下的小石桥上，小石桥架在葫芦形的小池塘上面，葫芦形的小池塘完全照旧时图样复原。那么，我站立的地方，就是陆游和唐氏仓促一会之处了。望着池中被微风催促的浮萍，就不能不感叹人生聚散无常。过了小石桥再往前走几步，立着一面旧石残砖堆砌的墙壁，墙壁的右上方嵌着一块石刻，写着"沈园遗物壁"。这里就是陆游题诗壁的遗址，遗物壁当然不是旧时物，但我站在墙边抚摸着那墙壁，也许其中一块砖石，曾留下陆游和唐氏绝望的眼泪。

后来陆游离开这块伤心地，远走他乡。最后在六十四岁"笑指身上衣，不复染京尘"，终于回到自己的故乡。真是"未老莫还乡，还乡须断肠"。虽然这些年漂泊在外，魂牵梦萦的是那段覆水难收的感情，同时念念不忘的还有故乡的村蔬里味，所以他有"十年流落忆南烹"及"例缘乡味忆还乡"的感怀，在四川时见秋风又起，而写下那阕《双头莲》："空怅望，脍美菰香，秋风又起。"因此，许多故乡的食物都从梦中来："团脐霜蟹四腮鲈，樽俎芳鲜十载无。塞月征尘身万里，梦魂也复醉西湖。"

陆游自礼部罢归，再回到山阴，在镜湖三山家乡归隐，写下了"为贫出仕退为农，二百年来世世同。富贵苟求终近祸，汝曹切勿坠家风"(《示子孙》)的诗。屏居湖上，不与当时的官吏往来，而有"河洛未清非我责，山林高卧复何求"诗，自号若耶老农。然后开辟园圃，种菜植竹，于是许多他故乡的佳肴美蔬，都在他诗里咏现。陆游不仅遍尝故乡的湖山风味，有时更自己下厨。在《雨中小酌》中，有"自摘金橙捣脍齑"之句。对于吃荠菜他另有秘方："采撷无阙日，烹饪有秘方。"所谓秘方，即"霜余蔬甲淡中甜，春近灵苗嫩不蔹。采掇归来便堪煮，半铢盐酪不须添"。不仅荠菜，其他蔬菜园摘来即煮，不加调料，保持原味的甜美。他还会做甜羹，《山居食每不肉戏作》序，记载了甜羹法："以菘菜、山药、芋、莱菔杂为之，不施酰酱，山庖珍烹也。"其诗云："老住湖边一把茅，时沽村酒具山肴。年来传得甜羹法，更为吴酸作解嘲。"陆游不仅会做甜羹，还会下葱油面，他在《朝饥食齑面甚美戏作》诗里说："一杯齑馎饦，手自芼油葱。天上苏陀供，悬知未易同。"陆游退隐之后，家中人口众多，他还能有如此的生活情趣，比起他的晚生后辈只会吃油豆腐与茴香豆有味道多了，也许越往后我们生活的情趣越少了。

出得沈园，已是正午时分，在鲁迅纪念馆前与司机夫妇会合，我们开车去"荣禄春"。"荣禄春"在解放路上，算是绍兴的老字号了。虽然只有四个人，我却点了不少菜，计有炸响铃、绍十景、绍虾球、虾爆鳝背、笋烧鲚鱼、虾仁腐卷、清炒虾仁、雪菜炒笋、鸡鲞汤。满满摆了一桌，都是杭州和绍兴的地方菜肴，但并不见得好吃。我又叫了一坛花雕，在这城南酒楼上独酌自饮了。

知堂论茶

知堂是周作人的号，鲁迅的弟弟。周树人与作人兄弟，同为现代散文名家，彼此文章风格不同。鲁迅尖刻，似加了辣椒的冲菜。知堂甘涩似嚼橄榄，有明人小品的遗韵。两人的际遇也不同，鲁迅因缘际会，被捧成文学的神；知堂误蹚了浑水，成了历史的罪人，晚岁寂凄以终，现在已很少人再记起他了。

不过，谈"五四"以后的文学活动，却少不了他。知堂是"文学研究会"的发起人之一，又是《语丝》的发起人和主要的撰稿人。他的散文集《雨天的书》《苦竹杂记》《泽泻集》等，都是脍炙人口的作品。而且他的集子里，常有谈吃的文章。知堂在一九四九年十一月至一九五二年间，更在上海《亦报》和《大报》，发表了一系列谈吃的文章，名"饭后随笔"。这段时间写了近七十篇谈吃的文章，这是其他作家少见的。这些作品没有结集，流传不广。

知堂谈吃，谈的不是珍馐美味，都是些粗茶淡饭，乡曲俚食，如"臭豆腐""家常菜""盐豆""故乡的野菜"，有怀想，有生活的点滴，清淡得很，一如其文。但其谈吃的文章，却有多篇论茶的，如《北京的茶食》《喝茶》《再论吃茶》《盐茶》《煎茶》《茶汤》《吃茶》等。

其实，知堂并不善品茗，他的《吃茶》说："我的吃茶是够不上什么品位的，从量与质来说都够不上标准，从前东坡说饮酒饮湿，我的吃茶就和饮湿相去不远。"而且根本不讲究什么茶叶。他说："反正就只是绿茶罢了，普通就是龙井一种……一直从小就吃本地出产本地制造的茶叶，名字叫作本山，叶片搓成一团，不像龙井的平直，价钱很是便宜。"《吃茶》发表在一九六四年一月二十七日的《新晚报》，这时知堂老人又移居北京，正埋首翻译《伊索寓言》和《枕草子》，他说："近年在北京这种茶叶又出现了，美其名曰平水珠茶，后来在这里又买不到，结果仍旧是买龙井，所能买到的也是普通的种类，若是旗枪雀舌之类却是没有见过，碰运气可以在市上买到碧螺春，不过那是很难得遇见的。"

当时能吃饱已经不错，哪里还谈得上饮茶。知堂还有杯龙井喝，生活算不赖了。他吃茶坚持绿茶，"就是不喜欢北京人所喝的'香片'，这不但香无可取，就是茶味也有说不出的一股甜熟的味道"。因此，他也不欢喜吃加了糖的红茶。他说："红茶已经没有什么意味，何况又加糖——与牛奶？……英国家庭里下午的红茶与黄油面包是一日中最大的乐事，支那饮茶已历千百年，未必能领略此种乐趣与实益的万分之一，则我殊不以为然。红茶带'土斯'未始不可吃，但这只是当饭，在肚饥时食之而已；我的所谓喝茶，却是在喝清茶，在赏鉴其色与香与味，意未必在止渴，自然更不在果腹了。"这篇《喝茶》发表在一九二四年十二月的《语丝》第七期。

《吃茶》和《喝茶》两篇文章相去四十年，知堂喝清茶的习惯，倒是前后一贯的。但不论怎说，知堂老人不是个善茗者。关于这一点他自己也承认。他说："我关于茶的经验，这怎么够得上来讲吃茶呢？但是我说这是一个好题目，便是因为我不会喝茶可是喜欢玩茶，换句话说就是爱玩耍这个题目，写过些文章，以致许多人以为我真是懂得茶的人了。"因此，他"只是爱耍笔头讲讲，不是捧着茶缸一碗一碗的尽喝的"。所以，知堂不是品茗，而是在论茶。

知堂论茶，因为从饮食可以了解古人的生活。他认为我们看古人的作品，对于他们的思想感情，大抵都了解，虽然有年代相隔，那些知识分子的意见，总可想象得到。唯独讲到他们的生活，我们便大部分不知道，无从想象了。因为这期间生活情形的变动，有些事缺了记载，便无从稽考了。知堂有几篇论茶的文章，从唐宋以后的笔记，探讨中国饮茶的风气，他似乎想从"笔记上多记这些烦琐的事物……与现有的风俗比较，说不定能明白一点过去"。这也是我现在在大学讲授"中国饮食史"探索的方向，因为将一门学科从烦琐的笔记与掌故材料，提升到系统的知识，的确是一段非常艰苦的行程。

知堂虽然不善饮茗，却颇识茶趣。他说："喝茶当于瓦屋纸窗之下，清泉绿茶，用素雅的陶瓷茶具，同二三人共饮，得半日之闲，可抵十年的尘梦。喝茶之后，再去继续修各人的胜业，无论为名为利，都无不可，但偶然的片刻优游乃正亦断不可少。"他认为"我们于日用必需的东西以外，必须还有一点无用的游戏与享乐，生活才觉得有意思。我们看夕阳、看秋河、看花、听雨、闻香、喝不求解渴的酒、吃不求饱的点心，都是生活上必要的——虽然是无用的装点，而且是愈精炼愈好"。

知堂虽然欣赏中国人的生活情趣，但他认为"可怜现在的中国生活，却是极端的干燥粗鄙"。远不如"东洋文化"雅致。就茶而论，他说："茶事起于中国，有这么一部《茶经》，却是不曾发生茶道，正如虽有《瓶史》而不曾发生花道一样，这是什么缘故呢？中国人不大热心于道，因为他缺少宗教情绪，这恐怕是真的，但是因此对于道教与禅也就不容易有甚深了解。"他认为日本的"茶道有宗教气，超越矣，其源盖本出于禅僧"。而"中国的吃茶是凡人法，殆可称为儒家的"。不仅饮茶如此，中国的茶食也不如日本。他说："日本的点心虽是豆米的成品，但那优雅的形色，朴素的味道，很合于茶食的资格。"所以，知堂说："我对于二十世纪的中国货色，有点不大喜欢，粗恶的模仿品，美其名曰国货。"对于国货的厌恶，对于东洋货的仰慕，就是后来知堂"失足"的原因。

既向往中国生活的闲情逸趣，又羡慕"和风"的雅致，这种心情是非常矛盾。知堂在五十岁的时候，写了一首自寿诗：

> 前世出家今在家，不将袍子换袈裟。
> 街头终日听谈鬼，窗下通年学画蛇。
> 老去无端玩骨董，闲来随分种胡麻。
> 旁人若问其中意，且到寒斋饮苦茶。

并改其斋为"苦茶庵"，不知苦茶何味，也许知堂想"忙里偷闲，苦中作乐"。

谁解其中味

——从"来今雨轩"里的红楼宴说起

曹雪芹在《红楼梦》第一回写道:"从此空空道人因空见色,由色生情,传情入色,自色悟空,遂改名情僧,改《石头记》为《情僧录》。"东鲁孔梅溪则题曰《风月宝鉴》。后因曹雪芹于悼红轩中披阅十载,增删五次,纂成目录,分出章回,则题曰《金陵十二钗》,并题一绝曰:

满纸荒唐言,一把辛酸泪。

都云作者痴,谁解其中味。

于是,"谁解其中味"变成曹雪芹留下的一个谜题,累得许多学者专家在《红楼梦》里摸索,其目的就是为了"解其中味"。因而使《红楼梦》成为一门专门的"红学"。这些专门的红学研究,剖析之精、探究之微,好像在其他门学术领域里所没有的。许多学者青年读梦,中年说梦,老年析梦,不知不觉一生就在梦中度过了。也许他们所探索的是其中的情味,才这样津津乐道。但很少人注意到《红楼梦》的真味，也就是其中的饮馔之味。曹雪芹在《红楼梦》里写了许多食品，归纳起来汤羹菜肴、酒茶粥饭有十五类，一百九十七种品名，既有山珍海味，也有蔬果糕点，可以说是水陆杂陈，南北共有。

一九八三年九月二十日，著名的红学家聚集在北京的"来今雨轩"饭庄，品尝了一次红楼佳肴，"来今雨轩"是民国四年一些参加辛亥革命的人士，为了经常的聚会，在北平中山公园，创建的一个茶社。后来改为饭庄，名曰"来今雨"，取自杜甫《秋述》诗序："秋，杜子卧病长安旅次，多雨生鱼，青苔及榻。常时车马之客，旧，雨来；今，雨不来。"而曹雪芹的朋友敦诚在《赠曹芹圃》诗中，也有"衡门僻巷愁今雨，废馆颓楼梦旧家"之句。所以，这次红学家雅集"来今雨轩"，品尝复制的红楼佳肴，真是诗意盎然的。他们一直吃到夜阑人静。宴罢，周汝昌展纸急书："名园今夕来今雨，佳馔红楼海宇传。"写曹雪芹传的端木蕻良也写了"口角噙香"。冯其庸并绘了"秋风阁"。这是红学家在寻觅多年"其中味"之后，尝到了一次真正的红楼真味。红楼研究已从坐而谈梦进一步配合情势，实践检验真理了。

这次"来今雨轩"所复制的红楼佳馔共十八种，计：

菜：油炸排骨、火腿炖肘子、腌胭脂鹅脯、笼蒸螃蟹、糟鹅掌、糟鹌鹑、炸鹌鹑、银耳鸽蛋、鸡髓笋、面筋豆腐、茄鲞、五香大头菜、老蚌怀珠、清蒸鲥鱼、芹芽鸠肉脍。汤：酸笋鸡皮汤、虾丸鸡皮汤、火腿白菜汤。甜品：建莲红枣汤。

这次"来今雨轩"复制的红楼馔肴，可说四季并陈一桌，楼内楼外共冶一炉。因为曹雪芹写红楼菜非常讲究季节性，也就是什么时节吃什么菜，这次复制的红楼馔，时在九月无鲜笋，而糟鹅掌、糟鹌鹑在《红楼梦》里是冬天吃的；所谓楼内楼外共冶一炉，那是其中清蒸鲥鱼、老蚌怀珠、银耳鸽蛋、芹芽鸠肉脍等并不见《红楼梦》当中。

"芹芽鸠肉脍"是味非常有创意的菜。所谓芹芽鸠肉脍，是由曹雪芹的名字而来的。雪芹也就是雪底芹菜的意思。周汝昌《曹雪芹小传》序说，雪芹这个名字，得自苏轼在黄州写的《东坡八首》之三："泥芹有宿根，一寸嗟独在。雪芽何时动，春鸠行可脍。"自注称："蜀人贵芹芽脍，杂鸠肉作之。"苏轼在元丰三年，因"乌台诗案"谪居黄州，最初颇为萧瑟，而且生活也非常窘困，后来经友人马正卿的帮助，向郡中求得黄州东门外，荒废已久的旧营地。苏轼躬自辟拓，其《东坡八首》就是这次拓垦的苦乐。八首之三则是记乡人自四川带来的芹根，植于东坡的事。如雪芹的名字如真得自《东坡八首》之三，那么，芹芽鸠肉脍既有东坡的诗意，又寓雪芹之名，虽然吃的不是雪天的芹菜，也是非常雅致的。"清蒸鲥鱼"是曹雪芹的祖父曹寅嗜食的一味菜。鲥鱼是江苏的名产，形秀而扁，色白似银，每年春末夏初，从海内重回到江中产卵。季节性很准，所以称之为鲥鱼。明何景明有诗云："五月鲥鱼已至燕，荔枝卢橘未应先。"所记江苏的鲥鱼五月初已用冰雪护船上贡北京。鲥鱼以镇江三营江所产的最负盛名。清时镇江扬州一带，入夏端午之后，鲥鱼上网，亲友相馈，并配有白面卷子，这就是林苏门诗中所记："江鱼才入馔，蒸食麦米香。玉屑重罗得，银鳞一卷将。"不过，也有春末初至的鲥鱼，称之头膘，又名樱桃鲥鱼。由于数量不多，网捕不易，被老饕视为珍品。郑板桥所谓"江南鲜笋趁鲥鱼，烂煮春风三月初"，指的就是这种樱桃鲥鱼。曹寅所喜爱的也是这种头鲜，其《鲥鱼》诗云："三月蒟盐无次第，五湖虾菜例雷同。寻常家食随时节，多半含桃注颊红。""含桃注颊红"就是春末上网的樱桃鲥鱼。

鲥鱼宜蒸不宜煮，红烧不如清蒸味美。所以，袁枚《随园食单》就说鲥鱼贵在个清字，保存真味，切不可放鸡汤。否则喧宾夺主，真味全失。又《山堂肆考》称，鲥鱼美味在皮鳞之交，故食不去鳞。所以清蒸鲥鱼配以鲜笋火腿片，但不去鳞的。不过，曹寅似不同意这种制法。他的《和毛会侯席上初食鲥鱼韵》，有"乍传野市和鳞法，未敌豪家醒酒方"。曹寅不仅是一位知味者，他有《居常饮馔录》一卷，汇集了宋元明的饮馔谱录，累积前人的经验以及其自身的体验，而不同意鲥鱼和鳞而食，可能是有道理的。"来今雨轩"烹制曹寅所嗜的鲥鱼，不知是和鳞或去鳞的？鲥鱼除了清蒸多，还有东坡的炙鲥鱼法。苏东坡虽然不喜"鲥鱼多骨"但还是喜食樱桃鲥鱼的。其有诗云："芽姜紫醋炙银鱼，雪碗擎来二尺余。尚有桃花春气在，此中风味胜鲈鱼。"这种炙法也可以保持鲥鱼的原味。

"老蚌怀珠"，曹雪芹自制的一味佳肴。曹雪芹不仅精于饮食之道，他自己也烧得一手好菜。据曹雪芹好友敦敏《瓶湖懋斋记盛》，叙述曹雪芹有次在他好友于叔度家，烧了一道"老蚌怀珠"，形似河蚌，内藏明珠。美不可言，宾主"相与大嚼"。这次用的是桂花鱼，内藏明珠，以油煎制而成。但惜没有道出内藏的明珠是什么，有人疑是蛋清豆粉小丸子，或是苏州出的鸡头米。不过，"来今雨轩"烹制的"老蚌怀珠"用的是武昌鱼。鱼腹内镶的是鹌鹑蛋，不是油煎而用清蒸，制法与曹雪芹的不同。

曹雪芹的"老蚌怀珠"制法，可能是从传统酿炙鱼法演变来的。北魏贾思勰《齐民要术》有酿炙白鱼法，即"取好白鱼，肉细琢，裹作串，炙之"。裹作串，也就是将细琢的肉塞入鱼腹内，以铁签贯穿之。明刘伯温的《多能鄙事》有"穰烧鱼"一味，用鲤鱼，腹中酿猪肉，杖夹烧熟，似酿炙白鱼遗风。清乾隆年间，扬州一带有"荷包鱼"，用鲫鱼，以腺子肉茸为馅塞鱼腹内，形似荷包而得名，此菜由徽州传入，是扬州的徽州盐商家乡俚味，或从徽菜中的"沙地鲫鱼"演变而来的。"荷包鱼"又名"鲫鱼怀胎"，与曹雪芹的"老蚌怀珠"意义相近，至今仍是淮扬菜系的名馔，稍加改变即成为"荷包海参"。"穰烧鱼""鲫鱼怀胎"及"老蚌怀珠"制法相似，都是不破腹，从鱼背脊开刀，以油煎而成。"来今雨轩"的"老蚌怀珠"，以武昌鱼塞鹌鹑蛋清蒸，距曹公遗意远甚。

至于"银耳鸽蛋"，此味虽不见楼里楼外，但《红楼梦》四十回《史太君两宴大观园》，写王熙凤促狭刘姥姥，故意拣一碗鸽子蛋放在她面前。刘姥姥用筷子撰鸽子蛋，撰不起来，就说："这里的鸡儿也俊，下的这蛋也小巧，怪俊的。"王熙凤说是鸽蛋："一两银子一个呢，你快尝尝罢。冷了就不好吃了。"乾隆年间，扬州酒楼已有此菜出售，称之为"煨鸽蛋"，又叫"一颗星"，其制法：将鸽蛋"煮熟去皮，用鸡汤作料煨之，鲜美绝伦"。此菜后来又加鸡茸烩烧，即成今日淮扬菜系里"鸡茸鸽蛋"，淮扬菜的鸽蛋制法颇多，有虎皮鸽蛋、核桃鸽蛋、软炸鸽蛋、瓢鸽蛋等，而"来今雨轩"所制成的"银耳鸽蛋"，以银耳居中鸽蛋伴盆，客主易位，已不是《红楼梦》的原意了。

至于其他菜肴，都是《红楼梦》里有的，如十六回王熙凤给贾琏乳母赵嬷嬷吃的那一碗很烂的"火腿炖肘子"。

六十二回，芳官吃的两片"腌胭脂鹅脯"，泡饭用的"虾丸鸡皮汤"。第八回，宝玉用来就酒的"糟鹅掌"，用来醒酒的"酸笋鸡皮汤"。五十回，贾母撕来吃的"糟鹌鹑"腿子。七十五回，王夫人说，贾母不甚爱吃的"面筋豆腐"，以及大老爷送来的那碗"鸡髓笋"。八十七回黛玉吃糯米粥，搭着吃的"南来的五香大头菜"及"火肉白菜汤"以及第三十八回，宝玉、黛玉在藕香榭吃的"笼蒸螃蟹"。

这些菜都没有制法，只有"茄鲞"在《红楼梦》里有详细的制作过程。《红楼梦》第四十一回写道：

薛姨妈又命凤姐儿布个菜。凤姐笑道："姥姥要吃什么，说出名儿来，我夹了喂你。"刘姥姥道："我知道什么名儿？样样都是好的。"贾母笑道："把茄鲞夹些喂他。"凤姐儿听说，依言夹些茄鲞送入刘姥姥口中，因笑道："你们天天吃茄子，也尝尝我们这茄子，弄的可口不可口"刘姥姥笑道："别哄我了。茄子跑出这个味儿了，我们也不用种粮食，只种茄子了。"众人笑道："真是茄子，我们再不哄你。"刘姥姥诧异道："真是茄子？我白吃了半日！姑奶奶，再喂我些，这一口细嚼嚼。"凤姐儿果又夹了些放入他口内。刘姥姥细嚼了半日，笑道："虽有一点茄子香，只是还不像是茄子。告诉我是个什么法子弄的，我也弄着吃去。"凤姐儿笑道：

"这也不难。你把才下来的茄子，把皮刨了，只要净肉，切成碎丁子，用鸡油炸了。再用鸡肉脯子合香菌、新笋、蘑菇、五香豆腐干子、各色干果子，都切成丁儿，拿鸡汤煨干，将香油一收，外加糟油一拌，盛在瓷个罐子里封严，要吃时拿出来，用炒的鸡瓜子一拌就是了。"刘姥姥听了，摇头吐舌道："我的佛祖！倒得十来只鸡来配他！怪道这个味儿！"

不知是王熙凤逗着刘姥姥耍乐子，还是真有这种做法。不过，茄鲞却是曹雪芹在《红楼梦》里谈吃，唯一道出制作方法的一味菜。"来今雨轩"那席红馔里出现的茄鲞。据说却是黄蜡蜡的，油汪汪的一大盘子，上面有白色的丁状物，四周还有红红绿绿的彩色花朵配衬着，吃起来味道像宫保鸡丁加烧茄子。难道这真的就是曹雪芹笔下的茄鲞吗？

茄子在汉代由印度经丝绸之路传入中国，却在晋代以后才普遍种植与应用。茄子入馔，最早见于北魏贾思勰的《齐民要术》。《齐民要术》有"焦茄子法"："用子未成者，以竹刀骨刀四破之，汤煠去腥气，细切葱白，熬油令香，香酱清，擘葱白与茄子俱下，焦令熟，下椒姜末。"焦，即是煮。这种煮茄子的方法至今仍用的。《西阳杂俎》认为"茄子熟者，食之厚肠胃"。黄庭坚《银茄》诗写盐齑茄滋味："藜霍盘中生精神，珍蔬长蒂色胜银。朝来盐齑饱滋味，已觉瓜瓠漫轮囷。"茄子是一种家常菜,热炒凉拌,油焖红烧,粉蒸白煮皆宜,中国古食谱记载了许多不同的吃法。高濂《遵生八笺》有糟茄诀:"五茄六糟盐十七,更加河水甜如蜜。"也就是用茄子五斤、糟六斤、盐十七两,并河水两小碗拌糟,制成糟茄子。袁枚《随园食单》有"茄二法":

> 吴小谷广文家,将整茄子削皮,滚水泡去苦汁,猪油炙之。炙时须待泡水干后,用甜酱水干煨,甚佳。卢八太爷家,切茄作小块,不去皮,入油灼微黄,加秋油炮炒,亦佳。是二法者,俱学之而未尽其妙,惟蒸烂划开,用麻油、米醋拌,则夏间亦颇可食。或煨干作脯,置盘中。

其煨干作脯,与茄鲞制法相近。茄鲞制法或出自"鹌鹑茄",《西游记》有"旋皮茄子鹌鹑做"之句,后人不明,或以为是鹌鹑烧茄子,按《群芳谱》有"鹌鹑茄"法:"拣嫩茄子切细缕,沸汤焯过,控干。用盐、酱、花椒、莳萝、茴香、甘草、陈皮、杏仁、红豆研细末,拌晒干,蒸收之。用时,以滚水泡好,蘸香油煠之。"

这是茄子腌制干藏的做法,制作过程与茄鲞相似。只是鹌鹑茄是素菜,茄鲞是素菜荤制,但同样都可以保存很长的时间。茄鲞制妥后拌以糟油,封存坛中,吃时,用爆炒的鸡里脊丁拌和。这是一味色泽明亮、可粥可饭又可下酒的爽口小菜。

这味菜的特色是干，曹雪芹将其称之为鲞，其意也在此。按鲞，《集韵》注称："干鱼腊也。"鲞字的由来，据《吴地记》载，相传吴王"阖闾入海逐夷，会风浪粮绝不得渡。王拜祷，见金色鱼逼海而来。三军踊跃。夷人一鱼不获，遂降，因号鱼为逐夷。及归，会群臣，思海中所食鱼。所司云：暴干矣。索食之，甚美。因书美下鱼为鲞。"不论这个传的真伪，鲞指的是干腊的鱼，这是没有问题的。《梦粱录》卷十六"鲞铺"条下，记载南宋杭州的"鲞铺"说：

> 以鱼鲞言之……城南浑水闸，有团招客旅，鲞鱼聚集于此。城内外鲞铺，不下一二百余家，皆就此上行合撅……又有盘街叫卖，以便小街狭巷主顾，尤为快便耳。

所售的鱼鲞，有郎君鲞、石首鲞、蝛鳊鲞、冻鲞等，名目繁多不下数十种。由此可知鱼鲞在南宋时代，已是江浙一带很普遍的馔肴。至今江浙菜系中，以黄鱼鲞烤肉的浓郁、鳗鲞炖鸡的鲜美，都是风味绝佳的菜肴。曹雪芹世居江南，当然也是欣赏这种美味的。他以干制的茄子与鱼鲞相提并论，而称为茄鲞，就是为了突出那个干字。"来今雨轩"那一大盆黄蜡蜡、油汪汪，吃起来味道像宫保鸡丁烧茄子的茄鲞，已离题太远了。如果茄鲞的原味像宫保鸡丁烧茄子，刘姥姥就不会喊出"我的佛祖"来了。

宫保鸡丁配以糊辣子与花生米共炒，微加糖滴醋，是西南口味，与江南菜肴的制法完全不同。不论茄鲞是曹雪芹所创，或是以传统菜肴的突破，这味菜都是以江南菜为基础形成的。观其最后以糟油一拌而封存，就道出江南风味了。糟油俗称糟卤，其制法：将八角、丁香、陈皮、官桂、小茴、淮山药分别炒制，并用纱布包妥，置于原坛黄酒内，再加入适当的盐和糖，加盖封存二至三月而成。特别是夏令时节，菜肴中稍加糟油更显清爽。糟油宜放在一些较清淡、自身鲜味浓的菜肴里，如糟油鱼片、糟油鸡米，至于红烧的菜就不宜用糟油了。不过，剩下的糟底，可制川糟或过年吃糟钵头。将制妥的菜肴置于糟油中，可存较长的时间，茄鲞就是其一。贾母吃的糟鹌鹑、薛姨妈自制的糟鹅掌，都是浸于糟油久存的菜。明宋诩《宋氏养生部》就说："熟鹅、鸡同掌、跖、翅……糟封之，能久留，宜冬月。"薛姨妈给宝玉吃糟鹅掌时，就是在冬天，贾母撕一只糟鹌鹑腿吃的时节，也是在"天短了，不敢睡中觉"的冬天。所以，曹雪芹写红楼馔饮，不是信手拈来随便写的，都有其季节性的。

茄鲞要配以鲜笋、五香豆腐干子。鲜笋、五香豆腐干子都是江南产。江南人欢喜吃笋，扬州有炮冬笋，其制法以湿泥裹冬笋，入灶膛烧熟。去泥壳，加麻油、酱、葱与米醋腌即成，颇似台湾带壳煮笋的吃法，可以保留其新鲜的原味。康熙皇帝爱吃江南的春笋，每次下江南必有此味。曹寅与其妻舅李煦都了解这种情形。所以，他们在苏州织造和两淮盐政任上，多次向北京进贡燕来笋。燕来笋也就是燕子归时出土的笋，简称燕笋，即春笋。所谓"笋菜沿江二月初，家家厨爨剥春筎"，指的就是这种笋。曹雪芹也嗜笋，《红楼梦》里以笋相配的菜颇多，计第八回的酸笋鸡皮汤。这个汤为了给宝玉解酒，可能是加醋，用的不是酸笋，可能是鲜冬笋或鞭尖笋。第四十一回的茄鲞配的是鲜笋丁。五十八回的火腿鲜笋汤，用的是鲜笋片。七十五回的鸡髓笋则是以鲜笋烩鸡红。

五香豆腐干子也是江南名产，苏州有蜜汁豆腐干，扬州有五香豆腐干。蜜汁豆腐干是炸后渍甜卤，其味甜中带咸。扬州的五香豆腐干，即五香茶干。先将豆腐干拌以调料压榨而成。明代浙江金华兰溪的五香豆腐干，也很著名。乾隆时苏州、扬州、杭州三地的五香豆腐干是当时名食，尤以扬州最著名。《扬州画舫录》载扬州南门贮草坡姚家售的最好，称为"姚干"。清林苏门《邗上名目饮食》诗云："晚饭炊成月正黄，家藏兼味究可尝。会当下箸愁无处，小菜街头卖五香。"五香豆腐干可单食或佐酒，亦可配以他物。茄鲞配鲜笋丁与五香干丁更具江南风味了。

不仅茄鲞具江南风味，"腌胭脂鹅脯"更是姑苏名馔。中国人吃鹅已有悠久的历史。鹅，《礼记·内则》称之为舒雁，且有"弗食舒雁翠"的记载，舒雁翠也就是鹅臊。《齐民要术》记制鹅的方法数种，有捣炙法、筒炙法、啖炙法、范炙法、衔炙法等，这五种方法都是将鹅肉切碎，以不同形式来串烧。但制作的过程不同。如衔炙法是用半熟的鹅肉斩细，加作料屑，再拌和以白鱼茸，团成丸子再上串烧烤。他的䐦淡法，则是用木耳羊肉汁煮鹅块。焦鹅法则是用米拌酱油，并鹅肉置焦中蒸焖而成。此法由江南传来。或谓似今湖南菜的"黄焖子鹅"。除此之外，《齐民要术》还有醋菹鹅鸭羹法及白菹法，由此可以了解南北朝时期对鹅的调治已非常精致了。

隋唐以后，鹅制名馔甚多，谢讽《食经》中有"花折鹅糕"一品，据《东京梦华录》《梦粱录》记载，宋开封、杭州食肆有蒸鹅排、鹅鸭签、五味杏酪鹅、绣吹鹅、白炸春鹅、排骨鲜鹅、煎鹅事件、炙鹅菜制品出售。袁枚《随园食单》载"云林鹅"一味。云林是元代画家倪瓒的堂名，倪瓒精于绘事，又美饮食，留下了一本《云林堂饮食制度集》，"云林鹅"据袁枚记叙其制法：

整套鹅一只，洗净后用盐三钱擦其腹内，塞葱一帚填实其中，外将蜜伴酒通身满涂之，锅中一大碗酒、一大碗水蒸之，用竹箸架之，不使鹅身近水。灶内用山茅二束，缓缓烧尽为度。俟锅盖冷后揭开锅盖，将鹅翻身，仍将锅盖封好蒸之，再用茅柴一束烧尽为度。柴俟其自尽，不可挑拨。锅盖用绵纸糊封，逼燥裂缝，以水润之。起锅时，不但鹅烂如泥，汤亦鲜美。

袁枚对"云林鹅"的制法，说得非常详尽。这种制法颇似当年我家的"锅烤鹅"，每当我放假由台北回家，母亲就宰自养的胖鹅一只，以锅烤之法烹治，举家围桌而食，不仅味鲜美，天伦之趣亦在其中。

曹寅嗜鹅，有"百嗜不如双跖羹"之句。曹雪芹可能也继承了这个家庭嗜好。《红楼梦》写鹅馔有四处：第八回写宝玉在薛姨妈处夸贾珍家里的鹅掌鹅信好吃，薛姨妈取了自糟的鹅掌给他尝。宝玉笑道："这个须就酒方好。"第四十一回写贾母吃点心，捧盒里蒸的点心中，有一种是"松瓤鹅油卷"。以及第六十二回写道：

> 只见柳家的果遣人送了一个盒子来……里面是一碗虾丸鸡皮汤，又是一碗酒酿蒸鸭子，一碟腌的胭脂鹅脯，还有一碟四个奶油松瓤卷酥，并一大碗热腾腾碧莹莹绿畦香稻粳米饭。小燕放在案上，走来安小菜碗箸，过来拨了一碗饭。芳官便说："油腻腻的，谁吃这些东

西！"只将汤泡饭吃了一碗，拣了两块腌鹅就不吃了。

　　芳官吃的"腌胭脂鹅脯"，也就是曹寅所谓的"红鹅"。其制法取自明韩奕的《易牙遗意》。《易牙遗意》有"盏蒸鹅"（二种法），其一"用肥鹅肉，切作长条丝，用盐、酒、葱、椒拌匀，放白盏内蒸熟，麻油浇供"。另一味"杏花鹅"则是"胭脂鹅"所继承的：

　　　　鹅一只，不剁碎，先以盐腌过，置汤锣内蒸熟。以鸭弹（蛋）三五枚洒在内，候熟，杏腻浇供，名"杏花鹅"。

杏花色嫩红，故名。鹅肉以盐生腌，熟后由于硝化作用，色呈赤红似胭脂，所以曹雪芹称之为胭脂鹅。韩奕是韩琦的后裔，元天平（苏州）人，通医理，入明之后，遁迹不仕，终身布衣。《易牙遗意》共两卷，分十二类，记载了一百五十多种馔饮制作方法。据周履靖《易牙遗意·序》，称其所制菜肴"浓不鞔胃，淡不槁舌"，正是吴馔传统特色。由"杏花鹅"变成的"胭脂鹅"，至今仍然是姑苏的名馔。不知"来今雨轩"红馔中的"胭脂鹅"也是这种制法否？

　　"来今雨轩"的那席红馔，不仅其中的菜肴都是江南风味，甚至连"五香大头菜"也该是南来的。《红楼梦》

八十七回写林黛玉吃糯米粥,搭的菜就是"南来的五香大头菜,拌些麻油醋"。五香大头菜是当时扬州进贡的酱菜之一,称为"南小菜"。乾隆时,宫廷早晚御膳菜肴虽多,其中必有一味"南小菜"。当然,吃多了油腻的菜肴,换点清脆的酱菜吃吃,是非常爽口的。袁枚说:"小菜佐食,如府史胥徒佐六官也,醒脾解浊,全在于斯。"第六十一回写到司厨柳妈说大观园的姑娘们,爱吃"鸡蛋、豆腐,又是什么面筋、酱萝卜炸儿。敢自倒换口味"。也就是这个道理。"酱萝卜炸儿",今日扬州仍有,其名曰"甜酱萝卜头儿",和当年五香大头菜同是贡品。

不仅《红楼梦》的菜肴属于江南风味,而主食也是以南食为主,所谓南食也就是米。《清稗类钞·饮食类》载:"南人之饭,主要品为米。盖炊熟而颗粒完整者,次要则为成糜之粥。北人之饭,主要品为麦,屑之为馍,次要则为成条之面。"《红楼梦》第五十三回记载黑山村庄主乌进孝,过年向贾府禀呈的礼单中,有"御田胭脂米二担、碧糯五十斛、白糯五十斛、粉粳五十斛、杂色粱谷豆各五十斛、下用常米一千担",却没有麦也没有面粉。《红楼梦》写的主食计有二十三种,其中米、饭有十二种,粥七种,另有粱、豆各一种。至于面食,只有在六十二回,众人为宝玉祝寿,提到"银丝挂面"及"面条子"。此外七十一回写到尤氏吃"饽饽"。所以,《红楼梦》里的日常生活与宴饮所吃的主食,是以饭或粥为主的。

当然，这是很容易理解的，曹雪芹的曾祖曹玺康熙二年出任江宁织造。后来自他祖父曹寅，两世三人连任织造，曹氏家族前后在江南生活了一个甲子。曹雪芹诞生在金陵，他迁归北京时已经十三岁了。虽然往日的繁华已如烟似梦，但他一直将金陵视为他的旧家，江南是他的故里。后来，他困居西山，"举家食粥酒常赊""醉余奋扫如椽笔"写《红楼梦》时，他朋友敦敏所说的"秦淮残梦忆繁华"，就不自觉地在他笔底涌现了。也许曹雪芹说的"谁解其中味"，那味就在这里了。因为完全放弃原来的生活方式与文化传统，而采用另一种生活方式，并且消融在那种文化之中，还肯定那是自己要寻找的文化根源。不论怎么说，对自己原来所属的文化传统来说，多少总有些悲剧意味的。这种悲剧意味反映在文学领域里，往往会以另一种形式表现。纳兰性德的"风一更，雪一更，聒碎乡心梦不成，故园无此声"，已迸出了火花，曹雪芹的《红楼梦》更点燃了火把。

茶香满纸

　　《红楼梦》十七回《大观园试才题额》，写到宝玉随他父亲贾政和一伙清客，在已竣工的大观园里巡视，来到一处所在，"数楹修舍，有千百竿翠竹遮映"，后院得泉一派，"绕阶缘屋至前院，盘旋竹下而出"。贾政道："若能月夜坐此窗下读书，也不枉虚生一世。"后来又到一处，"忽迎面突出插天的大玲珑山石来，四面群绕各式石块，竟把里面所有房屋悉皆遮住；且一株花木也无，只见许多异草，或有牵藤的，或有引蔓的""味香气馥，非凡花之可比"。贾政叹道："此轩中煮茶操琴，亦不必再焚香矣。"

　　贾政命宝玉为这两处所在，各题一匾一联。其一是"有凤来仪"，联曰："宝鼎茶闲烟尚绿，幽窗棋罢指犹凉。"另一处的匾是"蘅芷清芬"，联曰："吟成豆蔻诗犹艳，睡足荼蘼梦亦香。"这两处所在，一是黛玉幽居吟诗焚稿的潇湘馆，一是宝玉居住的怡红院，是《红楼梦》后来故事发展的重要场所，各有一联，都与茶有关。

　　饮茗自来是雅事，茶产于山林，烹于寺观僧道之手，本来就是幽人之饮。唐天宝以来，饮茶风气盛行。自李白"茗生此中石""采服润肌骨"的《仙人掌茶》诗，引茶入诗之后，唐代诗人卢仝、皎然、白居易、陆龟蒙、皮日休等都有茶诗。《全唐诗》里就有茶诗五百多首，自唐至明清的茶诗共有两千多首。于是茶趣诗情融而为一，真如唐代薛能所吟"茶兴复诗心，一瓯还一吟"了。曹雪芹既怀诗心，又识茶趣，在《红楼梦》中咏及茶的诗与联句有十来首。二十三回贾宝玉写的四时即事诗，除《春夜即事》外，夏、秋、冬夜即事诗中皆有茶："倦绣佳人幽梦长，金笼鹦鹉唤茶汤""静夜不眠因酒渴，沉烟重拨索烹茶""却喜侍儿知试茗，扫将新雪及时烹"。写出不同季节，不同情景，而有不同的茶趣。的确，不同的情景，可以品出不同的茶趣，宋代杜耒《寒夜》诗就说："寒夜客来茶当酒，竹炉汤沸火初红。寻常一样窗前月，才有梅花便不同。"郑板桥的"不风不雨正清和，翠竹亭亭好节柯。最爱晚凉佳客至，一壶新茗泡松萝"，又有不同的境界和茶趣。

《红楼梦》除了咏茶的诗词，言及茶的地方竟有二百六十多处。迎宾送客，宴前酒后，婚娶奠祭，抚琴对弈，闲言消永，寒夜围炉，承乏解烦皆有茶，百无聊赖时也沏盏茶。茶在《红楼梦》里像平常人家一样，是日常生活的一部分。在日常生活里茶的功能是解渴。七十七回写到心比天高、命比纸薄的晴雯，被撵出大观园，病卧在她舅姑哥哥贵儿家中，宝玉去看她，写道：

（晴雯）嗽了一日，才朦胧睡了。忽闻有人唤他，强展双眸，一见是宝玉，又惊又喜，又悲又痛，一把死攥住他的手，哽咽了半日，方说道："我只道不得见你了！"接着便嗽个不住。宝玉也只有哽咽之分。晴雯道："阿弥陀佛！你来得好，且把那茶倒半碗我喝。渴了半日，叫半个人也叫不着。"宝玉听说，忙拭泪，问："茶在哪里？"晴雯道："在炉台上。"宝玉看时，虽有个黑煤乌嘴的吊子，也不像个茶壶。只得在桌上去拿一个碗，未到手内，先闻得油膻之气。宝玉只得拿了来，先拿些水洗了两次，复用自己的绢子拭了，闻了闻，还有些气味。没奈何，提起壶来斟了半碗，看时，绛红的也不大像茶。晴雯扶枕道："快给我喝一口罢！这就是茶了。哪里比得咱们的茶呢！"宝玉听说，先自己尝了一尝，并无茶味，咸涩不堪，只得递与晴雯。只见晴雯如得了甘露一般，一气都灌下去了。宝玉看着，眼中泪直流下来，连自己的身子都不知为何物了。

曹雪芹借茶衬托出这次凄凄惨惨的相会情景。也只有他细腻的笔触，才能写出这样古今中外少有的至情之文。

晴雯说："这就是茶了。哪里比得咱们的茶呢。"这种茶绛红色，并无茶味，且咸涩不堪。咸涩不堪，是用"苦水"烹的茶。所以，晴雯死后，宝玉写了《芙蓉女儿诔》，并备了晴雯素喜的四样吃食奠祭。四样吃食中，就有"沁芳之泉，枫露之茗"。也许因为他们临终之会，那碗茶实在难以下咽了。所谓"枫露之茗"，就是第八回写宝玉早起沏了一碗枫露茶，留下来自己饮，却被奶娘李嬷嬷喝了，宝玉一气将杯子砸碎。由于枫露茶不可考，因而有的红学研究者认为与第五回宝玉梦游太虚境，仙姑言道："此茶出在放春山遣香洞，又以仙花灵叶上所带宿露而烹，此茶名曰千红一窟。"有某种关联，具有象征意义。不过，既然宝玉说枫露茶"是三四次后才出色"，则此茶确有，而非仙露，只是不见于记载，无法考究了。

除了枫露茶外，《红楼梦》所提到的茶有普洱茶、女儿茶、香茶、六安茶、老君眉、暹罗茶、龙井等，名目虽然不多，却都是当时茶中极品，也就是七十二回写到王熙凤下血不止，金鸳鸯顺道探视，小丫头进的是普通茶。贾琏骂道："快拿干净盖碗，把昨日进上的新茶沏一碗来。""进上的新茶"，就是"贡茶"。曹雪芹在《红楼梦》中所提到茶目，都是贡茶。其中暹罗茶就是一例。二十五回提到王熙凤送了两小瓶"上进"的新茶叶给黛玉。熙凤说："那是暹罗国贡的。我尝了也不觉甚好，还不如我们常吃的呢。"暹罗即今日的泰国，暹罗茶可能是红茶，宝玉也喝不惯，倒合了黛玉的脾胃。当时除了暹罗茶，还有暹猪。乌进孝向贾府献的年礼中，有暹猪二十头。薛蟠曾请过宝玉吃烧暹猪。

六十三回提到女儿茶，说林之孝家里怕宝玉多吃了寿面停了食，向袭人等笑说："该焖些普洱茶喝。"袭人、晴雯忙说："焖了一茶缸子女儿茶，已经喝过两碗了。"明代李日华《紫桃轩杂缀》说："泰山无佳茗，山中人摘青桐芽点饮，号女儿茶。"青桐芽不是茶，当然不是宝玉饮的女儿茶。按清代阮福《普洱茶记》说："小而圆者名女儿茶。女儿茶为妇女所采，于雨前得之。即四两重茶团也。"古今采茶多经女儿素手。清代陈章《采茶歌》云："凤篁岭头春露香，青裙女儿指爪长。渡涧穿云采茶去，日午归来不满筐。"说的是西湖女儿采的龙井贡茶。武夷茶中也有名女儿茶的。宝玉喝的是普洱茶中的女儿茶。当时除女儿茶，还有孩儿茶。朱彝尊《曝书亭外集》载有孩儿茶，以薄荷、豆蔻、丁香等九种香料，再以甘草水熬膏，拌入茶末中。孩儿茶亦见盐商童岳荐的《调鼎集》。朱彝尊与曹寅交善，其《食宪鸿秘》中的雪花酥饼，即得自曹家。孩儿茶是加添香料的茶，大观园饭后以香茶清口，二十二回贾母为姐儿们准备的香茶，不知是否就是孩儿茶。

四十一回贾母在栊翠庵品茗说："我不吃六安茶。"妙玉笑道："知道，这是老君眉。"六安茶在明代即列为贡茶，是茶中的极品。或明代高濂《遵生八笺·饮馔服食笺》说六安茶是茶中极品，"但不善炒，不能发香而色苦"。可能是贾母不吃六安茶的原因。至于老君眉，庄晚芳《中国名茶》

认为即君山银针。《巴陵县志》云"君山贡茶，自国朝乾隆四十六年始，每岁贡十八斤"。徐珂《梦湘呓语》引王湘绮论茶谓"君山庙有茶树十余棵，当发芽时，岳州守派员监守之，防有人盗之也，岁以进贡，郊天时用之，以其叶上冲也"。一九八八年我游洞庭登岳阳楼，曾于君山饮此茶，以玻璃杯冲泡，茶叶在杯中沉浮数次，最后沉于杯底，却根根茶叶竖立不倒，或即"其叶上冲"之谓。

贾母在栊翠庵吃老君眉，即四十一回《贾宝玉品茶栊翠庵》所叙。曹雪芹在此用"品"不用"饮"，表示栊翠庵饮的茶，和《红楼梦》里吃茶的形式不同。所谓品茶，栊翠庵的妙玉说："一杯为品，二杯即是解渴的蠢物，三杯便是饮驴了。"由于明清时期芽茶、叶茶等散形茶普遍应用，流行瀹饮之法，和唐宋时期的煎茶不同。煎茶于色、香、味之中以色为重。清人饮茶称为品茗，品茶的色、香、味、形，解渴则在其次。由于饮茶的形式改变，饮茶的用具也随着发生变化。唐宋煎茶，斗茶用盏不用壶，壶只供煎水之用。瀹饮法的冲沏，将茶壶带入茶具之中，阳羡紫砂由是而兴。清人饮茶既有茶壶，又用茶盏。

不过，清人不再兴斗茶，很少使用黑釉茶盏，茶盏多为白瓷或青瓷。至于品茗之法，满人震钧《天咫偶闻》卷八有《茶说》一节，其谓品茗首在择具，次为择茶，三为择水，四为煎法，五为饮法。仅如此仍无法品出茶的真味。明遗老冯正卿《岕茶笺》中，有品茶"十三宜"和"七所忌"。其所谓品茗之"所宜"，则是无事、佳客、幽坐、吟咏、挥翰、徜徉等，必须人雅境幽，才能品出茶的真趣。虽然，曹雪芹深识茶趣，只是贾母和刘姥姥都非佳客。所以，栊翠庵的品茶，只品到震钧的《茶说》层次，并没有进入冯正卿的"所宜"境界。

首先是择器，贾母饮的是个成窑五彩小盖钟，众人则是一色官窑脱胎填白盖碗。成窑就是明成化窑。明瓷以年号为窑号，有永乐、宣德、成化、弘治、嘉靖等，此外还有官窑。其中以成化最精美，而且在青花的基础上，又创造出彩瓷。造型小巧，胎质细腻。成化窑制品，在明嘉靖、万历年间已视同拱璧。明代刘侗《帝京景物略》之《城隍庙市》篇就说："成杯，茶贵于酒，彩贵于青。"也就是成化窑的茶杯贵于酒盅，五彩贵于青花。又说"成杯一双，值十万钱矣"。万历时十万钱，略合纹银百两。下至《红楼梦》时代，成化杯已是古董，价值几何，就很难说了。至于官窑脱胎填白盖碗，盏用白瓷，早在唐代已有假白玉之称。此处所谓官窑，并非明代，清康熙、雍正、乾隆在景德镇都有官窑。雍正官窑所制珐琅彩瓷茶具，胎质洁白，薄如蛋壳，通体透明。所谓"白如玉，薄如纸，明如镜，声如磬"，即其特色，宝玉等人用的白瓷盖碗，或即这种。

后来妙玉拉扯黛玉、宝钗到旁边耳房吃"体己茶"。宝钗用的是个旁边有一耳的杯子，上镌"瓟斝"三个隶字，又有"王恺珍玩"，"宋元丰五年四月眉山苏轼见于秘府"一行小字，王恺是晋武帝妹夫，曾与石崇斗过富。看起来似乎是件稀世珍宝了，其实只是一件康熙以来流行的葫芦器。邓之诚《骨董琐记》引《西清笔记》说："葫芦器，康熙间始为之。瓶盘杯碗无不具。阳文山水花鸟，题字极清朗，不假人力，法于葫芦结后，造模范之，随之而长，遂成器物。然千百中，完好者仅一二。"瓟斝就是葫芦壳制成的茶具，曹雪芹起了古朴的名字。瓟音班，即端瓜。瓟与匏相通，即《论语·阳货》："子曰：……吾岂匏瓜也哉？焉能系而不食。"匏瓜是葫芦的一种。斝与爵通，音贾。黛玉用的是只形似钵而小，有三个垂珠篆字，镌的是"点犀䀉"。所谓"点犀"，张世南《宦游纪闻》说："通天犀脑上角，千岁者长且锐，白星澈端，能出气通天。""白星澈端"，也就是常说的"心有灵犀一点通"。点犀即犀角。䀉者，盂也。点犀䀉说白了就是犀角杯。这两件茶具经曹雪芹将名字一变，就高雅脱俗了。

明代许次纾《茶疏》说："精茗蕴香，借水而发，无水不可与论茶也。"妙玉在栊翠庵沏茶用了两种水，一是为贾母沏老君眉，用的是"旧年蠲的雨水"。一是宝钗、黛玉吃的体己茶，用的是五年前妙玉"在玄墓蟠香寺住着收的梅花上的雪，统共得了那一鬼脸青的花瓮一瓮，总舍不得吃，埋在地下，今年夏天才开了，只吃过一回……隔年蠲的雨水，哪有这样清淳！"玄墓即苏州邓蔚。邓蔚遍是梅花，盛开时人称香雪海。雨水和雪水，古称天泉。明清品茗则好天泉水。袁枚《随园食单》说："天泉水、雪水，力能藏之。水新则味辣，陈则味甘。"吴我鸥则喜饮雪水茶，其谓："以雪水烹茶，俊味也。"且有诗，曰雪水："绝胜江心水，飞花注满瓯。纤芽排夜试，古瓷隔年留。"

融雪煎茗由来已久，白居易《晚起》诗有"融雪煎香茗"，辛弃疾词有"细写茶经煮香雪"之句。《红楼梦》中宝玉《冬夜即事》有"扫将新雪及时烹"。芦雪庵即景争联，宝琴与湘云对一联："烹茶冰渐沸，煮酒叶难烧。"曹雪芹似乎爱融雪煮茶。清人饮茶用水，讲究以水的轻重，辨别水质的上下。陆以湉《冷庐杂识》载乾隆每次出巡，都携带特制的银质小方斗，命侍从精量各地泉水。遍衡所历天下名泉，最后品出北京西山玉泉山泉水最轻，定为天下第一泉，亲撰《天下第一泉记》，并刻石志之。文中有"更无轻于玉泉者乎？曰：有！乃雪水也。尝收积素而烹之……雪水不可恒得"云。所以，徐珂《清稗类钞·饮食类》"以水洗水"条下说："惟雪水最轻，可与玉泉并。然自空下，非地出，故不入品。"虽不入品，士人多喜以陈雪烹茶。曹雪芹生于乾隆前，据说穷困西山写《红楼梦》时，遍试"香山遍地泉，大小七十眼"，最后评定唯有香泉最清冽、香甜。其友鄂比不信，以玉泉混其他泉水烹茶，曹雪芹饮后说，碗中上半为玉泉，下杂他泉。鄂比誉其为茶仙，陆羽复生。曹雪芹识茶辨水，才能下笔品出栊翠庵的茶趣。

妙玉沏的茶，贾母吃一半给了刘姥姥。刘姥姥一口吃了，说茶淡了些，再熬浓些就好了。熬茶就是《金瓶梅》的顿茶。顿与烹或煮意同。张竹坡注《金瓶梅》，说是市井人吃茶，自不可与栊翠庵品茶相提并论。论身份妙玉和刘姥姥都是大观园的清客，但有雅俗之别。不知曹雪芹是有心还是无意，将这两个雅俗不同的清客，借品茶凑在一起。但妙玉无法忍耐刘姥姥的俗和脏，要将她饮过的那只成窑五彩小盖钟给砸了。

妙玉身世似谜，飘然进了大观园。宝玉说她"为人孤僻，不合时宜，万人不入他目"。妙玉对宝玉自称"槛外之人"，"槛外"与"槛内"对称。因此，妙玉在大观园里始终是个外人。曹雪芹似有意创造这样一个人物，冷眼旁观大观园内的繁华如烟似梦。有趣的是，妙玉每次都借茶现身，七十六回《凹晶馆联诗悲寂寞》是《红楼梦》重要的转折，写到中秋宴罢，皓月当空，黛玉和湘云到凹晶馆赏月联诗，联到"窗灯焰已昏，寒塘渡鹤影"之后，黛玉提了个上联："冷月葬诗魂。"湘云无以为对。这时栏外山石后突然转出一人，来的正是妙玉。妙玉说听她们的诗句虽好，只是过于颓丧凄楚，事关气数。于是邀她们到栊翠庵歇息吃茶论诗，后来妙玉也写了《中秋夜大观园即景联句三十五韵》，最后写道："有兴悲何继，无愁意岂烦。芳情只自遣，雅趣向谁言。彻旦休云倦，烹茶更细论。"但妙玉"烹茶更细论"，要论些什么呢？

看来端的是"无肠"

陆游《糟蟹》诗说"醉死糟丘终不悔，看来端的是无肠"，蟹又称无肠公子。唐人因蟹黄满膏腴称誉为含黄伯。卢纯说："四方之味，当许含黄伯第一。"视蟹为天下至美之味，由来已久，当然这不是指海蟹，说的是淡水蟹。淡水蟹又有湖蟹与河蟹之分，清李斗说："蟹自湖至者为湖蟹，自淮至者为淮蟹。淮蟹大而味淡，湖蟹小而味厚，故品蟹者以湖蟹为胜。"所以，江苏苏州与昆山之间阳澄湖所产的大闸蟹最著名。我少时看过一部电影《一江春水向东流》，其中有句词说：大闸蟹坐飞机——凌空八只脚。这是说当时江苏已经沦陷，大闸蟹经香港坐飞机，运到陪都重庆去的。过去香港的蟹也是坐飞机凌空而来，不过现在却改乘火车。真正阳澄湖的蟹都凌空飞日本美国去了。

前两年，有个朋友回苏州探亲，他知道苏州是我少年的旧游地。临行，问我需要带点什么。我想了半天，说："那么，就麻烦代我吃碗虾蟹面吧。"朋友回来歉然，他说，走遍苏州城竟没有吃到我所托的那碗虾蟹面。

胜利后，父亲在苏州做了个芝麻大的七品官。家居在沈三白《浮生六记》的仓米巷，我的学校在拙政园附近。每天上学要穿过大半个苏州城，护龙街是必经之地。在护龙街怡园隔壁有家朱鸿兴，专卖早点，而以大肉面最普遍，当然还有汤包和其他面点。每天早晨，许多拉车和卖菜的各端一碗蹲在廊下，低着头扒着吃。我那时虽然是二少爷，身上的零用钱，只有吃大肉面的份。早晨，尤其是冷飕飕的冬天早晨，来到这里，把钱交给靠着柜台穿着苏州传统朱布围裙抄着手的掌柜。他接过钱向身旁那个大粗竹筒一塞，回头向里面一摆手，接着堂倌拖长了嗓子对厨下一吆喝。不一会儿就送到我面前，我捧着面走到门外，找个空隙把书包放在地上，就蹲下扒食起来。

那的确是一碗很美的面，褐色的汤中，浮着丝丝银白色的面条，面的四周飘着青白相间的蒜花，面上覆盖着一大块寸多厚的半肥瘦的焖肉。肉已冻凝，红白相间层次分明。吃时先将肉翻到面下面，让肉在热汤里泡着。等面吃完，肥肉已经化尽溶在汤里，和汤喝下，汤腴腴的咸里带甜。然后再舔舔嘴唇，把碗交还，走到廊外，太阳已爬过古老的屋脊，照在街道上颗颗光亮的鹅卵石上。这真是一个美好又暖和的冬天早晨。

当然，如果口袋里有足够的钱，也会走进堂内，来一碗虾仁面。苏州靠近太湖，虾大而鲜嫩，是其他地方没有的，那碗虾仁面与大肉面不同，乳白的汤，颗颗虾仁像擦净的白羊脂小玉珠，晶莹玲珑，简直可以把玩。除了虾仁面，这里还有三虾面，以虾仁、虾脑、虾子三样合制而成的，汤色又不相同，不过，大闸蟹上市后的虾蟹面，更是美味中的美味。一层淡淡的黄色蟹油和着虾仁，面对着这碗热气腾腾的金镶玉，还能有谁不垂涎欲滴呢？离开苏州一路南来的这些年，每到一个地方，虽然没有虾蟹面，但必吃一碗虾仁面，可是不论色味都不是那个味道。一次在台北的一家颇有名的江浙馆子，叫了一碗虾蟹面，面里竟有洋葱和咖喱，我拣尽了碗里的洋葱粒后，轻轻放下筷子，走了。从此，再不吃虾蟹面。随着时日的过去，对那碗虾蟹面，有着魂牵梦萦的思念。这次朋友去了竟没有为我吃到，此情只好留待成追忆了。

父亲初任天堂里的父母官，虽然一肩明月，两袖清风，但苏州附近阳澄湖，每逢菊黄桂香的季节，都吃到不少壮硕的蟹，每年这时，父亲的朋友也会结伴而来，执螯煮酒共话当年。最近病逝的王公玙先生是必来的，他是父亲的总角之交，后来更共事，多年患难相持。公玙叔二十三岁大学毕业，就当了我们家乡丰县的父母官。所以，他写给我大哥的那幅字，就录了苏东坡的《陈季常所蓄朱陈村嫁娶图》诗："我是朱陈旧使君，劝农曾入杏花村。而今风物那堪画，县吏催钱夜打门。"这也是他自己后来心境的写照，没料到这么好的人，竟也去了。公玙叔嗜蟹，更是食蟹的高手，他吃一只蟹，可以完全不损蟹螯与蟹爪，食毕还能拼凑成一只完整无缺的蟹。

蟹，天下至美之味。自古就是中国文人雅士所喜爱的，而且又在菊花开的秋天里，更诗情画意了，因而可以入诗入画，执螯赏菊更是雅事。

《红楼梦》三十八回，叙史湘云做东道，在藕香榭请宝玉、黛玉等人食蟹。蟹是以笼蒸熟的，佐以姜醋，伴以热酒，大家自己掰着吃香甜，一边剥一边吃。执螯赏菊的确是人间的风雅韵事，当然不能无诗。于是，宝玉先来了一首："持螯更喜桂阴凉，泼醋擂姜兴欲狂。"宝玉的诗虽无境界，但"泼醋擂姜"道出食蟹的最基本方法，醋姜不仅可以提味压腥，而蟹性寒，姜可以祛寒。在此间饭店食蟹，食罢，伙计就奉一盅红糖姜茶，意亦在此。接着黛玉也吟了一首："铁甲长戈死未忘，堆盘色相喜先尝。螯封嫩玉双双满，壳凸红脂块块香。多肉更怜卿八足，助情谁劝我千觞？对兹佳品酬佳节，桂拂清风菊带霜。"黛玉的这首不仅比宝玉的那首高雅多了，而且也写出了当时的情景与蟹的形象和色香。至于宝钗的那首："桂霭桐荫坐举觞，长安涎口盼重阳。眼前道路无经纬，皮里春秋空黑黄。酒未涤腥还用菊，性防积冷定须姜。于今落釜成何益？月浦空余禾黍香。"宝钗的"皮里春秋空黑黄"虽然世故了些，但也道出食蟹的整个过程。食毕净手是必须的，所以，凤姐便呼小丫头们去取菊花叶儿桂花蕊的绿豆面子，预备洗手。这比四十九回写史湘云、贾宝玉、李纨三人围着火用铁炉、铁叉、铁丝蒙，又吃又玩的烤鹿肉，风雅多了。

中国吃蟹的历史，由来已久。据《逸周书·王会解》篇的记载，成王时，海阳献蟹，离现在已有三千多年了。《太平御览》卷九四二引《永嘉郡记》，记载晋永嘉郡安国乡的地方土著，"喜于山涧中取石蟹……就火边跂石炙啖之"。这种吃法颇为原始，颇类日本的铁板烧蟹。南北朝后期有蜜蟹和糟蟹，隋炀帝到扬州看琼花，糟蟹就是吴中进贡的御食之物。宋陶谷《清异录》说："炀帝幸江都，吴中贡糟蟹、糖蟹。每进御，则上旋洁拭壳面，以金缕龙凤花云贴其上。"这是帝王之食，炀帝恋栈江南而不归的原因之一，可能是为了吃螃蟹。现在江苏兴化产的"堡中糟蟹"，制法繁复，或者就是炀帝吃的糟蟹。

唐宋的文人多嗜蟹，李白有"摇扇对酒楼，持袂把蟹螯"之句，已写出他那种急不可待的精神了。黄山谷有"一腹金相玉质，两螯明月秋江"，把蟹的美味与诗意都表现出来了。唐人吃蟹与橙并食，所谓"味尤堪荐酒，香美最宜橙。壳薄脂胭染，膏腴琥珀凝"。不知这是否就是糖蟹、蜜蟹的食法。"饮酒食肉自得仙"的苏东坡，虽然谪居各地，却爱江南，最后终老阳羡，而有"诗成自一笑，故疾逢虾蟹"之句，美味当前却不能动手，因为怕疥痒的旧疾复发，的确是非常遗憾的事。但陆游就顾不了那么多，情愿疮流脓都不愿口受罪，"传芳那解烹羊脚，破戒尤惭擘蟹脐"。陆游嗜蟹嗜到垂涎欲滴："蟹黄旋擘馋涎堕，酒渌初倾老眼明"，而又精于选蟹："黄甘磊落围三寸，赤蟹轮囷可一斤"。他不仅吃糟蟹、蜜蟹和蒸蟹，还吃蟹粉小笼："蟹馔牢丸美，鱼煮脍残香。"他算是识蟹之人了。糟蟹、蜜蟹也许是唐宋间普遍的一种吃法，黄庭坚有《食蟹》诗："鼎司费万钱，玉食罗常珍。吾评扬州贡，此物真绝伦"。所谓"扬州贡"指的是吴中向隋炀帝贡的御食之物，到这时已成了一般的吃法了。唐宋文人嗜蟹，因而有了关于蟹的专著。唐有陆龟蒙的《蟹志》，宋有傅肱《蟹谱》。中国第一部研究蟹的专门著作，那就是宋代高似孙写的《蟹略》了。书分四卷，卷一是蟹原、蟹象，卷二是蟹乡、蟹具、蟹品、蟹占，卷三是蟹贡、蟹馔、蟹牒，卷四是蟹雅、蟹志、赋咏。

　　至于元代食蟹之法，倪瓒的《云林堂饮食制度集》记载了一段"煮蟹法"。倪瓒是元末四大画家之一，他的家乡在无锡城东约二十里的梅里祇陀村。《列朝诗集小传》称其"家富豪"。后来，"忽尽鬻其家产，得钱尽推与知旧"。元末兵乱，他"扁舟蓑笠，往来湖泖间"。倪瓒家傍太湖，后遇战乱，又携眷泛舟于太湖和三泖间，过着隐居的生活。倪瓒家有堂曰"云林"。《云林堂饮食制度集》著录菜点不多，只有五十多种，而以水产类为最，有鱼、虾、蟹、田螺、蚶子、蛤蜊、江瑶、蛴蝉等。这当然是倪瓒家傍太湖，居近长江的地理环境所致。其中有"煮蟹法"："用生姜、紫苏、橘皮、盐同煮。才大沸透便翻，再一大沸透便啖。凡煮蟹，旋煮旋啖则佳，以一人为率，只可煮两只，啖已再煮，捣橙齑、醋。"虽然煮的方法与现煮现吃，和现在没有太大的差别，但考究多了。

明张岱的《陶庵梦忆》，其中一篇记载他和朋友与兄弟们，在十月里吃蟹的情形。张岱字石公，号陶庵，浙江山阴（绍兴）人。《陶庵梦忆》叙浙江一带的景物与习俗。《蟹会》是一篇谈食蟹的绝妙好文：

> 食品不加盐醋而五味全者，为蚶、为河蟹。河蟹至十月与稻粱俱肥，壳如盘大，坟起，而紫螯巨如拳，小脚肉出，油油如蝤蛑。掀其壳，膏腻堆积，如玉脂珀屑，团结不散，甘腴虽八珍不及。一到十月，余与友人兄弟辈立蟹会，期于午后至，煮蟹食之，人六只，恐冷腥，迭番煮之。从以肥腊鸭、牛奶酪。醉蚶如琥珀，以鸭汁煮白菜如玉版。果蓏以谢橘、以风栗、以风菱。饮以玉壶冰，蔬以兵坑笋，饭以新余杭白，漱以兰雪茶。由今思之，真如天厨仙供，酒醉饭饱，惭愧惭愧。

所谓"九月团脐十月尖"，十月正是雌蟹产卵的时候，尖脐雄蟹的膏特别厚腴，一般而言，雄蟹都比较硕壮，选择这个时间举行"蟹会"，是非常恰当的。不仅食蟹，并配以"肥腊鸭""牛奶酪""醉蚶""鸭汁白菜"数味，酒饮的是"玉壶冰"，饭是以余杭新白米煮的，生果有栗、菱、橘，最后再来一盅"兰雪茶"，此馔此味，如再有菊花可赏，这真的是"天厨神仙供"了。

张岱说蟹五味俱全，单吃最好。这正是袁子才所谓的"蟹宜独味"。所以李笠翁就说："凡食蟹者只合全其故体，蒸而熟之，贮以冰盘，列之而上，听客自取自食……旋剥旋食则有味。"因为"蟹之鲜而肥，甘而腻，白似玉而黄似金，已造色味香三者之至极，更无一物可以上之。和以他味者，犹之以爝火助日，掬水益河"。所以，自古以来，吃蟹的方法或蒸或煮，都是单个吃的。李笠翁说蟹既是世上至美之物，"世间好物，利在孤行"。所以不必再加其他辅料并烹。

不过，蟹既是世上至美之物。但如果将蟹拆粉佐以其他材料，来一味"若将一脔配两螯，世间更有扬州鹤"的扬州蟹粉狮子头不是也非常鲜美的吗？或言虾是菜中的甘草，与其他材料相配，可以调制成许多不同的菜色，虾仁与蟹粉合炒就成为炒虾蟹。蟹粉也可以烹饪出许多风味绝佳的菜肴来。现在苏州、扬州流行的一道名菜"雪花蟹斗"，也就是将蛋清与蟹粉置于蟹盖之中而成，色味俱佳，与西餐里的焗蟹盖绝不相同。这道菜源远流长，是由明初的"蟹黄兜子"

演变而来的。据刘基的《多能鄙事》，"蟹黄兜子"的制法是这样的："大熟蟹三十只，取其净肉，同生猪肉一斤细切，加香油炒鸭蛋五个，调和花椒末、姜等作料，再加面勾芡成馅，然后以粉皮包馅成兜子，上笼蒸熟供食。"这个菜如果向上溯源，可能与陆游吃的"蟹馔牢丸"有某种程度的关联，不过，清代以后，特别突出蛋的功用，成就了康熙时代的"芙蓉蟹"，以及乾隆时的"剥壳蒸蟹"及"蟹炖蛋"，最后演变成现在流行的"雪花蟹斗"。"雪花蟹斗"又称为"芙蓉套蟹"，其原因在此，所以，每一个菜色的形成，都有其特殊的地方环境及历史渊源，不是偶然的。台北有菜馆出售"富贵羊肉"，甚至"富贵牛肉"，完全失去了"叫花鸡"的原意与风味，那是不足取的。此间的广东菜馆动辄推出新菜，那不过是西餐的花巧形式，再加一个不相干的名字，更是走火入魔了。因为菜的转变和社会的转变一样，也是要有一定的人文基础和人文背景的。

蟹独食虽美，但食后一脸蟹黄，满桌狼藉，实在不雅也不便。不如拆成蟹粉备用省事，不过一定要用新鲜的活蟹，用死的"神仙蟹"就腥重难食了，饭店里用的多是后者。前两年每逢蟹季，太太回台北上课，我成了"航天员"，两肩担一口，走遍港九的上海餐馆，吃的就是一味蟹粉面，却没有一家不腥的。追究原因在此。于是鲜蟹自拆，拆后自制蟹粉，后来又发现一家面厂卖的面，颇似苏州朱鸿兴的。因此我就自己下起蟹粉面来，虽不能与朱鸿兴的相提并论，渐渐地也有几分神似了。

　　每年这里过了中秋，街上的上海南货店，就挂起一面旗子来，黄底镶着绿色的荷叶边，上写着一个斗大的红色"蟹"字。那红色字就像蟹蒸后的颜色一样诱人。蟹字旗在喧嚣的街道上垂挂着，会使人联想起荒村野店迎风而飘的酒帘。每年这时，虽然没有看到菊花，也没有闻到桂子的飘香，蟹竟悄悄横行而来，才使人想到这又是好个天凉已是秋的季节了。

烧猪与挂炉鸭子

我有个朋友在乡下养猪，有个时期饲料价昂而猪肉贱。于是，他将下地不久的小猪，宰后烧烤了分享亲朋，这是名副其实的烧乳猪了。只是每次都是皮焦而不脆，肉软软的一包水，不能成形。

烧乳猪是现在粤菜馆的绝活，酒筵中往往原只上桌，眼中还镶着两只小灯泡，一闪一亮地映着色泽红亮的小乳猪，煞是好看。乳猪的皮烤得酥松，入口即化。皮啖尽后撤盘。然后将肉拼成原形再上，肉嫩滑可口，剩下的打包带回，与干贝煮粥，味至鲜美。过去香港粉岭阿郭家的烧乳猪极佳，用的是新界农家饲养的小猪，现烧现吃。有次我到烤房看看，上叉的乳猪依墙罗列，待风干后上炉。烧乳猪腌制后脱水，是一个重要步骤。我那朋友少了这个过程，结果神不似貌也不像。烧乳猪程序繁复，上炉烧制需要特殊技巧。所以，烧乳猪的特级厨师，不是一般人所能做的。想吃只有下馆子，不能吃整只，来碗乳猪饭亦可解馋。不过，烧乳猪得趁热吃，凉了如啃橡片甚于嚼蜡。所以，袁枚《随园食单》说烧小猪"酥为上，脆次之，硬斯下矣！"原因在此。

川菜有烤方一味，制法与烧乳猪相似，也只吃皮。肉撤回切片，以郫县豆瓣，约加醪糟，与蒜薹同炒，即成回锅肉。回锅肉每家川菜馆都会做，但能将肉片炒得片片似灯碗、闪着红红的油光，就非易事。另剩下的肉片可制连锅汤，伴调好的红油蒜泥同上，是蒜泥白肉另一吃法。这是烤方的一菜四吃。广东的烧乳猪，北京称烤小猪，烧烤乳猪的制法同称为炙。炙常与脍合用，即"脍炙人口"。不过，炙与脍是两种不同的烹饪技巧，在中国饮食文化发展过程中，不仅长久存在，而且直到现在仍然存在。

　　炙，是人类开始用火后，首先出现的烹饪方法。《说文》解释炙，从肉，置火上，是炙肉的意思。炙肉，就是将肉放置在火上烧烤。《诗经》有"有兔斯首，炮之燔之""有兔斯首，燔之炙之"之句，道出了炮、燔、炙三种不同的烧兔子方法。这三种方法据毛注的解释："毛曰炮，加火曰燔，炕火曰炙。"也就是用泥裹起来烧称炮，连毛带皮投入火中烧称燔，举在火上烧称炙。这三种不同的将食物烧熟的方法，总称为炙。对炙，孔安国有较具体的解释："以物贯之，而举于火上以炙之。"事实上，炙字的字形，像一块肉悬在火上，已说明了这种烹饪的形式。最明显的例子是羔字。羔在甲骨文字成❀或❀，象征一只羊在火上烧烤。《说文》注解释羔字，也是像火上炙羊，并且说炙烤之羊宜幼宜嫩，故小羊曰羔。

食物不经其他媒体，直接放置火中或火上烧或烤，是人类熟食的开始。中国熟食相传始于燧人氏。《礼含文嘉》说："燧人始钻木取火，炮生为熟，令人无腹疾，有异于禽兽。"也就是说燧人氏教人钻木取火之前，先民还停滞在茹毛饮血的阶段。往后开始熟食，由此进入文明。不过，钻木取火是一种人工取火的方法。但人工取火的方法，出现的时间并不长，距今一万八千年左右的"山顶洞时期"才开始的。前此，用的是取自山林的自然火。而且对自然火的应用，继续了很长的一段时间，可能有一百几十万年之久。因为在云南元谋人的遗址中，已发现有用火的痕迹。五十万年前北京人居住的洞穴里，更保存了许多燔炙的资料。北京人居住洞穴的堆积物计分十三层，其中四、八、九等三层属灰烬层，是燔炙留下的遗迹。灰烬层除了有碳粒和烧过的石头外，还有燔炙遗留下的鹿、鼠和鸟类的骨骸，可以证明北京人已经用燔炙进行熟食了。所以，在山顶洞时期以前，燔炙的烹饪方法已进行了一段很长的时间。我们是世界上最早吃烧肉的民族。

记得幼时读一篇培根写的烧猪文章。大概是这样的，他说当山林大火熄灭后，中国人在燃烧过的灰烬中，找到了一只烧熟的猪，一尝味道远胜活剥生吞。于是中国人就开始吃烧猪了。虽然这篇文章调侃中国人吃猪肉，但也道出燔炙之法的由来。不过，还有一种可能，就是先民们将山林火苗，带回他们居住的洞穴，大家围着火进食或取暖，或者不小心将一块肉跌落在火里，后来又在灰烬里找到这块肉，味道比生肉好吃得多。从茹毛饮血到燔炙熟食，不仅是饮食习惯，也是文化发展的突破。前此，如《韩非子》所说上古之世"民食果蓏、蚌蛤，腥臊恶臭而伤害腹胃，民多疾病"。但自熟食之后，消化过程缩短、营养容易吸收，使北京人的脑容量增加，超过与人类接近的黑猩猩一倍半，这是"人异于禽兽"一个很重要的原因。所以，火不仅为人类带来光明与温暖，并且教人熟食，由熟食开始，渐渐向文明的领域过渡。

我们的先民由发现火而用火，由用火而燔炙熟食，维持了很长久的时间。直到六千年前新石器时期的后期，由于会贮存火种，火的应用较以往方便，才突破单调的燔炙饮食习惯，出现了多种新的烹饪方法。在半坡文化遗址中，半坡人所居住的房子有炉坑的设备。炉坑的用途除了取暖外，重要的功用还是烹饪。这种炉坑还有一个功能是贮存火种。炉坑两灶相连，灶膛相通。一灶入柴、一灶出火，出火的那个灶膛，并可兼留火种。甲骨文有𤈭字，从门从火，即阕字。《集韵》解释阕字，说像贮火种的样子。这个字可能是由半坡的炉坑引申而来的。由于贮存火种，火的应用较以往方便，另一方面由于陶器的普遍使用，可以以水为媒体将食物炊熟。于是烹饪的技术突破了过去的燔炙，有了多样化的变化。

在半坡遗址中发现了许多陶器，如碗、碟、罐、盆等。这些陶制的器皿都和烹饪有关。其中最特殊的是尖底瓶，瓶近中处有两耳，可系绳索提携，是半坡居民从河中取水的器皿。尖底瓶在河中取水时，因为水的浮力使瓶口向前倾斜，待水灌满后自然垂直向下，是非常合乎力学原理的。由尖底瓶汲水，可知半坡居民除了燔炙外，又多了煮和烩两种不同的烹饪技术。半坡居民将小米、蔬菜与肉类等，置于陶罐或陶盆中，添水加盖以猛火煮熟。这种以陶器隔火，运用水为媒介导热的烹饪方法，可以将带骨头的肉块煮得烂透，并且还有汤汁可饮，内容比单调的燔炙丰富得多。

当煮肉或菜的火熄灭后，利用余烬将食物经长时间的烹制直到酥烂为止，称之为煨，煨的特点是汤汁浓肥。半坡居民用这种方法烹牛羊肉。当时的牛多是狩猎而获的野牛，羊则是圈养的。羊可能是当时最易得而且美味的食物。所以，后来造字凡美味或吉祥的字都从羊。不过羊肉比较膻腥。于是将挖回的茴香同煨，可去膻腥，这是用作料之始。

除了煨，烩也是煮的副产品。半坡居民将煮熟的肉，与挖回或自种的菜蔬同烹，称为烩。烩是两种以上的材料共烹，现在的烩三鲜、烩两鸡丝、全家福都是烩菜。将吃剩的菜肴烩在一起，称为菜糁。过去扬名四海的李（鸿章）公杂碎，即由此而来。将吃剩的豆瓣鲜鱼与红白豆腐回烧，也是烩。由煨、烩后来又发展出炖、焖。炖与焖都是火工菜，制作过程稍有不同。炖是清汤原形，如清炖鸡、清汤大乌参等。粤菜隔水蒸称炖，如炖蛋、花胶北菇炖凤爪，那是另外一称。而焖菜则是将材料切几何块，过油炸成半成品，加酱或糖色烹制而成，焖后以不碎为佳，如黄焖鸡、元焖肉、油焖笋等属之。这些烹饪方法都是以水为媒介形成的，也是人类使用燔炙以来，中国饮食发展的新里程碑。

俗语说水火不兼容，但就烹饪而言，水火不仅兼容而且相济。水火相济是中国饮食的基本条件。《吕氏春秋·本味》篇是最早的中国饮食理论，就说："凡味之本，水最为始。五味三材，九沸九变，火为之纪。时疾时徐，灭腥去臊除膻，必以其胜，无失其理。"这是烹饪的基本原理。食物透过水的媒介为导体，配合了火的疾徐，可以调治美味的菜肴。所谓火的疾徐，也就一般说的火候。周代王廷中有专门负责火候的亨人，《周礼·天官》说亨人"掌共鼎镬，以给水火之齐"。孔子也说"失饪不食"。失饪就是火候未到或过火。所以，火候是烹饪得失的关键所在。唐段成式《酉阳杂俎》说："物无不堪吃，唯在火候。"东坡肉烹调的要诀，苏东坡自己说首在火候："慢着火，少着水，火候足时它自美。"所谓火候也就是水火相济，配合得恰到好处。袁枚的《随园食单》，首列须知单，共二十条烹饪须知，火候即其中之一："熟物之法，最重火候。有须武火者，煎炒是也，火弱则物疲矣。有须文火者，煨煮是也，火猛则物枯矣。"并且说："道人以丹成九转为仙，儒家以无过不及为中。司厨者能知火候而谨伺之，则几于道矣。"由此可知火候的重要了。

半坡居民用水煮制食物，使食物的内容与烹饪技术有了多元化的变化。但有长久历史渊源的燔炙法，不仅没有被淘汰，仍然继续存在并且有新的变化与发展。皇甫谧《帝王世纪》载："纣宫九市，车行酒，马行炙。"说明肉类的炙品仍是殷商宫廷主要佳肴。周代宫廷御食八珍中，肝膋、炮牂、炮豚都是经过炙制的食品。炮牂、炮豚都是浑只烹制，今日的烧猪即渊源于此，但制作的过程复杂得多。据《礼记·内则》记载，将猪、羊割杀后，去其内脏，填入枣子，以箬席将猪羊包裹起来，外涂上一层和草的泥，置于猛火中烧，即为之炮。烧妥后，去其外壳，揩去皮上的薄膜。再以调成糊状的稻米粉涂抹猪羊全身，置于膏油锅中煎烧，锅中的膏油以没猪羊为度。然后将煎烧妥的猪羊并调料，置于小鼎中。再将小鼎放入大鼎内，注沸汤于大鼎，然汤不可没小鼎，如此烧三天三夜，取出后，调以醋与肉酱食之。炮豚制作有炮、炸、炖三个过程，而炮是主要的程序。

春秋以后，炙品仍是各国王廷的珍品，《风土记》有一段吴王阖闾的女儿，为了与阖闾争食鱼炙不得，怨恚而死的故事。《韩非子·内储说下》篇有一段记载："文公之时，宰臣上炙而发绕之。文公召宰人而谯之曰：'女欲寡人之哽耶？奚为以发绕炙？'宰人顿首再拜，请曰：'臣有死罪三，援砺砥刀，利犹干将也，切肉肉断而发不断，臣之罪一也。援木而贯脔而不见发，臣之罪二也。奉炽炉，炭火尽赤红，而炙熟而发不烧，臣之罪三也。'"宰人所谓的三罪，正是当时炙肉的三个步骤，即一以刀切脔，二援木贯脔，三在炽烈的炭火上炙熟。这种以木贯脔的炙烤方法，是炙肉的标准方法。汉代朱鲔石室图与孝山堂墓道石刻，非常生动地描绘当时炙肉的情形，画的是一个人跪在地上，一手执用焊子贯实的肉串，另一手执扇子作煽火状，在火炉上烤炙。另一幅则是两人执肉串，相对而炙。

汉唐时期炙肉一直是贵族人家嗜食肴品。《西京杂记》说，汉高祖朝夕以炙鹿肝或炙牛肝下酒。上行下效，炙品成为仕宦富豪人家流行的佳肴。马王堆汉墓出土的文物中，有两卷随葬食物的清单。在随葬的众多的食物简中，有牛炙、鹿炙、豕炙、鸡炙、犬肝炙、牛脊炙各一笥。笥是竹子编织的箱子。魏晋之后食炙之风仍盛，如周伯仁请王羲之吃牛心炙，王济将王恺的一头八百里快牛下炙，等等。并且雇专人"行炙"，也就是专门负责燔烧炙品。《晋书·顾荣列传》称："荣与同僚宴饮，见执炙者貌状不凡，有欲炙之色，荣割炙啖之。"北魏贾思勰的《齐民要术》，虽然是一部"资生之业，靡不毕书"的农书，其卷八、卷九保留了大批汉晋以来，黄河流域中下游的烹饪资料。炙法有专篇，记录了炙豚、脯炙、炙蛎、肝炙、膊炙豚法等二十二种燔炙法。炙豚就是现在的烧乳猪：

> 用乳下豚极肥者，𤟤、牸俱得。挲治一如煮法，揩洗、刮削，令极净。小开腹，去五脏，又净洗。以茅茹腹令满，柞木穿，缓火遥炙，急转勿住。（转常使周匝，不匝则偏焦也。）清酒数涂以发色。（色足便止。）取新猪膏极白净者，涂拭勿住。若无新猪膏，净麻油亦得。色同琥珀，又类真金。入口则消，状若凌雪，含浆膏润，特异凡常也。

炙豚法列炙法第一，不仅对制作过程做了详尽的叙述，同时在制成后的色味香也有具体的描绘。在旧食谱中谈到烧乳猪的不多，只有袁枚《随园食单》有烧小猪一味：

> 小猪一个，六七斤重者，钳毛去秽，叉上炭火炙之。要四面齐到，以深黄色为度。皮上慢慢以奶酥油涂之，屡涂屡炙。食时酥为上，脆次之，硬斯下矣。旗人有单用酒、秋油蒸者，亦佳。吾家龙文弟颇得其法。

制作方法与《齐民要术》的炙豚相似。文中说到"旗人有单用酒"。旗人也就是满人。满洲人是个吃猪肉的民族。自肃慎人起,他们除渔猎之外,已重视养猪。史称肃慎人"多畜猪,食其肉"。不仅"食其肉"而且"衣其皮"。至今东北人还喜欢吃白肉血肠酸白菜火锅,是满洲饮食文化的遗痕。所谓"血肠"与"白肉"都是祭祀的产物。满洲人信萨满教,在祭祀过程中,以猪为牺牲。祭祀吃的猪肉称"福肉",是清水煮猪肉,不加酱盐,以示虔诚。至于"血肠",据《满洲祭神祭天典礼·仪注》篇载在萨满祭祀过程中,"司俎满洲一人,进于高桌前,屈一膝跪,灌血于肠,亦煮锅内",这是血肠的由来。所以卖白肉的都有血肠,过去沈阳大东门里的"那家馆"专售此味。"九一八"事变后,"那家馆"迁到北京,在西单北大街开业,后改"辽阳春"。另外北京的砂锅居亦营此味。

满洲人既然欢喜吃猪肉,因而有了"全猪宴",清何刚德《春明梦录·客座偶谈》说:"满人祭神……未明而祭,祭以全豕去皮而蒸。黎明时,客集于堂,以方桌列炕上,客皆登炕坐。席面排糖蒜韭菜末,中置白肉片一盘,连递而上,不计盘数,以食饱为度。旁有肺、肠数种,皆白煮,不下盐豉。末后有白肉末一盘、白汤一碗。即可下老米饭者。""名震京都三百载,味压华北白肉香"的砂锅居,也售全猪席。砂锅居开业于乾隆六年二月初一,原址是定安亲王府邸门外的更房。定安亲王是乾隆的长子,王府的打更人开了这个买卖，就请御膳房与王府的司厨为他们煮肉。煮肉的锅据说是一口明代传下来的大砂锅。煮的肉味道极佳，故名。在清代砂锅居每天只宰王府供应的猪一口，砂锅居的煮肉，肉白似雪，片薄若纸，腴美不腻，冷热均宜。过午就售清，收了幌子。故当时有"缸瓦市中吃白肉，日头才出已云迟"之句。北京民间流行的一句歇后语"砂锅居的幌子——过午不候"，就是这样来的。幌子即市招。

砂锅居的全猪宴全是煮肉，是满洲人传统制法。不过除了白煮，燔炙也是满洲人烹治猪肉的方法。这种方法入关后仍然保持。徐珂《清稗类钞·饮食类》载有"烧烤席"，说这是一种满汉混合大席，席中除了有燕窝、鱼翅外，"必用烧猪、烧方，皆以全体烧之。酒三巡，则进烧猪，膳夫、仆人皆衣礼服而入。膳夫奉以侍，仆人解所佩之小刀脔割之，盛于器。屈一膝，献首座之专客。专客起箸，篷座者始从而尝之，典至隆也"。这类烧猪的饮食习惯，一直保存在清朝的宫廷中。清宫肴膳房设有饭局、点心局、荤局、素局外，还有个包啥局，是专门负责内廷的烧烤。"包啥局"是满洲语，下酒的意思。宫廷宴会一定有烧烤菜肴，多是挂炉猪、挂炉鸭，制成后片皮上席，称为"片盘两品"。康熙接见俄国使节时，就赐烤鸭、乳猪、肥羊肉。雍正四年十月初一，雍正与其嫔妃的御膳，除了正常的供奉外，还添了烤炙的小猪六口。煮和烧都是满洲人的饮食习惯。所以袁枚说"满菜多烧煮"，其原因在此。只是满汉的口味不同，用料也不一样。

　　不过，清宫吃烧小猪的饮食习惯，到乾隆时约有改变。乾隆欢喜吃挂炉鸭子。据故宫《五台照常膳底档》的资料，仅乾隆二十六年三月初五至十七日的十三天中，乾隆就吃了六次的挂炉鸭子。后来乾隆下江南。据乾隆三十年的《江南节次照常膳底档》，从正月十七日至正月二十五日间，在各个行宫中所用的御膳膳单中多有挂炉鸭子。如十七日在黄新庄行宫的晚膳中，有挂炉鸭子晾坯子一品，挂炉鸭子咸肉一品。十八日在涿州行宫进早膳，有燕窝肥鸡挂炉鸭子野意热锅一品。十九日在紫泉行宫进早膳，有挂炉鸭子塞勒卷攒一品。二十一日在思贤村行宫进早膳，有燕窝肥鸡挂炉鸭子野意热锅一品。又在太平庄行宫晚膳，有火熏鸭子一品。二十二日在红杏园行宫进晚膳，有挂炉鸭子挂炉肉炖白菜一品。二十四日在新庄行宫进早膳，有燕窝肥鸡挂炉鸭子一品。二十五日在德州恩泉行宫进早膳，有冬笋烹挂炉鸭丝肘子丝鸡蛋丝一品。

　　乾隆欢喜吃挂炉鸭子，不仅在宫里，即使在下江南的行宫里也备有烤炉，供应挂炉鸭子。挂炉鸭子与烧小猪的方法相同，都是烧炙而成的。清宫的烧炙用砖砌的烤炉，灶炉前拱门，灶里三面都有灶架，将准备烤制的猪或鸭，挂入灶膛内的炉架上。灶内以枣木、梨木或桃木为燃料。这些燃料燃着后无烟且旺。烤时烤鸭师傅要用吊竿规律地换鸭子的位置，以便将鸭子周身都烤到。但鸭子不能直接接触旺火，火大了鸭子全焦，火小鸭子不酥，必须掌握恰当的火候才能做到。烤出的鸭子皮酥脆，肉香嫩。油脂多已流出，肥而不腻，又有果木的香味。挂炉烧烤可见明火，又称为"明炉烧烤"，后来北京全聚德的烤鸭，就采用了清宫的烤炙形式。

和明炉相对的是"焖炉"，与明炉的烤炙方式不同。其特点是鸭子不见明火，是先将燃料在炉内燃烧，待烤炉墙受热到一定温度后，将火熄灭，然后用叉子将鸭子置于烤炉中，最后关闭炉门，全凭炉墙的热力将鸭子烘熟，中间不启炉门，不转动鸭身，一气呵成。因此，烧炉是焖炉烤鸭成败的关键，炉烧过了头鸭子入炉即煳，时间不够鸭子又会夹生。在烤炙的过程中，灶炉的温度由高而低渐渐下降，火文而不烈，受热均匀，油的流失量小，制成的烤鸭外皮酥脆，而鸭肉一咬流汁。由于这种烤鸭不见明火，故称"焖炉烤鸭"。北京的焖炉烤鸭出自明代宫廷。相传是民间的"金陵片皮鸭"，传入宫后经一位御厨改良焖炉与制法，后来成祖北迁带到北方，然后再传到民间。所以，焖炉烤鸭又称"南炉鸭"。"秦淮残梦忆繁华""废馆颓楼梦旧家"的曹雪芹，嗜爱江南佳馔，当他困居北京西郊写《红楼梦》的时候，曾开玩笑说："若有人欲快睹我书，不难，唯日以南酒烧鸭享我，我即为之作书。"南酒是绍兴花雕，烧鸭就是"金陵片皮鸭"。在宣武门外米市胡同的老便宜坊，相传是退休吏部尚书何三大人，在明末清初时所创，是北京最早的烤鸭店，专售明宫廷传出的焖炉烤鸭。前门挂着一横两竖的三块匾，竖的写着"闻香下马，知味停车"，横的是招牌，上写着"金陵老便宜坊"，他们卖的是"南炉鸭"。

中国人吃鸭子的习惯，由来已久。《礼记·内则》就有"勿食舒凫翠"，也就是吃鸭子不要吃鸭尾臊。凫是野鸭子，家里驯养的鸭子则称鹜。而且对鸭子有许多不同的烹调方法。汉马王堆一号墓陪葬的食品中，就有一竹筐子熬鸭子。《齐民要术》有饲养鸭子的方法，还有一味"脯炙"，那是将鸭子去骨切块，用各种作料腌渍后，在火上炙烧而成的，已经吃得很讲究了，但不是挂炉鸭子。宋周密《武林旧事》卷六"市食"，吴自牧《梦粱录》卷十六"分茶酒店"条下，载当时临安食市酒馆有炙鸡鸭出售，但没有制法，可能是汴京的爊鸭，按孟元老《东京梦华录》卷之二"饮食果子"条有爊鸭，也没有制法。照字面解释爊同燷，燷的本意是放置灰里煨烤，和挂炉鸭子的制作方法是不同的。

元宫廷御医忽思慧的《饮膳正要》，记载宫中食补之方，其中有"烧鸭子"一方。即鸭子一只去毛、去肠肚、洗净。羊肚一个，退洗干净，包鸭。葱二两、芫荽末一两，用盐同调，放入鸭腹内，烧之。这种烧鸭子用羊肚裹包而烧之，当然不是挂炉鸭子的制法。当时食市也有烧鸭子出售。

郑廷玉《看钱奴买冤家债主》一剧中，有一折贾员外吃烧鸭子的戏。写贾员外想吃烧鸭子，又舍不得买，在街上铺子里看到油汪汪的烧鸭子怪馋人的。于是偷偷用手捋了一把，五个手指头沾满鸭油，回去舔着四只手指吃了四碗饭。剩下的一只想留到晚饭时再用，他吃饱饭就睡了。没想到在酣睡之时，一只狗将他那只沾了鸭油的指头舔了个精光，贾员外一怒之下，一病不起便呜呼了。从这折戏可以知道，当时的中原，街上已有烧鸭店专卖烧鸭子，但不知这种烧鸭子，是不是后来的挂炉鸭子。

不过，《金瓶梅》却有不少地方提到烧鸭子，如三十四回的"一坛金华酒，两只烧鸭"，三十五回的"四只烧鸭，四尾鲥鱼"，五十二回的"一只烧鸭，两只鸡"，以及六十一回的一盒螃蟹，"并两只炉烧鸭"。这些烧鸭子是送礼或请客用的。烧鸭子与金华酒相提并论，金华酒是曹雪芹嗜饮的"南酒"。烧鸭子又称炉烧鸭，也是曹雪芹欢喜吃的"南炉鸭"。这种焖炉烧烤的金陵片皮鸭，北传到明代中叶以后，不仅流行于京师，而且成为中原士绅嗜食之物了。片皮鸭出自金陵不是没有原因的。因为江淮水乡多湖泊，港汊综错，宜于饲鸭，向来食鸭的经验丰富，到现在南京板鸭与桂花盐水鸭，苏州的八宝船鸭，扬州的三套鸭与叉烤鸭都是著名的佳肴。其中叉烤鸭就是片皮鸭另一种制法。明弘治年间宋诩的《宋氏养生部》，有"炙鸭"一味："用肥者，全体，漉汁中烹熟，将熟油沃，架而炙之。"可能是片皮鸭的雏形。宋诩是江苏松江人，其母善烹饪，随其父游宦京师，又在江南数地任职，因此"遍识四方五味之宜"。宋诩由其母"口传心授"，备录成帙而写出了《宋氏养生部》，由此可知片皮鸭不仅出于金陵，也是江南民间的制鸭之方。

袁枚《随园食单》的羽族单中有烧鸭，其制法即用叉烧："用雏鸭，上叉烧之。冯观察家厨最精。"或谓袁枚《随园食单》中的某些菜肴，出自扬州盐商童砚北的《调鼎集》。《调鼎集》也有炙鸭一味："用雏鸭，铁叉擎炭火上，频扫麻油，酱油烧。"按《扬州画舫录》卷九载："童岳荐，字砚北，绍兴人，精于盐荚，善谋划，多奇中，寓居埂子上。"《调鼎集》由《童氏食规》《北砚食单》等结合而成。扬州盐商有钱有闲，其家厨精于烹调，现在的淮扬菜系里的许多佳肴，很多是由盐商家厨所创。又扬州盐商多出自徽州，所以扬州菜制法受徽菜的影响，现在吃的苏式汤包，在苏州称为徽式汤包，出自《扬州画舫录》的"松毛包子"，就是一例。

所以，烧鸭来自江南，最初民间用的是炙法，使用叉烧烤制的方法。然后经明代宫廷御厨改良成焖炉烤法，然后清宫以烤小猪的挂炉烤法烤鸭。后来这两种烤制的方法，又流传到民间，老便宜坊用金陵焖炉烤法，全聚德用的是挂炉烤法。不过，北京烤鸭所以名扬四海，除了这种烤制的方法外，主要的原因还是那里饲养的鸭子，较其他地方的肥美。《墨花吟馆文钞》载有《忆京都词》一首："忆京都，填鸭冠寰中，烂煮登盘肥且美，加之炮烙制尤工。此间亦有呼名鸭，骨瘦如柴空打杀。"词后有注释："京都填法有汤鸭、爬鸭之别，而尤以烧鸭为最。其片法亦迥异，以利刃割其皮，小如钱而绝不黏肉。"词的作者是浙江人，旅居京师多年，还乡后仍念念不忘北京烤鸭的肥美，他家乡"骨瘦如柴"的鸭子是无法相提并论的。

北京鸭肥美名满天下，其由来传说不一，有的说是明代往来运河的船工，从南方带来的一种白色的湖鸭，在运河一带饲养起来。一种说法起源于明代的北京鸭，是北京东郊潮白河所产的小白眼鸭，也就是后来的白河蒲鸭。还有一种说法起于辽代，辽代帝王在北京地区游猎，所猎获的一种白色鸭子，视为吉祥之物，驯养繁殖而成的。但不论北京鸭的起源如何，都经填喂的饲养过程，就是现在的北京填鸭。所谓填喂，也就是《齐民要术》所说的"填嗉"之法："雏既出，别作笼笼之，先以粳米为粥糜，一顿饱食之，名曰填嗉。"嗉即嗉囊，俗称鸡鸭嗉子。用填食喂养的北京鸭肥美异常，到现在也是非其他地区可比的。目前香港食用的烤鸭，都是急冻的北京填鸭，因所需品甚夥，一部分改由浙江宁波饲养。但宁波填鸭的售价，仅北京填鸭的三分之一。明清宫廷御膳用的鸭子，则在西郊玉泉山一带放养。这里溪流交错，鱼虾丰富。西北环山，冬季免西北风的侵袭，溪水出自泉源，寒冬不冻，酷夏清凉，是非常适合北京鸭饲养的地方。

前述乾隆欢喜吃的挂炉鸭子，是一种南方食品。乾隆欢喜南食，也许是数度下江南的原因之一。因此，他宫廷早晚御膳佳肴美味品类虽多，其中定有南小菜一品供奉。所谓南小菜，即江南出产的酱菜，扬州产的酱萝卜炸儿、五香大头菜等。尤其扬州的酱乳黄瓜，是当时的贡品，专供宫中御用。南炉鸭经常出现在御膳之中，当然是可以理解的。不过，南炉鸭既成御膳佳肴，于是京城之内富豪之家，争相馈食，亲朋寿庆赠致烤鸭，成了当时的风尚。梁章钜《归田琐记》载："都城风俗，亲戚寿日，必以烤鸭烧豚相馈遗。宗伯每生日，馈者颇多。是日但取烧鸭切为方块，置大盘中，宴坐，以手攫啖，为之一快。"《铁船诗钞》有《咏都门食物》诗："旅居京华久，肴馔亦遍尝……烧鸭寻常荐，燔豚馈送将。"不仅寿辰赠馈，酒席宴客必有烤鸭，所谓"筵席必有填鸭，一鸭值一两余"。烤鸭成了京师美馔，《燕京杂记》就说："京师美馔，莫妙于鸭，而炙者尤佳。"

于是骚人墨客在酌南酒食南炉鸭之余，留下了不少诗句。如"两绍三烧要满壶，挂炉鸭子与烧猪""宴客设宴设饭庄，熏猪烧鸭各争尝"。杨静亭《都门杂咏》，有《肉市》竹枝词一首："闲来肉市醉琼酥，新到莼鲈胜碧厨。买得鸭雏须现炙，酒家还让碎葫芦。"碎葫芦是肉市路东的一家饭馆。肉市是前门大街东边市房的一条里街，宽不过丈余，长也不过里把，却集中了许多酒楼饭庄。《道光都门纪略》说："肉市酒楼饭馆，张灯列烛，猜拳行令，夜夜元宵，非他处所可及也。"真是热闹非凡。以螃蟹和涮羊肉著名的正阳楼，以酱汁鱼拿手的东升楼，以吊炉烧饼扬名的"烧饼王"，还有天福堂、天瑞居、安福楼、三和居、天泰楼、天顺楼、东来斋等饭庄都在这里。《京都竹枝词》有咏"肉市"条："高楼一带酒帘挑，笋鸭肥猪须现烧。"肉市酒楼饭庄林立，其中有许多家出售烤猪烧鸭，天盛馆、聚英楼就售焖炉烤鸭，其中最著名的，要算售挂炉鸭子的全聚德。

开设全聚德的杨全仁，原来在肉市经营生鸡生鸭生意，在同治三年开创了全聚德烤鸭店，并从开设在东安大街路南的金华馆，挖来了两位烤鸭的老师傅。金华馆的门面虽不大，又不带座，却是供应清宫与各王府烧猪与烤鸭的铺子。备有清宫特赐的腰牌和红顶子，可以随时出入宫禁，用的是御膳房挂炉烤鸭的方式。杨全仁所以要这样做，目标是北京烤鸭铺子的老字号老便宜坊。据《都门琐记》记载："北方善填鸭，有至八九斤者。席中必以全鸭为主菜，著名为便宜坊，烩鸭腰必便宜坊始真，宰鸭独多故也。"又说："若夫小酌，则视客所需，各点一肴，如便宜坊之烧鸭，皆适口之品。"便宜坊的焖炉鸭之肥美，非他家可比的。同时便宜坊为了适应顾客，又创了多种的全鸭菜肴，有拌鸭掌、卤鸭膀、炸鸭胗、炸鸭肝、炒鸭心、炒鸭肠、糟鸭头、莲蓬子烩鸭舌、鸭丁珍珠蘑、鸭丁烩口蘑、鸭末豆腐皮、烩鸭四宝、冬笋鸭腰、芙蓉鸭腰、芙蓉鸭舌、籴鸭四宝、菊花鸭心卷等,其中有些菜现在已经失传了。

当年北京城一提烤鸭,皆称便宜坊。因此利之所趋,许多商人便以便宜坊为店号,开设了不少家便宜坊。首先是咸丰五年,一个姓王的古玩商,在前门鲜鱼口开设另一家便宜坊,也就是《都门纪略》所说的"南炉烧鸭店"。接着李铁拐斜街、前门外的观音寺、北安门外大街、西单、东安门、花市夹道子、舍饭寺东口等处,纷纷开设以便宜坊为名的烤鸭店,不下二十几家。但这些烤鸭店比老便宜坊小,而且不设堂座,只供外卖,一似今日台北街烤鸭店。但用的都是焖炉烧烤方式。因此,杨全仁的全聚德,要想和便宜坊较一长短,只有另辟蹊径,所以他选择了清宫挂炉烧烤的方式。并且开创吃烤鸭,伴以鸭油溜黄菜,鸭丝烹掐菜,剩下的鸭架子加冬瓜或白菜,熬成的糟鸭骨汤。这是我们现在吃北京烤鸭,"一鸭四吃"的由来。一九三七年老便宜坊歇业后,全聚德就独步京华了。

烧猪和挂炉鸭子是中国饮食文化的持续。我们是最早用火的民族,但没有产生希腊式盗火的悲剧。我们的先民只向自然借来火种,照亮与温暖了他们的生活。后来又偶然发现了燔炙的烹饪技巧,更丰富了他们的生活内容,然后创造多彩多姿的文化。虽然经历了多次的文化蜕变与革新，而燔炙的饮食习惯仍然流传下来。只是在文化迅速转变的今天，我们虽然没有自然的火种，但有更多的光明与温暖。因此，我们吃烧猪和烤鸭的时候，谁还会想到这种饮食习惯的由来呢？是的，我们的生活离自然的火苗越来越远了。即使我们的孩子们在元宵提灯的时候，也无须划动一支火柴，就点燃了他们的小红灯笼。那么，我们还有什么火候可说呢！

寒夜客来茶当酒

宋杜耒《寒夜》诗，有"寒夜客来茶当酒，竹炉汤沸火初红"之句，充满了诗情画意。在严寒的冬夜，突然有故人不期来访，披衣而起，发火煮茶。两人榻前抵膝相坐，把肩共语巴山别后。茅舍外寒枝的压雪无声自坠。茅舍内竹炉里的松炭偶尔爆花，伴着釜中茶汤的初沸声。此情不仅可以入诗，此景也可入画。

杜耒诗中提到以茶当酒，是魏晋至唐宋间文学领域里很大的转变。这种转变所发生的影响，不仅限于文学领域一隅。魏晋文化与唐宋不同，虽然有许多原因，但由于饮茶风气的普及，这种新饮料改变了生活习惯，并引起意识形态领域的变化，可能也是原因之一。

这并不是说唐宋以后的文人，只饮茶不喝酒了。写"天若不爱酒，酒星不在天。地若不爱酒，地应无酒泉。天地既爱酒，爱酒不愧天"的李白，就嗜酒如命。但唐代其他的诗人也好酒，如杜甫、白居易、皮日休、陆龟蒙都欢喜饮酒。白居易更留下不少饮酒诗，他非常喜欢陶渊明的酒趣，写过效陶渊明体的诗，但只不过是醉吟低唱而已，不似李白那样

"三百六十日，日日醉如泥"，饮得那么狂放，醉得那么有魏晋遗意。当然，魏晋时期也有以茶当酒的，写《吴书》的韦昭由于量浅，孙皓每次宴会，都允许他以茶代酒。不过李白嗜酒，韦昭以茶代酒的情形，在当时都不普遍。

魏晋名士嗜酒，是人共皆知的。竹林七贤个个好酒，《世说新语·任诞》篇说："陈留阮籍、谯国嵇康、河内山涛，三人年皆相比，康年少亚之。预此契者：沛国刘伶、陈留阮咸、河内向秀、琅邪王戎。七人常集于竹林之下，肆意酣畅，故世谓竹林七贤。"他们之中山涛有八斗之量，阮籍母亲死了，一哭就喝了二斗，他求步兵校尉缺，就因为营中善酿美酒。嵇康的酒量不如他们，却也好饮。至于王戎、向秀都能饮，阮咸也是好酒量，他和族人共饮时，用的是大盆。刘伶是个天生的酒徒，他自己说"天生刘伶，以酒为名。一饮一斛，五斗解酲"。他的别传说他"常乘鹿车，携一壶酒，使人荷锸随之，云：'死便掘地以埋'"。真是拼命喝酒了。

有的学者认为魏晋文士嗜酒，其根源在于对生命强烈的留恋，和对死亡突然来临，而神形俱灭的恐惧，饮酒可以增加他们生命的密度。另一个理由是实际的社会情势，逼得他们不能不饮酒，为了逃避现实，为了保全生命，不得不韬晦，不得不沉湎。也就是说他们不得不饮酒，虽然饮酒伤身，不饮却会伤心，因而终日沉湎于酒中。魏晋名士饮酒行乐、狂放任诞的背后，不仅有上述的原因，还有更复杂的思想与社会背景，这是个学术问题，不是这里可以讨论的。至于他们饮酒却有个非常单纯的原因，那就是当时没有其他风雅的饮料，只有痛饮酒，熟读《离骚》了。

魏晋名士的酒量都很大，不是八斗就是一石。不过不仅名士能饮，有些做官的也海量，卢植和周颙都有一二石的酒量。因此，后世怀疑他们哪来肚子盛这么多的酒。沈括《梦溪笔谈》就说"以制酒之法较之"，"疑无此理"。魏晋时盛酒器皿的容量，与谷物的计量不同。陶渊明不为五斗米折腰，是谷物的计量。至于酒的容量，明冯时化的《酒史》说："凡觞一升曰爵，二升曰觚，三升曰觯，四升曰角，五升曰瓶，一石曰壶。"这种说法比较合理，刘伶鹿车出游，所携的那壶酒，就是一石。

唐代以前的酒，多是粮食发酵后，经过压榨而成的过滤酒。这种酒的酒精度比较低，又称为"浊酒"。新出的浊酒渣滓还没有完全沉淀，所以陶渊明喝时，还得用头巾过滤一道。一九七〇年我游学京都，挂单于人文研究所，就喝过这种酒。那是我的指导教官平冈武夫先生，请我在"十二段家"喝的。平冈先生说这种酒，只有在春天这个季节才上市，我赶上了，来得正是时候。喝这种酒用的酒盅也和往常不同，是一种方形的粗玻璃器皿，容量也比较大，正合陶渊明所喝的一合，十合就是斗酒之量了。酒是乳白色的，酌在杯子里，淡绿色的杯缘衬着白色流动的玉液，在灯下闪闪发光，我端起来啜了一口，虽然甜得有点腻，却很容易上口。

在平冈先生呵呵的笑声里，我不知饮下了多少合，少说也有二三斗了。我醉了，我到异国初尝春醪就醉了。但当了这么多年魏晋的学徒，也读过些陶渊明的诗文，却从没有一次和他这么接近。也许当时我不仅漂泊在异国，也和他一样漂泊在乱世。不论什么时代的乱世，那种漂泊杂乱的感受都是相同的。第二天，宿酒乍醒，再读青木正儿编的《中华饮酒诗选》，里面录了不少陶渊明的饮酒诗，从"一觞虽独进，杯尽壶自倾"的诗情酒趣里，发现了陶渊明另一个宁静的世界。这个宁静的世界，和魏晋名士栖逸仙境的宁静完全不同。他完全摆脱了竹林名士的狂放啸傲、向道慕仙的境界，再回到人间了。在他朦胧的醉意和现实衬托下，隐隐出现了他的理想土地——桃花源。虽然，老庄告退，山水方滋说明了这种转变的现象，寅恪先生说的神形相亲也道出其中原因。不过，魏晋时期士人摆脱儒家道德的束缚，个性极端解放后，发展到这个时期，需要一次调整也是一个很重要的原因。不过，东晋以后发现茶可以解酒，开始饮茶。所以陶渊明虽然终日醉醺醺，但很少如魏晋名士那样烂醉如泥，可能也是原因的一种。

虽然，饮茶的起源有各种不同的说法，而顾炎武《日知录》说："秦人取蜀，而后始有茗饮之事。"是可以相信的。

古代四川与西南地区产茶，据《华阳国志》记载，汉代的犍为、南安、武阳皆出名茶。《太平寰宇记》也说，泸州有茶树，夷人常携瓢攀树采之。扬雄《方言》解释西南人谓茶曰葭。他的《蜀都赋》有"百华投春，隆隐芬芳，蔓茗荧郁，翠紫青黄"之句。对茶的色味香写得非常传神。王褒的《僮约》有当时四川饮茶与买茶的记载。王褒，汉西蜀资中人，后来官至谏议大夫，他在他的《僮约》中，对他购自杨氏的家童，有"武阳买茶""烹茶尽具"的规定。所以，西晋张载《登成都白菟楼》诗称赞川茶说："芳茶冠六清，溢味播九区。"

在川茶之中又以蒙顶茶最著名，自汉至唐宋都受人喜爱。白居易对蒙顶茶非常欣赏："扬子江心水，蒙山顶上茶"，"琴里知闻惟渌水，茶中故旧是蒙山"。宋代诗人文同甚至说："蜀土茶称圣，蒙山味独珍。"蒙顶茶最早的品种有雷鸣、雾钟、鹰嘴、雀舌、芽白等散形茶和茶饼，唐以后又出现了甘露、石花、万春银叶、玉叶长春等，并列为贡品，这就是所谓的"蒙茸香叶如轻罗，自唐进贡入天府"。魏晋饮的就是四川产的茶，蒙顶更是珍贵。

张载诗说"芳茶冠六清"，"六清"是古代六种饮料。《周礼·天官·膳夫》称"凡王之馈……饮用六清"，六清是水、浆、醴、凉、酱、酏，但其中没有茶。魏晋后茶成为六清外一种新的饮料。陆羽《茶经》下"七之事"引张辑

《广雅》，记载魏晋时期饮茶的方法："荆巴间采叶作饼，叶老者，饼成以米膏出之。欲煮茗饮，先炙令赤色，捣末，置瓷器中，以汤浇覆之。用葱、姜、橘子芼之，其饮醒酒，令人不眠。"这种饮茶的方法，也就是《尔雅》"槚，苦荼"条下，郭璞所注的"叶可煮作羹饮"。这种羹又称之为"茗粥"或"茶粥"。晋元帝时，就有一老姬，每天天刚亮，便提茶粥到市场出售。这些卖茶粥的多是蜀地的老妇人。傅咸任司隶校尉时，就处理过洛阳南市，蜀姬做茶粥出售的案子。据陆羽《茶经》记载汉代喜欢饮茶的有司马相如、扬雄。魏晋，尤其东晋以后饮茶的人渐渐多了，如张载、傅咸、江统、左思、郭璞、刘琨等都欢喜茗饮。宋斐汶《茶述》说"茶起于东晋，盛于今朝"，是可以相信的。不过，东晋虽有很多人开始饮茶，但毕竟不普遍。因为大家还不习惯这种涩苦的新饮品。所以，司徒长史王蒙自己嗜茶，每日必饮，有客过访，皆敬以茶汤，宾客深以为苦，都说："今日有水厄。"

到唐代以后饮茶的风气才盛起来，陆羽《茶经》记载："两都并荆俞间，以为比屋之饮。"家户饮茶，茶叶成为民间重要的消费品，产区的分布已扩大，茶叶的量以江淮区最丰，湖州的紫笋和常州阳羡茶同列为贡品。尤其紫笋，陆羽认为天下名茶，蒙顶第一，顾渚紫笋第二。每年早春选新茶的季节，湖、常二州太守在茶山边界，联合举行茶宴尝新。

有一年白居易也被邀请，但他因病不能躬逢其盛，写了一首《夜闻贾常州、崔湖州茶山境会想羡欢宴因寄此诗》诗："遥闻境会茶山夜，珠翠歌钟俱绕身。盘下中分两州界，灯前合作一家春。青娥递舞应争妙，紫笋齐尝各斗新。自叹花时北窗下，蒲黄酒对病眠人。"诗里虽然对自己卧病不能赴会，感到惋惜与遗憾，但也描绘两州茶宴的盛况。

由于茶叶的消费量增加，江西的景德镇、浙江的湖州，成为当时著名的茶叶集散地，白居易的《琵琶行》有"商人重利轻别离，前月浮梁买茶去"，也道出了当时茶的销售情况。唐代饮酒风气虽盛，茶叶制造与饮用方法也更讲究了，但煮茶时还是加盐、葱、姜、橘皮、薄荷及酥椒等香料。唐德宗煮茶就喜欢加酥椒，而有"旋沫翻成碧玉池，添酥散作琉璃眼"之句，对于这种加香料煮茶的方式，陆羽认为无法品尝到茶的真味。所以，他批评这种茶汤说："斯沟渠间弃水耳。"到宋代以后，煮茶才改为泡茶，将干茶碾成细末，冲入开水，用细竹帚轻轻搅拌，不再加葱、姜了，这种泡茶的方式，由日本的荣西禅师带回日本，他写了《吃茶养生记》，后来再由明惠上人、圣一禅师、大应禅师将当时流行的"茶宴""斗茶"的习俗带回日本，经过演变以后，就成为今日"和、敬、清、寂"的日本茶道。虽然我不喜欢这种跪在榻榻米上、捧着个破碗传来传去的喝茶形式，但其中却保留了一些古意。

茶宴、茶会起于唐朝，《茶事拾遗》记载大历十才子之一的钱起（字仲文，吴兴人，是天宝十年的进士），曾与赵莒为茶宴，又过长孙宅与朗上人做茶会。他《与赵莒茶宴》诗写道："竹下忘言对紫茶，全胜羽客醉流霞。尘心洗尽兴难尽，一树蝉声片影斜。"这次茶宴在竹林举行，他们已不像魏晋名士聚于竹林那样"肆意酣饮"，而是以茶代酒，所以才能静静地欣赏斜阳里的一树蝉咏，的确雅得很。

　　钱起《过长孙宅与朗上人茶会》诗又说："偶与息心侣，忘归才子家。玄谈兼藻思，绿茗代榴花。岸帻看云卷，含毫任景斜。松乔若逢此，不复醉流霞。"

　　这种以茶代酒的茶宴不仅雅，还可以"不令人醉，微觉清思"。吕温《三月三日茶宴序》就说："三月三日，上巳禊饮之日也。诸子议以茶酌而代焉。乃拨花砌，憩庭阴，清风逐人，日色留兴。卧指青霭，坐攀香枝，闲莺近席而未飞，红蕊拂衣而不散。乃命酌香沫，浮素杯，殷凝琥珀之色。不令人醉，微觉清思，虽五云仙浆，无复加也。"吕温，山东泰安人，贞元十四年进士，是柳宗元、刘禹锡的好友。这次的禊集本来是饮酒的，但与会诸子建议以茶酌代酒。以茶代酒的确是一个很重要的转变，因为茶可以解酒、微觉清思，刘禹锡《西山兰若试茶歌》就说："白云满碗花徘徊，悠扬喷鼻宿醒散。"黄庭坚的《茶词》也说："汤响松风，早减了、二分酒病。"饮了茶以后"口不能言，心快活自省"，这种境界也就是韦应物《喜园中生茶》诗中所谓"喜随众草长，得与幽人言"。陆羽的好友僧释皎然《饮茶歌诮崔石使君》诗也说："一饮涤昏寐，情思爽朗满天地。再饮清我神，忽如飞雨洒轻尘。三饮便得道，何须苦心破烦恼。"唐代的名士已从饮茶中，探索到另外一个禅意的境界，这种境界不是嗜酒的魏晋名士所能意会的。

皮鹿门是晚唐著名的学者与诗人。明冯时化的《酒史》说，皮日休性嗜酒，自戏称酒士，又自谐曰酒民，著《鹿门隐书》六十篇，并作《酒箴》说："酒之所乐，乐其全真，宁能我醉，不醉于人。"皮日休虽然嗜酒，但更好茶。他和陆龟蒙唱和的《茶中杂咏》十首：《茶坞》《茶人》《茶笋》《茶籝》《茶舍》《茶灶》《茶焙》《茶鼎》《茶瓯》《煮茶》，将唐代制茶与饮茶的情景都咏唱出来了。皮日休的《煮茶》诗说："香泉一合乳，煎作连珠沸。时看蟹目溅，乍见鱼鳞起。声疑松带雨，饽恐生烟翠。倘把沥中山，必无千日醉。"白居易也是好酒又爱茶的，他的《食后》诗："食罢一觉睡，起来两瓯茶。举头看日影，已复西南斜。乐人惜日促，忧人厌年赊。无忧无乐者，长短任生涯。"只有在酒后茶余之中，才能体会到这种恬淡的意境。

古人品茶，所谓"一人得神，二人得趣，三人得味，七八人是名施茶"。茶会、茶宴虽雅，但人多哄杂，无法品出茶的神味来。一人独酌，自有幽趣，"柴门反关无俗客，纱帽笼头自煎吃"的卢仝，深得其神。他的《走笔谢孟谏议寄新茶》就品出不同的境界："碧云引风吹不断，白花浮光凝碗面。一碗喉吻润，两碗破孤闷。三碗搜枯肠，唯有文字五千卷。四碗发轻汗，平生不平事，尽向毛孔散。五碗肌骨清，六碗通仙灵。七碗吃不得也，唯觉两腋习习清风生。蓬莱山，在何处？玉川子，乘此清风欲归去！"卢仝隐居少室山，自号白玉川子。卢仝好茶，乌斯道说他"平生茶炉为故人，一日不见心生尘"。台北"故宫博物院"藏宋钱选绘的《卢仝烹茶图》，图中的卢仝着白衫，戴纱帽，坐在山崖上的芭蕉下，左边置书数帙，右边放着茶盏等饮器。一仆烹茶，一仆侍立。这是钱选画的卢仝饮茶诗诗意，却无法表现卢仝"柴门反关无俗客，纱帽笼头自煎吃"的情趣。卢仝饮茶用的碗该是盏，否则就成了《红楼梦》里，妙玉调笑宝玉说的："一杯为品，二杯即是解渴的蠢物，三杯便是饮驴了。"

把佳茗比佳人的苏东坡，也喜欢自己烹茶。他的《汲江煎茶》说："活水还须活水烹，自临钓石汲深清。大瓢贮月归春瓮，小杓分江入夜瓶。雪乳已翻煎处脚，松风忽作泻时声。枯肠未易禁三碗，卧听山城长短更。"东坡不仅精烹饪，也会煮茶，他的《试院煎茶》说出了他煮茶的经验："蟹眼已过鱼眼生，飕飕欲作松风鸣。蒙茸出磨细珠落，眩转绕瓯飞雪轻。银瓶泻汤夸第二，未识古人煎水意。君不见昔时李生好客手自煎，贵从活火发新泉。"在苏东坡故乡四川蘩留了十六春的陆游，不仅爱蜀山蜀水及蜀馔，甚至连煎茶的方式也效蜀人，他的《效蜀人煎茶戏作长句》："午枕初回梦蝶床，红丝小砬破旗枪。正须山石龙头鼎，一试风炉蟹眼汤。岩电已能开倦眼，春雷不许殷枯肠。饭囊酒瓮纷纷是，谁赏蒙山紫笋香。"他那首《夜汲井水煮茶》，更道出有幽趣："病起罢观书，袖手清夜永。四邻悄无语，灯火正凄冷。山童亦睡熟，汲水自煎茗。锵然辘轳声，百尺鸣古井。肺腑凛清寒，毛骨亦苏省。归来月满廊，惜踏疏梅影。"

东坡、放翁汲水自煎茶，深得品茶的神味。在煎茶的过程中汤候是个很重要的步骤。明许次纾《茶疏》说："水一入铫，便须急煮，候有松声，即去盖，以消息其老嫩。蟹眼之后，水有微涛，是为当时。大涛鼎沸，旋至无声，是为过时。过则汤老而香散，决不堪用。"汤候虽然重要，但没有好水就煎不出好茶。所谓"精茗蕴香，借水而发，无水不可与论茶也"。苏东坡"自临钓石汲深清"，就是为了择水。陆羽《茶经》论择水说："其水，用山水上，江水中，井水下。"又说："其山水，拣乳泉，石池漫流者上，其瀑涌湍漱，勿食之……其江水，取去人远者。井，取汲多者。"扬子江中的中濡泉被陆羽视为天下第一泉。杨万里《舟泊吴江》诗说："江湖便是老生涯，佳处何妨且泊家。自汲松江桥下水，垂虹亭上试新茶。"写尽了落拓江湖的情怀及品茗的情趣。

汲水煎茶的情趣，今日已不可得了。那种"高灯喜雨坐僧楼，共话茶杯意更幽"的境界，更无迹可寻了。虽然，如今也喝茶，那只是为了解渴，而且解渴的饮料也不仅是茶一种。超级市场里包括凉水在内的饮料，堆积如山，其中就是没有茶。因为茶必须煮水冲泡，趁热即泡即饮，哪有一开即喝来得方便，在这个连走路都要加快的社会里，谁还有闲情煮水沏茶呢？

但任何饮料都没有茶那么芳醇，耐人寻味。这种茶的韵味更不是一般人能体会的。我有一位朋友识茶，家中备红泥小炉、孟臣罐、各种佳茗。客至，发火煮水，水滚沏茶，并备茶果数件，煮茶共话世事炎凉，可消永夜。他说不同的茶要用不同的罐冲泡，否则会失其味。而且沏法不同。至于如何沏法，他说只可意会不能言传，因为茶趣是心灵的感受。一次他将一种普通的普洱茶，先置于罐中，然后在炭火上炙烤，最后将沸水注入，滋然有声，啜起来了无陈味，泡出普洱原有的香醇。逢佳日，他相约知友二三人，驱车入山，寻泉择水，在风景好的所在汲水煮茶，听风吟鸟语，观白云青山，此情此景只有在古人诗中可寻觅了。

这几年台北也流行饮茶了。茶艺馆如雨后春笋，而且装饰得非常典雅。有一家完全用竹子、竹桌、竹椅，内厢雅座以竹篱相隔，还悬了块蓝粗布的布帘，壁上挂了幅复制的古字画，桌上摆着围棋和棋盘。客来，着唐装布履的侍童，端来小炭炉一个、铜壶一把，这是准备煮水用的。煮茶用的水盛在个玻璃罐子里，水是从阳明山运来的泉水。然后捧着个托盘过来。托盘内备陶壶一把、小瓯数只，还有泡茶用的茶匙、茶衔、茶海，以及各色茶叶数筒。等客人选定茶叶，侍童开始煮水，水沸后，先温壶。再量茶叶、注入沸水，并以壶盖刮去浮起的茶沫，随即将初泡的茶汤倾入茶海之中，他们称之为"温润泡"，也就是将茶叶含的杂质洗涤一次，然后再冲泡。并且将壶盖盖妥，将沸水自壶盖冲淋一次，这称"温壶"。接着温杯，估计茶已泡妥，将茶注于杯内，最后说一声请。我们端起杯子，杯中的茶汤金黄中泛着些微碧绿，茶香入鼻，我突然想起来时店门外悬着那串在风里飘扬的红灯笼，这一切的确是古意盎然的。也许这些年来的现代化，我们已失去了很多，现在我们又开始寻觅了。

我欢喜饮茶，但不通茶道。而且泡用的茶叶只是一种，那是台北山里产的文山包种。过去买茶在石碇，现在买茶在新店，老板是多年的旧相识。每年春茶上市，他都选好的为我留五六斤，供我半年之需。这些年不论南来北往，都是茶叶自随。即使回台北，也是自带茶叶和宜兴紫砂一把，投宿旅店，自己冲泡。

那年去韩国，正是清明时节，下得机来，迎面是一阵蒙蒙雨，汉江一带，柳絮如烟，似是回到儿时的江南。行程中宿海印寺一宵。抵寺时已是黄昏，斋饭一过，抱膝坐在炕上，顿觉无聊。于是想到古寺清夜当有酒，来时朋友告我，这里有一种清酒，当初就出于僧寺，名为"法酒"。便披衣而起，踏月下山沽酒。酒罢思茶，便取出行囊中的茶叶，提起寺里插电的铝壶，出门到庭中石泉汲水。是时已过三更，寺僧早已入静，四周寂寂，只存唧唧虫声，伴着风过松林发出的低吟，我举首观望，有皓月在空。此情此景真不知身在何处，又是何年何月了。

脔切玉玲珑

汪兆铨《羊城竹枝词》谈到鱼生："冬至鱼生处处同，鲜鱼脔切玉玲珑。一杯热酒聊消冷，犹是前朝食脍风。"广东的鱼生，以新鲜的活鲩鱼切薄片，和以葱姜丝点豉油食之。现在广州、香港市面的粥面店有售，随时可以吃到，不限于冬至。

所谓鱼生是前朝食脍的遗风。中国人食脍的习惯由来已久。《说文》释脍："细切肉也。"《汉书·东方朔传》说："生肉为脍。"所以，脍是细切的生肉，拌作料食之，取材于新鲜的羊、牛、鹿、鱼肉。食物不经过火为媒介烹调，直接食用的饮食习惯，是我们祖先茹毛饮血的遗痕。在人类发现用火熟食以前，曾经历很长的生吞活剥的饮食阶段。即使熟食以后，这种饮食习惯，仍然流传下来。

据《礼记》与《周礼》等文献资料的记载，脍在周代列为王室的祭品，设有笾人专责制脍。而且不同的季节有不同的调料，即所谓"脍，春用葱，秋用芥"。孔子就说在祭祀时，"食不厌精，脍不厌细"。脍同时也是王公大夫宴会中的佳肴。《吴越春秋》记载一则故事，伍子胥伐楚得胜归来，吴王阖闾亲自制脍慰劳他。马王堆汉墓出土的陪葬食物中，就有牛脍、羊脍、鹿脍、鱼脍各一笥。

不过，最著名的脍，要数西晋张翰的"莼羹鲈脍"了。张翰在洛阳为官，见秋风起，思念起故乡的莼羹和鲈脍来，于是便弃官归去。《世说新语》和《晋书》同时记载了这段故事。《世说新语·识鉴》说：

> 张季鹰辟齐王东曹掾，在洛见秋风起，因思吴中菰菜羹、鲈鱼脍，曰："人生贵适意尔，何能羁官数千里以要名爵！"遂命驾便归。

季鹰是张翰的字。张翰本来就无意沉浮，更不想北上洛阳为官。《文士传》记载他去洛阳前，曾对同郡颜荣说："天下纷纷，祸难未已，夫有四海之名者，求退良难。吾本山林间人，无望于时。"

张翰虽无望于时，心想做个山林中人，但又不能不屈于现实，到洛阳走一遭。不过，他却借莼羹鲈脍而遁，的确非常潇洒。于是，莼鲈之思成为思念故乡或山林的另一种解释。莼羹和鲈脍成为文人墨客的雅食，而进入诗词之中。

莼菜又名菰菜，最早见于《诗经》，唐陆德明《经典释文》说："江南人名之莼菜，生陂泽中。"莼菜产于江浙湖泊中，以太湖产者最佳，可以调羹，滑软鲜美。但由于产地分布不广，不如鲈脍来得普遍。李白有"此行不为鲈鱼脍，自爱名山入剡中"。剡指现在浙江嵊县。杜牧有"冻醪元亮秫，寒脍季鹰鱼"，杜甫有"暂忆江东脍，兼怀雪下船"之句。季鹰鱼与江东脍，就是指鲈鱼脍，李白、杜牧都是嗜食鲈鱼脍的。

鲈脍自来是东南佳味，《太平广记》卷二三四"吴馔"条下："又吴郡献松江鲈鱼干脍六瓶，瓶容一斗……作鲈鱼脍，须八九月霜降之时，收鲈鱼三尺以下者作干脍。浸渍讫，布裹沥水令尽，散置盘内。取香柔花叶，相间细切，和脍拨令调匀。霜后鲈鱼，肉白如雪，不腥。所谓金齑玉脍，东南之佳味也。"隋炀帝最欢喜吃这种鲈脍，列为供品。这种鲈鱼干脍，可以保存五六十日，以冰船运送。即杜甫诗中所谓的"雪船"。吃时于水中沥三刻之久，取出去水，"则皦然矣"。皮日休"唯有故人怜未替，欲封干脍寄终南"，说的就是这种鲈脍。

不仅鲈鱼可以制脍，其他如鲫、鲤、螃、鲷，只要新鲜皆可为脍。杜甫就是嗜脍的老饕。

乾元元年六月，杜甫由左拾遗贬官华州司军参军。这一年冬天有洛阳之行。路经阌乡，受姜七少府的款待，并由姜少府的妻亲自操刀制脍飨客。阌乡当时属陕州，杜甫出潼关去洛阳，必经之地。阌乡所产的鳢鲤可以制脍。杜甫酒足饭饱之余，写下《阌乡姜七少府设脍戏赠长歌》，其中有：

饔人受鱼鲛人手，洗鱼磨刀鱼眼红。

无声细下飞碎雪，有骨已剁觜春葱。

偏劝腹腴愧年少，软炊香粳缘老翁。

落砧何曾白纸湿，放箸未觉金盘空。

描绘制脍过程非常传神。后来杜甫流寓巴蜀近十年，虽然心情萧瑟，却有食脍的欢娱。四川江河中产鱼甚丰，可以制脍。因此，有"蜀酒浓无敌，江鱼美何求"之句，他在《南池》诗中就说阆中"清源多众鱼"，《阆水歌》又说"巴童荡桨欹侧过，水鸡衔鱼来去飞"。最快乐的一次是宝应元年在绵州，现在四川绵阳一带，将网来的鲜鱼立即制脍，而写下了《观打鱼歌》：

绵州江水之东津，鲂鱼鲅鲅色胜银。

渔人漾舟沉大网，截江一拥数百鳞。

众鱼常才尽却弃，赤鲤腾出如有神。

潜龙无声老蛟怒，回风飒飒吹沙尘。

饔子左右挥霜刀，脍飞金盘白雪高。

徐州秃尾不足忆，汉阴槎头远遁逃。

鲂鱼肥美知第一，既饱欢娱亦萧瑟。

君不见朝来割素鬐，咫尺波涛永相失。

宋代食脍之风仍盛。黄庭坚有"蒜臼方看金作屑，脍盘已见雪成堆"，陆游也自制脍的调料，而有"自摘金橙捣金齑"之句。欧阳修欢喜食脍，却不会制脍，常买了鱼提到梅圣俞家中，请他家的老婢调制。唐宋制脍多出于妇人之手，如上述姜少府之妻，唐拾遗陆希声之妻余媚娘能馔五色脍。洛阳人家的女孩子，在乞巧制同心脍。考古发现一块宋代厨娘斫脍的画像砖，图上有一方桌，桌上置砧，砧上有鱼。砧旁有脍刀，厨娘围格子裙，挽起衣袖正准备操刀，桌前置一火炉，炉火正旺。上置一镬，正在煮羹。这是一千多年前留下的一幅"羹脍图"。

宋代不仅文人雅士喜食脍，市面也有脍出售。吴自牧《梦粱录》记载汴京街市，经营的下酒食品中，就有羊生脍、香螺脍、二色脍、海鲜脍、鲈鱼脍、鲫鱼脍、群鲜脍、蹄脍、白蚶子脍、淡菜脍、五辣醋羊生脍等。不仅用料广泛，种类花样也非常丰富。

也许元代的统治者来自草原，饮食习惯不同，宫廷宴会已很少食脍，当时主持饮膳的太医忽思慧编撰的《饮膳正要》，所列的"聚珍异馔"九十五种中，仅有鱼脍一味。六十一种"食疗诸病"中，也只一样羊头脍。虽然明代刘伯温的《多能鄙事》中，有鱼脍的制法，但食脍之风已渐渐消逝。因为李时珍《本草纲目》说："鱼脍、肉生，损人尤甚，为症瘕、为痼疾……不可不知。"的确，制鱼脍都用河鱼，河鱼是有寄生虫的。《后汉书·华佗传》说：

　　　　广陵太守陈登，忽患胸中烦懑，面赤，不食。佗脉
　　之曰：府君胃中有虫，欲成内疽，腥物所为也。即作汤
　　二升，再服，须臾，吐出三升许虫，头赤而动，半身犹
　　是生鱼脍。

　　因此，明清以后，食脍之风就渐渐消逝了。

雪照丰年

　　如果在冬季，经过白色覆盖的中国农村，在一片静穆的白色苍茫里，也许会发现农舍的门上，贴着张红纸条，上写着"五谷丰登"四个字。无垠白色中的一抹红，为严寒的冬天写出些微春意，伴着茅舍屋顶袅袅上升的炊烟，多少千年中国人民的期待和盼望，都写在那张红纸上了。

　　中国人民的期待和盼望是卑微的。只要来年"五谷丰登"，维持一家大小的温饱，就心满意足了。他们拥抱着土地生活，在狭小的土地上耕种、播种、收获。祈求土地赐给他们粮食，使他们子子孙孙继续活下去。从耕种到收获，然后变成粮食，最后米煮成饭，的确是一个漫长的期待，真的是谁知碗中饭粒粒皆辛苦了。

　　他们盼望与期待丰收的粮食，自古称之五谷。一次孔子的弟子子路，问一位经过的老丈，看到他师父没有。那老丈说："那个四肢不勤，连五谷都分不清的老头子，就是你师父呀？"五谷到底包括那几种谷类，不仅孔子，自来就说不清。郑玄注《周礼》，对五谷就有两种不同的解释。一是黍、稷、菽、麦、稻。一是麻、黍、稷、麦、豆。而且《周礼》还有六谷、九谷，《诗经》甚至还有百谷的记载。所以，不同时代和地区，五谷的内容是不同的。所谓五谷，包括人民赖以维生的主食谷类、豆类和蔬菜种子等油料的来源，是黄河流域人民日常不可缺少的生活资料。这些生活资料当然不止五种。至于总称为五谷，可能与战国流行的阴阳五行思想有某种程度的关系。

不论五谷的内容如何，其中不能没有黍和稷。古代文献中黍稷往往是并称的。《诗经》歌颂最多的，就是黍稷。黍稷就是中国北方生产的小黄米。不过，黍有黏性似南方的糯米，可以炊饭、做糕点、包粽子。但产量不多，是供贵族食用的谷类。一般人吃的是没有黏性的稷。稷在汉代以后称为粟。栽培面积辽阔，产量丰富，可以做饭，是黄河流域人民主食。战国时期国与国之间的借贷以粟为主。臣工的俸禄也以粟计称。所以，稷是古代五谷之中，经济价值最高的作物，因而称之为"五谷之长"。

周代的始祖称后稷。后稷原名弃。幼时就欢喜稼穑，长大成人后更精于农耕。因此，尧舜命他为田正。田正是负责农耕的首长。教民播种百谷有功。封于邰，号曰后稷。弃是教民播种有功后，才号后稷的。唐代孔颖达解释"稷是田官之长"。后稷教民播种的就是稷，更突出稷在五谷中的崇高地位。不过，后来"五谷之长"的稷和代表土地的"社"结合起来，而成为"社稷"，就更具有象征意义了。

社稷是国家的代名词。班固说王者立社稷的目的，是为天下求福报功。一个以农业文化为基础的国家，依靠土地生产的粮维持国民的生计是必须的，即所谓"人非土不立，非谷不食"。但土地广博不能遍祭，五谷众多也不能一一而祭。所以封土立社，在五谷中选择了最重要的稷，合成社稷而祭祀。去年过北京，特别抽空到中山公园转了一圈，去看看那里的社稷坛，那是明清君主祭祀社稷的地方。

去的时候已是黄昏时分，游人稀少，参天的柏树环绕着一个圆形祭坛，祭坛上分划出五种不同颜色的泥土，历代的统治者就在这块泥土上祭祀土地和五谷。感谢或祈求"五谷丰登"，为他解决人民吃的问题。常言道"民以食为天"，老百姓吃饭大于皇帝。中国的"君"字，由一只右手和一张口组合成。自来的统治者都是掌握人民粮食分配的人，似乎控制了人民的肚子，就是控制了天下。但又有几个会想到中国人民除了吃饱之外，还有许多其他问题呢！

一阵晚风吹来，吹起了一阵蝉鸣。但今天的中国人民不再是"知了，知了！"除了"五谷丰登"外，还有更多的未知在他们心中浮现，一如在我身边浮起的暮色。

造洋饭书

清宣统元年，上海美国基督教会出版了一本《造洋饭书》，"洋饭"就是现在所谓的"西餐"。

不过，这本书的出版，并不是为了在中国推广洋饭，而是为了培训造洋饭的中国厨师，解决外国传教士在中国的吃喝问题。所以，这本食谱很可能不对外公开发行。因为封面上用的是耶稣降世一千九百〇九年，没有用清朝宣统的年号。

这是一本很有趣的食谱，和中国传统的食谱与食经不同。

首先是"厨房条例"，特别强调做厨子的，有三件事应该留心：第一，要将各样器具、食物摆好，不可错乱；第二，要按着时刻，该做什么，就做，不可乱做，慌忙无主意；第三，要将各样器具刷洗干净。并且说所有蛋皮、菜根、菜皮等类，不准丢在院内，必须放在筐里，每日倒在大门外僻静地方，免得家人受病。肉板、面板使用后即擦，不准别用，开（水）壶，只准烧水，不准煮别物。

在厨子入厨做羹汤之前，先教导厨子如何维持厨房的整洁和秩序，这是当时一般家庭和厨师所没有的观念。虽然袁枚的《随园食单》，首先有"须知单"，他说："学问之道，先知而后行，饮食亦然，作《须知单》。"其中有"洁净须知"一条，即"切葱之刀，不可以切笋；捣椒之臼，不可以捣粉。闻菜有抹布气者，由其布之不洁也；闻菜有砧板气者，由其板之不净也。工欲善其事，必先利其器。良厨先多磨刀，多换布，多刮板，多洗手，然后治菜"。不过，袁枚的"须知单"有配搭、调剂、火候、迟速等须知，旨在烹调技术的须知，而不是厨房环境的卫生和整洁。

《造洋饭书》除"厨房条例"外，共分汤、鱼、肉、蛋、菜、糕、杂类等二十五章，二百七十一种品类和半成品的烹调方法。其中有"煎鱼"法："先洗净了鱼，揩干。拿盐、辣椒撒在鱼上，将猪油放在锅内，烧滚；把鱼先浸在生鸡蛋内，后沾上苞米面，或用馒头屑，煎成黄色。"其制法与今同。

所谓馒头屑即面包屑，《造洋饭书》书后附有英文索引，其中许多译名和现在不同，如咖啡为"磕肥"，小苏打为"嘶哒"，布丁为"朴定"，巧克力为"知古辣"等。

西餐至迟在明代后期，已随传教士与洋商登岸中国了。只是不普遍，也无资料可稽。

清乾隆年间，袁枚《随园食单》有"西洋饼"制法的记载："用鸡蛋清和飞面作稠水，放碗中。打铜夹剪一把……

铜合缝处不到一分。生烈火烘铜夹，撩稠水，一糊一夹一爆，顷刻成饼。白如雪，明如绵纸，微加冰糖、松仁屑子。"《红楼梦》中有许多西洋的用品，但饮食方面未见洋饭。自鸦片战争后五口通商开通，欧美传教士与商人东来者众，西餐也渐渐在中国流行起来。徐珂《清稗类钞》"西餐"条下：

> 国人食西式之饭，曰西餐，一曰大餐，一曰番菜，一曰大菜。席具刀、叉、瓢三事，不设箸。光绪朝，都会商埠已有之。至宣统时，尤为盛行……我国之设肆售西餐者，始于上海福州路之一品香，其价每人大餐一元，坐茶七角，小食五角。外加堂彩、烟酒之赀。当时人鲜过问，其后渐有趋之者。于是有海天春、一家春、江南春、万长春、吉祥春等继起。且分室设座焉。

上海福州路的一品香，是中国最早的西餐馆。北京则在庚子后，有北京饭店的西餐部；广州最早的西餐馆，可能是太平馆。西餐传入中国后，为了适合中国人的口味，已稍加改变。所以徐珂说：

> 今繁盛商埠，皆有西餐之肆，然其烹饪之法不中不西，徒为外人扩充食物原料之贩路而已。

这种西餐中制，或中料西烹，是西餐传入中国后的转变。当年广州太平馆的西汁乳鸽，与粤式西餐中的"金必多汤"，即奶油浓汤加火腿、胡萝卜与鲍鱼等加鱼翅制成，胡萝卜或象征多金，至于鱼翅，西方人是不兴吃这种鲨鱼背脊的。

西餐制法，初不立文字，由师傅口授心传，《造洋饭书》则是一本最早的文字西餐食谱，其中也透露一些中国近代东西文化交流的讯息。

台北卤菜的遐思

佛跳墙

港式茶点

糕　团

不可居无竹，不可食无肉

看来端的是"无肠"

谁解其中味

寒夜客来茶当酒